整体橱柜设计与制造

Design and Manufacture of Integrated Cabinet

张继娟　张绍明 著

中国林业出版社

图书在版编目（CIP）数据

整体橱柜设计与制造 / 张继娟, 张绍明著.
-- 北京: 中国林业出版社, 2016.1（2024.7重印）
ISBN 978-7-5038-6642-5

Ⅰ. ①整… Ⅱ. ①张… ②张… Ⅲ. ①箱柜－设计
②箱柜－制造 Ⅳ. ①TS665.2

中国版本图书馆CIP数据核字(2012)第298398号

中国林业出版社·建筑家居分社
装帧设计　曹　来

出　版　中国林业出版社
（100009 北京市西城区刘海胡同 7 号）
网　址　www.cfph.net
发　行　中国林业出版社
电　话　（010）83143614
印　刷　北京中科印刷有限公司
版　次　2016 年 3 月第 1 版
印　次　2024 年 7 月第 7 次
开　本　889mm×1194mm　1/16
印　张　12.75
字　数　335 千字
定　价　49.80 元

序言

整体厨柜是现代家居中一道亮丽的风景线，是现代家居生活方式的重要组成部分，是当代社会进步和物质文明的重要标志。厨柜的出现是中国改革开放成果在家居生活中的重要体现，整体厨柜的产生与推广应用更是我国国民生活质量提升和生活方式变化的重大事件。试想在多年前，当我们还靠薪火和煤球为燃料，以煤炉为灶具时，现代厨柜只能是一种奢望和幻影。

整体厨柜是家居信息化和智能化的重要载体。设计师们通过跨界设计，将燃气具、油烟机、各种智能电饭煲、微波炉、烤箱等厨用电器有机地组合在一起，形成一个系统，并通过网络和家庭计算机控制中心相连，从而实现信息化、智能化，使我们的生活更加舒适、高效和惬意。下厨不再是苦差事，厨柜里集成着TV、音响和网络终端，让我们在娱乐中享受着烹饪的乐趣。

整体厨柜是大规模定制的样板，因为它一出现就是定制产品，不管是个体定制，还是地产商大批量定制，都离不开一对一的上门服务。当然早期的定制还不是现代生产技术基础上的定制，仍然是低效率的。只有在零部件标准化的基础上，通过计算机技术而实现虚拟设计和无限选择的个性化定制，通过拆单技术而实现标准件的大批量生产，通过柔性制造技术而实现个性化部件的高效制造，通过全程数码控制而实现对消费者的有效服务，整体厨柜才算进入了大规模定制时代。

整体厨柜的设计与生产是一项系统工程。从原辅材料的选用和供应，从产品的造型与功能设计，从结构设计与连接件的选型，从板件的标准化到产品的标准化，从数码定制、柔性化生产到安装调试，无不关联到产品的质量、成本和效益。本书作者在长期关注和跟踪产业的发展和大量积累专业资料的基础上，就上述问题进行了深入的研究，并结集成书，为整体厨柜的设计与制造提供了基础理论和系统的专业知识。同时还对整体衣柜、整体卫浴柜的设计与制造进行了较全面的论述。本书的出版发行必将在整体家居产品的研发、生产和销售中产生积极的影响，为厨柜行业的发展提供理论基础和技术指导。

中国整体厨柜制造业经过二十多年的稳健发展，已经打下了坚实的基础。世界一流的设备制造商，原辅材料和专业五金配件供应商，品牌厨柜制造商和经销商均在其中获得了快速增长，也促进了中国民族家具企业的发展，一批初具规模、技术先进、研发能力强的品牌厨柜企业正在形成，并在中国家具协会厨房家具专业委员会的组织下，优化产业链，扩大品牌影响力，积极拓展国内外市场。我坚信中国的厨柜业必将在全球化的进程中获得稳步健康的发展。

胡景初

2016 年 3 月

前　言

整体橱柜包括整体厨柜、整体衣柜、整体卫浴柜，它们都是从嵌入式家具发展演变而来的一类整体集成家居产品。

上世纪八十至九十年代，随着生活水平的提高和居住条件的改善，国人对居室环境及陈设的要求也越来越高，迫切希望有一种能充分利用空间又功能齐全的家居产品来替代普通的柜类家具。

九十年代中期整体橱柜从发达国家传入中国，它一进入就以独特的造型、多样的色彩、齐全的功能及优良的性能而吸引着国人的眼球，一些敏锐的企业则从中看到了其所具有的商机，他们开始研究欧美国家整体橱柜先进的设计手段、加工工艺及设备，并尝试生产橱柜产品。也许是命运眷顾有心人，这些企业的尝试，正好契合了国人的要求，从而大大推动了整体橱柜业在中国的发展，使我国整体橱柜行业从无到有、从小到大，现在已形成一个年产值近千亿元的庞大产业，并且产生了一批象欧派、索菲亚、科宝这样的整体橱柜著名品牌和企业。

当整体橱柜刚进入中国时，笔者作为一个从事木材加工技术的“圈内人”，即被其深深吸引，并在以后的二十余年中专注于整体橱柜设计与制造的研究。由于专注并借助圈内同行以及专家们的帮助，使我们对整体橱柜设计与制造研究有了一定的体会和心得，发表了一系列论文，取得了一些专利，所以尝试将这些体会和心得集结成书。

本书希望能建立我国整体橱柜设计与制造较完整的理论体系，书中在提出我们的并整合同行观点的基础上，全面介绍了整体橱柜设计方法、制造体系、加工工艺技术及关键参数，并引用了大量相关企业的设计与制造实例，以期能对正在从事整体橱柜行业的相关人士和准备进入这个行业的年轻人有所启迪。

多年前开始关注整体橱柜时，笔者正值青年向壮年过渡，而今已年近花甲，深感力不从心。好在进入新世纪后有几位高学历的年轻人加入到整体橱柜的研究团队中，张继娟老师就是其中的佼佼者，所以本书的大多数篇幅是由她撰写的。全书分为整体厨柜、整体衣柜、整体卫浴柜三篇共十二章，其中第一、三、七、八、九、十、十一、十二章由张继娟撰写，第二、四、五、六章由张绍明撰写。本书主要供业内相关技术和管理人员阅读、参考，也可作为相关企业培训及相关学校教学的教材使用。

由于我们的水平所限，再加上我国整体橱柜行业正处在向上发展和变化时期，书中的许多观点难免偏颇或错误，所以恳请广大读者和专家多多批评指正。另外本书撰写过程中得到了欧派家居集团股份有限公司、百隆家具配件（上海）有限公司广州分公司等企业的帮助和支持，在此一并表示感谢。

2016 年 3 月

目　录

Ⅰ 整体厨柜

1 整体厨柜概述

2 整体厨柜的常用材料及配件

3 整体厨柜的造型与功能设计

4 整体厨柜的结构与标准化设计

I 整体厨柜

1 整体厨柜概述

厨房作为人类居住的"第三空间"正逐渐成为人们日益重要的生活中心。一日三餐的洗切、备餐、烹饪、食物和餐具贮存、用餐后的清洗与整理等，使操持者一天中常常要消耗2～3个小时的时间在厨房里。有人比喻厨房是家庭生活中的"热加工车间"，厨房空间及设施的优劣逐渐成为衡量家居生活水平的重要标准之一，"穷比厅堂，富比厨房"的说法也应运而生。因此，如何充分地利用厨房空间，设计制造出创新型的厨房家具设施，从而实现厨房生活的便捷与舒适，是值得中国家居行业思考的一个重要问题。

1.1 整体厨柜的概念

1.1.1 整体厨柜的概念

（1）整体厨柜是以厨房家具为核心，将家具与厨房设备融为一体，经过精心设计的、并与家庭装饰风格相配套的厨房设施。整体厨柜的形式类同于板式家具，但这类产品由于受使用功能及环境条件、面积大小的制约，又有一些与板式家具不同的特性。它是用精心设计的厨柜去适应千差万别的厨房环境，去掩盖纵横交错的管道，去组合相关的电器与设备，以确保整体环境的完美和谐，同时又不影响操作和使用。

（2）建设部2006年发布的《住宅整体厨房》标准将住宅整体厨房定义为："按人体工程学、炊事操作工序、模数协调及管线组合原则，采用整体设计方法而建成的标准化、多样化完成炊事、餐饮、起居等多种功能的活动空间。"

（3）整体厨柜与整体厨房的区别。很多时候，人们把整体厨柜与整体厨房混为一谈，把整体厨柜的设计等同于整体厨房的设计，或者认为整体厨房就是整体厨柜加上家用电器，其实不然。

整体厨房是将厨房作为一个整体来看待，使其具有或基本具有厨房的所有功能，集家具、家用电器、燃气具于一体，有机地将厨房内的能源、供排水合理结合，既能完善厨房内的烹调工作，同时又具备美化环境的装饰功能。

事实上，"整体厨房"并不是指一件商品，也不仅仅是指一系列厨具的简单组合，而是对厨房整体的设计、选材、施工和与之相配套的家用厨房设备及相关的家具和售后服务的一整套服务体系。整体厨房是整体厨柜与厨房空间的匹配与整合，包括厨柜产品、厨房空间、管道及顶、地、墙面在内的所有元素的系统构思和设计。整体厨房是设计师为客户量身定制的工程产品，是根据客户家中厨房空间结构、面积，结合人体工程学、工程材料学和装饰艺术学的原理，并按照家庭成员的身高、色彩偏好、文化修养、烹饪习惯进行整体配置、科学设计，经过整体施工装修完成的工程空间。整体厨房在设计和配置中要综合考虑空间布局和功能分区，强调与家庭装修风格配套，营造出个性化的厨房环境。

整体厨柜则是指由厨柜、电器、燃气具、厨房功能用具等多位一体组成的厨柜组合，使洗、切、烧、储等功能在一系列厨柜系统中完成，基本达到科学化、整体化的程度。整体厨柜是用于厨房满足烹饪、配餐、洗涤、贮存及装饰等功能的柜体与部件的组合，整体厨柜是现代整体厨房中各种厨房用具与厨房电器的物理载体和厨房设计思想的艺术载体，是整体厨房的主体。整体厨柜系统包括：①吊柜、地柜、中高柜、台上柜、台面及洗涤槽、五金配件组成的可放置锅碗瓢盆等炊具及各类食品的厨房家具；②抽油烟机、燃气灶具、消毒柜、洗碗机、冰箱、微波炉、电烤箱等各种厨房电器；③各式挂件、拉篮、垃圾桶等厨房用具。

1.1.2 整体厨柜的特点

整体厨柜作为一种特殊的家具产品，其特点主要体现在以下几点。

(1) 集成化

整体厨柜集厨柜、灶具、吸油烟机、消毒器具、冷藏电器等多种功能性设施于一体，从而实现了厨房在功能、科学和艺术三方面的完整统一。

空间集成：空间布局与造型的整体设计实现系统化、集成化；

功能集成：集油烟处理、清洁消毒、食品加工、冷藏、垃圾处理于一体，融智能化、人性化、娱乐化为一体；

部品集成：让柜体、台面、门板、五金配件与厨房电器、功能配件有机地结合在一起，构成配套的一体化产品。

(2) 个性化

整体厨柜是按照消费者家中的厨房结构、面积以及家庭成员的个性化需求，精心设计、量身定做的、非标准的个性化产品。大到厨房布局，小到每一个拉手，再加上不同的色彩、纹理和线条以及不同材质的厨柜门板，为满足客户的个性需求提供了多种可能。

(3) 人性化

人体工程学原理在设计和制作过程中的巧妙运用，突出了整体厨柜"以人为本"的文化理念。不同高度的地柜设计，充分满足了不同身高的人的操作需求；吊柜可采用上翻门设计，保证了开关取物的方便性；台面的合适宽度则既有效地容纳了灶台、水槽、挂架等配件，又确保了外观的平衡，充分体现了功能设置的合理性；工作三角区原理的应用，能有效减轻人在厨房的劳动强度；对厨房空间的充分利用，最大限度满足了厨柜的收纳功能。

(4) 美观性

现代化的整体厨柜是功能化的艺术品。时尚的造型设计和丰富的色彩搭配，满足了不同使用者的审美情趣。随着时尚元素和高新技术的应用，这种审美方面的精神功能将逐渐成为主流。厨房不仅仅只是主妇做饭的劳作空间，它已经成为完美家居中一道亮丽的风景线和人们会客、交流的休闲场所。

(5) 精确性

整体厨柜具有特殊的分体构成的结构形式，一套厨柜一般由柜体（包括吊柜和地柜）、门板、台面三大部分构成，每套产品都需要具体设计和多个工种的配合，是量身定制的个性化产品。因此整体厨柜在设计、测量、制图及生产、安装的过程中要具备一定的精确性，这样才能保证最终产品的质量。

(6) 安全性

凭藉科学合理的工况设计，整体厨柜杜绝了传统厨房的各种安全隐患，实现了水与火、电与气的完美整合。无毒无害的环保材料也使人们再也不用担心甲醛和辐射的侵害。

1.1.3 整体厨柜的类型

按不同的分类方法整体厨柜有多种类型：

(1) 按使用场所来划分有：家用整体厨柜和公用整体厨柜。

在居家空间内，按厨房和住宅的关系又有3种不同类型的厨房空间，与之相适应的就有不同功能类型的整体厨柜配置形式。

操作厨房 (K 型厨房：Kitchen)——专用于主食、辅食制作的空间。其中包括洗、切、炒、贮藏等功能，同时具有采光与通风设施，是把烹调作业效率放在第一位考虑的独立式厨房专用空间，它与就餐、起居、家务等空间是分隔开的（图 1-1）。

餐室厨房 (DK 型厨房：Kitchen with dining)——同时具有操作厨房和用餐功能的独立空间。这是将餐厅与厨房并置在同一空间，将烹饪和就餐团

图 1–1．操作厨房的厨柜配置

图 1–2．餐室厨房的厨柜配置

图 1–3．起居餐室厨房的厨柜配置

图 1–4．公用整体厨柜

图 1–5．实木厨柜

图 1–6．不锈钢厨柜

图 1–7．樱桃木贴面人造板厨柜

图 1–8．砖砌厨柜

聚作为重点考虑的设计形式（图 1-2）。

起居餐室厨房 (LDK 型厨房 : Kitchen with dining and living)——同时具有操作厨房和用餐以及起居功能的独立空间。这是将厨房、就餐、起居组织在同一房间，成为全家交流中心的一种层次较高的厨房形式。图 1-3 所示。

公用整体厨柜由于使用环境和使用对象的复杂性，多选择不锈钢材质以增加其耐用性，相对家用厨柜来说其色彩、造型都比较单一（图 1-4）。

(2) 按主要制造材料来划分有：实木厨柜、不锈钢厨柜、人造板厨柜、其他厨柜等（图 1-5~8）。

图 1–9. 公元 1 世纪古罗马厨房

1.2 国外整体厨柜的发展

1.2.1 国外厨房的历史沿革

(1) 原始厨房的产生

古人云："民以食为天"，从人类诞生那天开始，饮食就成为人们生命活动中重要的组成部分。自从人类学会了用火，不再以植物和生肉为食以来，不论是住在洞穴的原始人还是最初的游牧人群，他们一般都会选择一个固定的地方生火煮食。这个地方就是人类最初的"厨房"了，当然这个时候的"厨房"很简陋，甚至连件像样的厨具都没有。这个地方使用餐成了一种享受，成了一个社交场所。一个家庭或一个氏族在用餐时聚到一起。

图 1–10. 古希腊人的厨房

(2) 定居时代的厨房

人类定居后，开始建造起固定的居所，并在居所里建造了固定的用于烧煮食物的地方。从某种意义上来讲，人类最初的"厨房"也就是最开始的家，因为当时人类的整个生活都围绕着这个空间展开，就是如何解决生存所需食物的问题。图 1-9 所示为公元 1 世纪古罗马庞培城的标准厨房，烹调器皿的使用改善了人们的身体状况。图 1-10 所示的是古希腊人的厨房，火堆上方直接吊一口大锅，近似现在的篝火形式。随着时间的推移，厨房逐渐转移至火堆旁边，成为家庭生活中心，人们做饭、吃饭、起居在同一个房间（图 1-11）。

(3) 厨房与居住区的分离

18 世纪，厨房基本上围绕着火而发展。享受社会特权的贵族阶层发现，烹调菜肴的繁琐工序及烹饪过程所产生的刺激气味与其身份地位不相吻合，于是将"厨房"放到了地下室，让仆人们在那

图 1–11. 厨房成为家庭生活中心

图 1–12. 厨房与居住区的分离

图 1–13. 早期厨房的雏形及功能齐全设计精美的厨具

图 1–14. 厨房作为专业的工作间

图 1–15. 始于 1850 年带有小餐厅的厨房

里烹饪菜肴。厨房与居住区的分离，体现了从社会阶层到功能性和卫生程度等多种变化。当时中上层人士把家务中的烹饪当成了一件不光彩的事情。家庭主妇如果不用接触到又脏又乱的厨房是件非常值得骄傲的事情。一般情况下，普通人家的厨房、浴室和家仆住的小房间都位于房屋的后半部分，不让陌生人踏入（图 1-12）。

（4）早期厨房的雏形

直到 18 世纪末，常见的富裕人家的厨房逐渐发展成为一整栋大房子的一隅，包括了准备食物和做家务的地方，早期厨房的雏形初见端倪（图 1-13）。

（5）19 世纪现代厨房的出现

19 世纪，厨房逐渐成为一种生活方式，为欧洲社会各阶层所认可。人们开始在房子内辟出专门的空间，烹饪不仅成了居家设计和基本饮食的一部分，而且发展成一种生活习惯和风格，成了文明程度的代名词，厨房的地位也渐渐在变化，再一次像从前那样成为家庭的中心。

19 世纪加速发展的工业化也在厨房 得到了体现，厨房开始成为专业的工作间（图 1-14）。

早在 1850 年，人们就逐渐意识到工作台面应该按照人体身高的不同来设计。此时还出现了带有小餐厅的厨房（图 1-15）。

1869 年，Catherine Beecher 在《美国妇女的家庭》一书中提出了家庭管理的科学方法，如建造碗橱、货架以及抽屉，以便存放不同种类的器皿，建造带抽屉的工作台，从而可以“节省许多步骤”。这种思路在美国得到了进一步推广。“现代厨房”的雏形得以发展（图 1-16）。

1894年，美国建筑师Frank Lloyd Wright将厨房与作为家的标志的壁炉结合起来，实现了将厨房从一个功能性的空间到具有中心意义的居家空间的过渡，设计了一种新的家庭生活方式（图1-17）。

（6）20世纪厨房的演变

20世纪初期，出现了理性设计的橱柜，其内部空间的分割非常丰富，适于各类厨具及食品的分类存放（图1-18）。

1919年美国家庭经济学家Christine Frederick在《家务工程：家庭的科学管理》（Household Engineering: Scientific Management in the Home）一文以及为《女士家庭杂志》（Ladies Home Journal）撰写的《假如仆人没有与我们生活在一起？》（Suppose our servants didn't live with us?）等多篇文章中，基于对家庭主妇日常活动的详细观察，运用泰勒的科学管理思想，把工厂提升效率的方法应用到家居生活中，提高主妇们的效率，她认为火炉、水槽和厨桌应该放置在一个协调的位置上，避免不必要的步骤，完全免去无用过程，直接赋予了基于冰箱、灶具和水槽之间“工作三角（work triangle）”的现代厨房设计概念。这是一个厨房工作的金三角，应该成为设计厨房的核心标准。上世纪20年代初期，这一概念进入德国，越来越多的建筑师将最新的家居科学知识应用到厨房设计中。

1922年，Christine Frederick采用绳线研究法对人在厨房行走轨迹的长短进行了研究，并合理规划了厨房操作流程以减轻人的劳动强度并提高效率（图1-19）。

第一次世界大战后，德国经历了严重的住房短缺，众多新公寓楼的建设用以满足大量中产阶级的需求。建筑师Margarete Schütte-Lihotzky当时被聘为德国法兰克福新住房设计开发厨房项目。1926年，Margarete Schütte-Lihotzky设计了“法兰克福厨房”，被称为“Work-saving kitchen”，它优化了工作流程，使人的行走路程最短，安装了大量的分区柜及内部合理化组织的抽屉，不但使用了更少的空间还获得了足够的存储空间，使各类物品能存储在正确的位置，对细节的设计可谓是深思熟虑。它的大小（1.9m×3.4m）及布局是根据工效学研究（time-and-motion study）结果决定的。她的主要灵感来源于火车餐车有效地利用空间的模型，并运用泰勒的科学管理原理进行设计。法兰克福厨房很小，

图1-16.1869年Catherine Beecher对厨房操作流程的研究

图1-17.Frank Lloyd Wright 设计的厨房和餐厅

图1-18.1915年广告杂志上的美国式理性厨柜

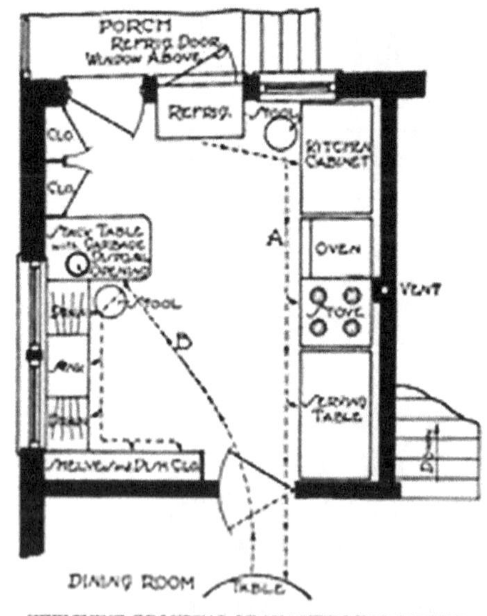

EFFICIENT GROUPING OF KITCHEN EQUIPMENT
A. Preparing route. B. Clearing away route.

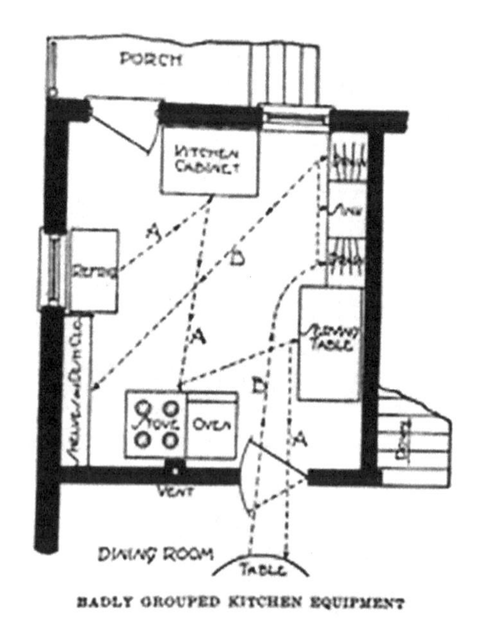

BADLY GROUPED KITCHEN EQUIPMENT

图 1–19.Christine Frederick 高效厨房工作空间图纸

部分原因是因为大众住房的公寓很小，另外也是为了减少步骤，提升家务效率。每个法兰克福厨房都有一扇窗户，确保采光和空气流通效果，主妇坐在凳子上可以舒适的开展家务活动，并且方便的取放分类放置的厨房物品（图 1-20）。

“法兰克福厨房”被誉为现代厨房设计的鼻祖，色调只有简单的绿色和灰色，并且没有现代花岗岩台面的设计。但是我们已经能看到其后在无数家庭厨房中出现的几个颠覆性设计：内置垃圾桶，橱柜内置灯，滑轮式伸缩抽屉和四个灶台的煤气炉。其中许多元素——L 形工作台面、等头高的壁橱、灶具上的排烟罩——依然是今日厨房的标志性特色。在当时建造了 10000 多套这种节约工作时间的嵌入式厨房，这种定制化厨房模式在二战后被视作建筑标准而在欧洲和美国巩固了其地位，并在发达国家被视作统一厨房设计的典范。

法兰克福厨房的基本思想包括：合理的厨房流程；简短的工作路径；狭小的空间里创造出足够的储存空间（当时还利用了门上的空间）；合理的分类存储（餐具、烹饪用具内分隔件，已开口的食品盛放系列，碗碟滤水柜等）；在合适的地方放置必要的厨房用具；经过认真思考的细节安排（水槽上倾斜的碗碟滤水盆，锅柜里的滤水盆，通风口，冷冻食品柜开门朝外等）。

法兰克福厨房也呼应了包豪斯设计师 Benita Otte 的许多设计理念，他设计的厨柜模型出现在 1923 年学校的展览上，他想通过一个舒适的工作空间来解放家庭主妇。在包豪斯厨房里，我们可以看到平整的台面，整洁的抽屉和柜子、方便的存储，和一个大大的带来新鲜空气和良好光线的窗口（图 1-21）。

20 世纪 20 年代现代厨房的快速发展得益于三个原因：一是有德国包豪斯建筑学派（Bauhaus architects）与法国勒•柯布西耶（Le Corbusier）所领导的欧洲现代主义运动的影响；另一个是电器应用的发展，通用电器公司（General Electric）一直在推销各类新款设备，包括冰箱、自动洗衣机、弹出式烤箱、电咖啡壶、电熨斗以及自动吸尘器；最后，仆用成本的上升推动了这类机械装置的需求。

直到 20 世纪 30 年代，经济大萧条影响了厨房设计观念。那时由于家庭用工的减少，建设费用和规模的缩减，以及各种新型厨房器具的出现，导致了尺寸较小的“流线型”厨房的产生。这种小型厨房具备实验室似的整洁和高效的工作模式，且大多是为一个人（家庭主妇）使用而设计的。厨房中所有的器具和洗涤池都被嵌在一条线型的操作台中，整洁并容易清洗，贮藏空间通常用柜门围护（图 1-22）。

二战后，意大利的艺术文化底蕴复苏了，厨房设计又开始重申“艺术的源泉”，并强调“艺术与科学结合”的主张，现代风格的厨房设计初次出现。同时，德国开始逐步将理想的功能主义应用在工业生产上。

20 世纪 60 年代简洁设计风格的引入，终于引发了一场厨房革命，厨具的发展又导致了有标准组件的厨房设备的产生。厨房变得像实验室，每一件用具都一尘不染。人造板行业的迅猛发展，使得家居厨柜的定制生产成为可能。烹饪不再只是一种劳作，它更多的被视为一种兴趣爱好（图 1-23~25）。

20 世纪 80 年代，在思想与艺术的碰撞下，在生活与理性的交融下，欧洲厨柜界在世界上首次提出了“打造个性化厨房”的理念。厨房观念的转变意味着人们生活品质和生活方式的变化。在欧洲，厨房的概念除去传统的饮食功能。大都已兼有娱乐、休闲以及家庭情感沟通、朋友聚会等诸多功能。“Living in Kitchen”成为一种时尚的生活方式（图 1-26）。

图 1–20．"法兰克福厨房"

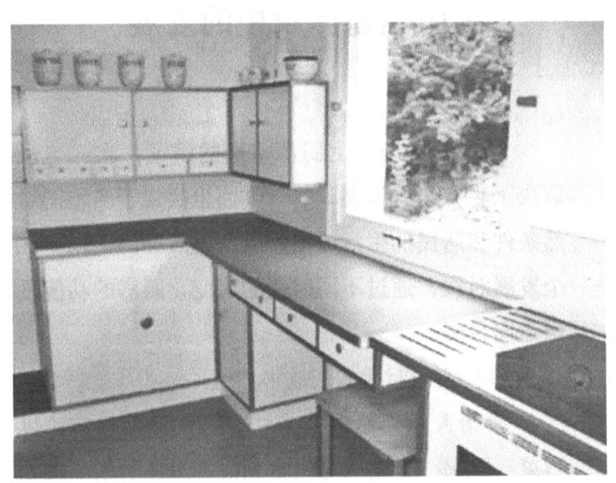

图 1–21．1923 年的包豪斯厨房

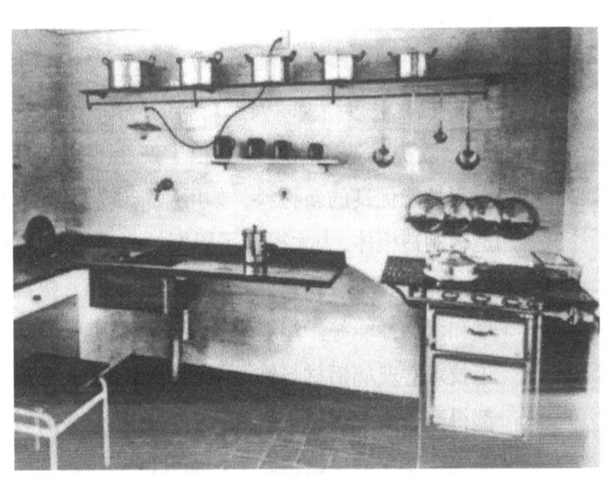

图 1–22．20 世纪 30 年代开始应用人体工程学设计的欧洲厨柜

图 1–23．20 世纪 40 ～ 50 年代嵌入式厨房

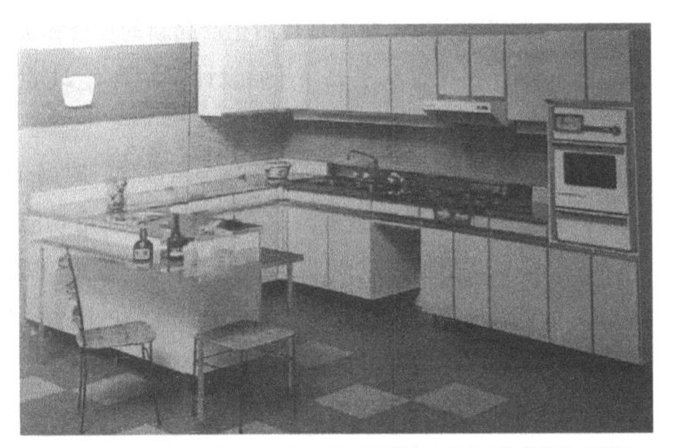

图 1–24．20 世纪 60 年代定制化厨柜

图 1–25．20 世纪 70 年代精美的美式厨房

图 1–26．时尚个性的厨房生活中心

21世纪，厨房已经成为一种生活方式，一种世俗文化。从这个时代开始，厨房与每个阶层的生活方式都息息相关。

1.2.2 国外整体厨柜行业的发展

整体厨柜的设计与生产在欧美发达国家已广泛普及，占国际家具市场的份额比例较大，是与现代居室装修配套的设施，也是家庭生活现代化的一个重要标志。据意大利权威机构统计，目前德国、意大利、法国、英国、西班牙是欧洲最大的五个厨柜生产制造国，按销售额来算，约占欧洲的百分之八十以上，其中，德国和意大利就占了近一半。

（1）注重新技术及新材料的应用

欧美发达国家整体厨柜生产企业，特别注重应用性能优良的新材料。如用冰箱内胆材料取代人造板制造柜体，大大提升了厨柜的耐水性及环保性；用亚克力石材取代普通人造石制作台面，提高其硬度和耐磨性能等。塑料电镀工艺、亚克力粘接及加工技术、玻璃铝材与饰面板粘接组合工艺等新技术都得到了广泛应用。另外，他们还将许多高科技智能化产品应用于厨柜之中，如升降式烤箱、遥控式水龙头、具有吸油烟功能的吊灯等。新材料与先进工艺的应用，赋予现代厨柜产品新的科技和美学内涵。在现有水平上，开始设计研制具有21世纪新概念的美学型、智能化厨柜。

（2）注重设计的风格化、个性化、时尚化

国外整体厨柜设计在首先满足使用功能的基础上，更加注重造型的个性和时尚。意大利厨柜注重设计风格表现及色彩的搭配、比例的配置，使意大利厨柜站在了世界顶级厨柜的行列，引领着时尚潮流；法国整体厨柜以浪漫、注重色彩的运用著称；德国整体厨柜稳重大气，体现厨柜的整体功能，注重标准化生产，有很好的工艺质量；北欧整体厨柜则朴素自然、简洁明了、功能实用、美感创新、以人为本。

（3）注重产品配套

在产品配套成熟的发达国家，厨柜公司是整体厨柜的总承包商，从厨房家具到抽油烟机、冰箱、灶具、水盆、龙头、洗碗机，全部由厨柜公司提供，甚至连小饰品都一应配齐。

（4）注重环境保护

欧洲国家特别注重环保，厨柜生产所用的人造板必须是符合环保标准规定的绿色材料，其他材料也都要求是抗菌的、对人体及环境无害的。

欧式现代厨柜设计在追求时代感的同时，融入了绿色化、智能化、个性化、功能一体化、表面装饰艺术化等设计理念和手法，更注重居室主人的可操作性和愉悦性；在厨柜设计与加工方面，采用了国际先进的结构形式与加工手段；智能化与网络化的导入，也赋予了厨柜的现代创新理念，提升了产品研发水平。

1.3 中国整体厨柜的发展

1.3.1 中国厨房的历史沿革

纵观我国历史上厨房格局的演变，它一方面取决于生产力的发展，另一方面也决定于当地的自然条件和居民的生活习惯。厨房大致经历了以下几个发展时段，通过不同时期的演变，厨房的功能逐渐走向合理。

（1）穴居时代的灰迹

原始人以天然洞穴为居，居住条件极差，以野菜、野果、野兽肉等生食充饥，过着所谓“茹毛饮血”的生活，不知道熟食的制作。后来尝到了被雷击而烧死的野兽肉，发现了熟食的美味。当然，钻木取火的发明才使人类有条件正式开始熟食的习惯，这也是走向人类文明的第一步。如我国北京猿人居住的周口店洞穴石壁上，至今留有焰火薰烤的痕迹和木炭残迹。

（2）定居时代的火塘

随着劳动工具和技能的变化，人类慢慢由穴居发展到半穴居，最终移居地面。从已发掘出来的房屋遗址中可以发现，当时的人类已经在建于地面的房屋中设有火塘（即地灶）。火塘一般设于屋内正中或离门远些的居中位置，火塘中火焰终年不熄，以备随时取用。周围可环绕而坐，便于活动。一天劳作之后或者当天气恶劣而不能外出时，火塘便成了家庭活动的中心。那些祖祖辈辈流传下来的故事伴随着火塘中的袅袅轻烟，维系着一个民族的繁衍与文明。这种布置方式兼有烹饪、取暖、去湿、防兽等多种功能，但因为四周没有隔离，所以烟气弥漫在整个房间，卫生条件极差。由于传统习惯和地区特点，火塘在有些少数民族住宅中至今仍有保留，如西南地区的竹楼里，火塘成了常年烟火不断的起

图 1–27. 云南摩挲人屋内的火塘

图 1–28. 汉代带橱柜的陶灶

图 1–29. 江南古镇周庄沈万三家的厨房

居房（图 1-27）。

（3）炉灶处于一隅的住宅

随着生产的发展和生活方式的改变，人们物质生活逐渐丰富，饮食也由烧烤为主转向以烧煮为主。此时，建房技术也日臻完善，客观上创造了对火塘居中的住宅加以改进的条件。为解决炉灶排烟及操作方便问题，炉灶逐步由房间正中移向一角。贴地的火塘也做相应提高而改成砖砌的灶头，锅子架设在灶台上，并设有沿墙面砌筑的烟囱。

现有在安阳出土的汉代灰陶灶模型，它与橱柜有机结合，非常方便烹饪操作，应是当时家庭垒砌固定灶址的真实反映，尤其是橱柜与近现代的形制所差无几，足以窥见当时人们炊事生活的进步程度（图 1-28）。

（4）独立厨房（灶房）

由于厨房操作中有许多专用器皿、工具、粮食、燃料，这就需要较大的存放空间，同时，为减少厨房对其他房间的干扰，便逐步发展到厨房从整栋房屋中分离出来的模式，成为独立厨房。由于当时我国家庭结构以大家庭为主，又使用水井取水，所以这类厨房面积较大，常处于后院一侧，一般较低，导致采光不足。同时因为多为女主人操持家务，因而灶间的陈设颇能反映出她的审美习惯，大都以实用为特色。炊具通常被悬挂于墙上，既顺手可取，又使墙面增加了层次感。这种布局最早出现在从四川成都出土的汉墓画像砖中，现在尚存的明清旧宅中也有实例可查（图 1-29）。

近代中国人使用的燃料从劈柴、煤油、蜂窝煤，到液化气、管道煤气，相应的灶台也经历了从土灶锅台到煤油炉、蜂窝煤炉、液化气灶、天然气灶的演变，这些也从侧面反映了我国厨房设施的发展变化（图 1-30）。

上世纪 50 年代至 60 年代，我国居民厨房主要是“灶台 + 水槽”的形式。60 年代的中国城市居民多使用合用厨房。为避免太过拥挤，邻里之间常会尽量交错时间使用。70 年代初期，由于住房条件的限制，很多住在筒子楼里的居民没有独立厨房，只能每家每户在走廊里摆上灶具，显得拥挤不堪。

上世纪 80 年代以前，作为厨房家具而言，一

图 1–30. 中国近代厨房用燃料及灶台的演变

般城镇居民家庭能自己打造或购置一个碗柜（小贮藏柜）置于所谓的厨房内，就已相当不错了。改革开放初期，由于一部分城镇居民的居住条件逐步得到改善和提高，加之人造板材在国内家具行业的广泛应用，具有初期形态和特征的厨柜产品才开始小批量地出现在大城市市场。80 年代初北京木材厂开始设计与生产厨柜类家具，但当时的厨柜产品设计风格比较单调，构造简单，只是一种储物而缺乏美学组合变化的矮式组合柜而已，属于功能型的。

从上世纪 90 年代起，人们不再只满足于厨房的功能，而是逐步开始重视厨房的装修、配套，出现了规范化的厨房形式，并按照规范标准进行设计，使各项设施可以结合工厂批量生产，以降低成本。早期以不锈钢单体厨柜为主，到引入第一代整体厨柜与国际接轨，现代意义的整体厨柜市场才真正开始。

如今 21 世纪，厨房已不仅仅是为了简单的烹饪和储藏，更多的是为了体验和享受在其中的快乐生活。现代厨房从单一的使用场所变成一个多功能的甚至是舒适的空间，厨房与餐厅、客厅相衔接，传统的隔墙被省略，作为居室中视觉美感的一部分，对其美观整洁度的要求越来越高。按操作顺序设置的设施，使操作者能按部就班地操作，从而减少往复交叉的重复劳作；对废气的排放加以重视，保持室内空气的清新，对人体的损害也降到了最小；通盘考虑设施尺度的协调，增强了室内空间的合理流动性；合理安排的储藏空间，改善了室内卫生状况，使厨房空间最大限度地得以合理利用。同时科技进步使厨房的科技含量越来越高，现代化电器的使用使人们的劳动变得轻松有趣。

1.3.2 中国整体厨柜行业的发展现状

厨柜产业是家具产业的重要组成部分，作为一种独立的产品门类，整体厨柜在我国起步较晚，发展历史也很短。但伴随着生活水平的提高、居住环境的改善，我国厨柜产业在短短二十多年的时间内，无论是产品规模、制造工艺技术水平、材料应用等诸多方面，都取得了长足的进步。

上世纪 80 年代初市场上出现的简易厨柜产品，开创了我国现代厨柜制造的先河，是我国现代厨柜发展史上的里程碑。80 年代后期，国家建设部也提出了改善我国居民厨房整体化环境的创新性课题。这些研究与开发，为今天我国整体厨柜产业的发展奠定了一定的市场基础与技术基础。进入 90 年代，随着生活水平的提高，欧美等发达国家生产的整体厨柜逐渐进入中国，其功能及性能方面的诸多优势，引起了许多家具及相关企业的关注，之后开始研究欧美国家整体厨柜先进的设计手段、加工工艺及设备，在整体厨柜高额利润的诱导下，一些企业开始尝试生产厨柜产品。由此，中国的厨房设施由简单搭建的“灶台＋水池”，进入到厨柜单元的专业化制作阶段，厨房建设在经历了生存型、小康型的发展阶段之后，进入了舒适型的发展阶段。这种改变催生了中国厨柜产业的兴起及发展，并形成了庞大的市场，成为我国的朝阳产业。

（1）行业所处的生命周期

中国的现代厨柜行业是在摸索、学习的过程中，借鉴外国经验，逐步发展起来的。中国厨柜行业经过二十多年的发展，取得了巨大的成就，已经成为整个家具行业的重要组成部分。中国厨柜生产企业由 1994 年的二十多家发展到目前的上万家，已形成原材料配件、整体厨柜、经销商等互相依存、互相合作的庞大产业链。

这些厨柜专业生产企业，构成了我国完善的整体厨柜产业体系，并已具备了与发达国家竞争的实力与规模。但是国内厨柜行业中绝大多数为中小企业，小企业所占的比例更是在 80% 以上，产销额上十亿元并具有一定技术实力的规模企业所占比例不大。

中国厨柜业走过的道路，跟中国家具业走过的路有相似之处，都是由简单的家庭小作坊制作逐渐向工业化生产发展，只不过由于厨柜的特殊性，这个行业的发展相对家具业来说显得缓慢而艰难。如果说中国的家具业、家电业已逐渐步入成熟期的话，中国的厨柜业则刚进入成长期。

（2）行业区域布局与竞争格局

目前国内的厨柜企业区域布局主要围绕珠江三角洲、长江三角洲和环渤海三大经济圈，辅以中、西部地区。其中广东、浙江和北京是三大区域的核心。这几大区域在设计、制造、管理等方面引领着国内厨柜行业的发展潮流，并且每个区域都培育出了有代表性的优秀品牌。

随着房地产的持续升温，消费者对厨卫意识的提高，中国厨柜行业必将伴随着市场的发展和成熟，迎来百花齐放的竞争局面。中国厨柜市场品牌越来越多，竞争日趋激烈；既有少数国际、国内知名品牌，也有大量区域性的小品牌和无品牌的加工作坊；整体上处于优劣并存、鱼龙混杂的局面。目前，中国厨柜市场中的企业大致分为六类：

一是全国性的龙头品牌厨柜专业厂商。此类厨柜企业占据中高档市场，其产品质量和价格都较为贴近消费市场，因此占据了大量的市场份额，包括广州欧派、北京科宝博洛尼、上海雅迪尔、厦门金牌等。其中，欧派家居集团股份有限公司是国内最早的厨柜专业产销企业之一。

二是一些大型厨电企业挟巨资强势切入厨柜市场，如海尔、方太、老板、华帝、帅康、樱花、澳柯玛、伊莱克斯等。此类企业以其厨房电器的完美配套及良好的品牌效应占据了一定的市场份额。厨电企业与厨柜的联姻也进一步加速了中国家居厨电一体化的进程。

三是来自德国、意大利的外资品牌，如德国的博德宝、西曼帝克、阿尔诺、柏丽、博夫曼，意大利的艾度维、威乃达等直接指向我国厨柜行业的高端市场。日本的珐琅世家与松下宅配等也都分羹中国厨柜市场。

四是地方性区域品牌厨柜专业厂商，如合肥的志邦、成都的倍特与百V、北京的康洁、武汉的一新、长沙的巨迪与捷西、郑州的大信、江西的月兔、深圳的康威和得宝、厦门的好兆头与好来屋、江苏南京的我乐、中山的皮阿诺、广州的蓝谷、沈阳的格瑞蓝、东莞的厨博士等，他们占据中端市场，在地方市场很有影响力，甚至一些品牌也逐步走向全国市场。

五是家电与建材行业的一线品牌跨界做厨柜，凭借其品牌知名度与影响力，也给厨柜行业带来新一轮的竞争，如美的、长虹、荣事达、万家乐、箭牌、联塑、大自然、圣象等。对这些跨界经营的厨柜品牌来说，资本和渠道是他们转做厨柜的最大优势。实力雄厚的资本、妇孺皆知的品牌和星罗棋布的渠道为家电或建材品牌转型做厨柜打下坚实的基础，这些大品牌进军厨柜市场，冲击了传统厨柜行业存在的资金弱、门槛低的局面。其次，成熟的管理体系和营销人才梯队是这些企业进军厨柜业的又一大优势。由于家电行业起步较早、竞争激烈，存活下的品牌都具有国际水准的管理经验和营销能力，人才体系和管理能力也较传统厨柜行业高出许多。这些也给从业人员素质相对较低、市场推广水平相对落后的厨柜行业带来冲击。但目前来看，这些跨界巨头带着原有行业的成功经验而来，但未必适合厨柜的定制特性，能否突破不温不火的状态还需拭目以待。

六是各地“前店后厂”式的作坊式企业蚕食着低档市场。此类商家产品质量低下，但仍有一定的生存空间。

(3) 产品类型

目前我国市场上的整体厨柜种类很多，款式也大同小异，但功能、性能及用材有较大差异。根据不同的材料构成，大致可分为高档型、普及型、简易型三类厨柜产品。

①高档型厨柜：这类厨柜的主体材料（人造石材、柜体板材等）和重要连接件（铰链等）基本采用国外名牌产品，制造工艺及设备也与国外相同，所以产品质量与欧美发达国家无异，其市场售价一般在每套3万元人民币以上。这类厨柜主要由上述著名品牌企业生产销售。

②普及型厨柜：这类厨柜的主体材料和配件大都采用国内大型材料生产企业的产品，性能及质量满足厨房使用要求。这类厨柜主要由具有一定规模的中型企业制造，著名企业也有一定量的生产，其市场售价一般为7000 ~ 15000元。

③简易型厨柜：这类厨柜的主体材料和配件采用的是一些劣质板材和低档配件，性能及质量很难满足厨房使用要求。这类厨柜主要由作坊式企业或装修队制造，其市场售价一般为每套3000 ~ 5000元左右。

(4) 行业发展变革

中国厨柜行业经过20多年的发展，实现了三大变革：

①厨柜销售的面在扩大，由原来的地产地销（如北京做的厨柜就卖给北京的客户），已经发展到全国以至于国外大的销售网络，市场在扩大。

②厨柜产品和配件实现了国产化，配套齐全化。从造型上看，由最初基本都是模仿国外产品的外观（体量大，开放式操作台），逐渐变成适合国人使用的、体现中国饮食文化特征的造型——根据厨房大小来设计，包括各种厨房电器设备，都能满足中国消费者的生活需求。

③在家居行业最早实现了IT技术的应用。比如利用网络，外地的加盟店可以在现场和消费者定好设计方案，通过网络直接发给厂家，然后厂家据此生产、加盟店直接安装。可以说，IT技术的应用使国内厨柜企业实现了异地生产和销售，对行业发展起了很大的促进作用。

（5）市场容量与潜力

2000年以来，我国二三线城市的房地产投资规模处于高速增长期，除金融危机的两年（2007与2008年）外，其余年份均实现了20%以上的增长速度。房地产的高速发展，城镇人口的不断增长，生活水平的不断提高，住房装修或重装的频率不断加大，直接推动了厨柜行业的高速发展。

未来几年内，在中国超过1亿户城镇居民中，有购买整体厨柜的需求将超过20%。目前，中国厨柜市场容量每年接近1000亿元，并以每年20%～30%的速度增长，因此市场潜力巨大。另外，我国目前整体厨柜出口量很小，而许多品牌厨柜生产企业的工艺及设备水平、产品质量都具备了与国外企业竞争的能力，如果抢滩国际市场，其市场份额也是惊人的。这些足以证明，我国整体厨柜产业发展前景是十分广阔的。可以说整体厨柜在我国属于新崛起的朝阳产业。

厨柜业得以迅速发展的原因一方面在于国家经济发展和人们生活水平的不断提高，另一方面是房地产业的蓬勃发展，使得厨柜作为一道亮丽的风景线，在装修行业中占据越来越重要的地位。另外，人们消费、装修观念的改变也是厨柜业迅猛发展的主要原因。

1.3.3 中国整体厨柜行业存在的不足

当前国内整体厨柜行业发展过程中还存在一些问题和不足。

（1）行业无序竞争

当前国内大部分厨柜企业规模不大，技术、设备不到位，仅有部分厂家规模较大，与国外的成熟企业相比，尚有一定的距离。厨柜的区域性特征也导致企业难以做大、做强，缺乏能够引领整个行业的品牌，也无法形成处于领先地位的龙头企业。由于行业门槛低，企业经营水平良莠不齐，形成了诸侯争雄，品牌林立的局面，最终走上了“价格战”的恶性竞争。这种典型的中国竞争形式，导致市场上产品从外观到功能普遍雷同，因而行业集中度很低，严重阻碍了产业的技术升级和企业发展的步伐。

（2）产品制造标准化程度低

我国的整体厨柜生产企业大都采取“现场测量、量身单套定制”的生产销售方式，因而造成了制造标准化程度较低，零部件规格、尺寸多而复杂，这些对提高产量和质量、降低生产成本、保证交货期都造成了极大的影响。

同时，我国整体厨柜、厨房电器及建筑领域之间缺乏完善的配套规范，特别是在一些细节问题方面，如厨房的净空尺寸、管线的布置形式和接口位置等。厂家的工业化产品在安装中常常不能适应现场的各种情况，需要进行临时修改，这种状况也不利于厂家的标准化、规模化生产。

（3）产品质量良莠不齐

目前整体厨柜业可以说没有什么准入门槛，完整的行业标准尚不健全，客户要什么就生产什么，这就造成市场不规范，质量差异较大。许多中小企业因加工设备落后，工艺方法不当，都不同程度的存在产品质量问题，如板件封边不牢、台面接缝不严、尺寸误差大、锯板崩边破损、钻孔不规范、五金件装配不牢固等。更有少数小型企业，为了获取高额利润而不惜降低成本，使用劣质材料，以至出现使用不符合环保标准要求的原辅材料、人造石台面变形开裂、柜体板材耐水性很差等重大质量问题。同时由于消费者对产品的认知程度普遍不高，给部分商家的非诚信经营或利用各种手段损害消费者权益提供了可能。

（4）产品设计缺乏创新

从市场调查的情况来看，目前许多厨柜企业设计上照抄照搬的较多，造型、色彩雷同，组合变化也很少，缺乏创造力和系统构思能力，式样新颖、富有个性和文化品位的产品极为少见，更别谈具有中国文化特色的产品设计，具体体现在以下两方面：

首先，厨柜设计规格尺寸不合理。我国厨柜设计款式及规格尺寸多是借鉴或仿造欧美国家同类产品设计而成，没有从实际出发结合国内众多消费群体及实际居住条件进行综合性设计。各生产企业在无统一技术规范与标准的情况下，按各自企业的标准和规定设计与组织生产，从而造成规格尺度的混乱。虽然建设部发展中心制订的GB11228-89《住宅厨房及相关设备基本参数》对厨房家具的设计与生产作了初步规范，但仍不能全面准确地满足和指导专业化厨柜企业的技术管理与生产加工需求。

其次，厨柜功能不全。许多国产厨柜柜体内只设有一层或两层搁板，贮物灵活性不够，而且柜内贮藏功能也未能细化，如未细化设计的抽屉、过滥的搁架，功能不明确。由于国人的饮食文化习惯与欧美国家不同，因此厨房内储存物品的种类、数量、方式应有大众化的时代特点。另外，我国的厨房家具五金配件不够齐全、功能欠缺、品种少、质量粗劣，在一定程度上也制约了厨柜功能的多样化和灵活性。

(5) 产品定价形式不合理

我国目前厨柜的报价方法问题较大。在国外，厨柜无一例外地采用单元柜报价，而在国内，以延米报价几乎成了市场通用的报价形式。

延米，即延长米，是用于统计或描述不规则的条状或线状工程的工程计量方法，如管道长度、边坡长度、挖沟长度等。而延长米并不是统一的，不同工程和规格要分别计算才能作为工作量和结算工程款的依据。这样一个极其专业的概念不为一般百姓所知无可厚非，但这个单位却被广泛地用作厨柜的计价单位。在一定的厨房空间内，1 延米厨柜一般包括吊柜、地柜和台面。根据“延米单价 × 延米数 + 附加费用”算出的厨柜总价即为整套厨柜的“延米报价”。

这种报价方法的弊端是显而易见的，对于消费者来说，这种报价存在不清楚性、含蓄性，容易被不良厂商钻空子；对于厂家来说，这种报价方式不利于标准化、规范化生产。反过来，非标准化生产的产品不具备成套性、通用性和互换性，降低了产品的复制力，质量也难保证。

(6) 缺乏专业人才

厨柜行业的快速发展和起步时的发展形式决定了厨柜行业人才资源的匮乏，这也是制约中国厨柜行业进一步发展的一个致命的瓶颈。

中国高校暂时并没有专门针对厨柜设计开发的专业和学位设置，只是在一些林业院校的家具设计专业里开设了相关的课程。目前整体厨柜行业从业人员主要有以下几个来源：第一，来自于高校环境艺术设计、室内设计、工业产品设计、建筑装饰、材料工程等专业的毕业生。这些人才有着与整体厨柜设计相关的专业背景，具备一定的专业技能，但对整体厨柜产品结构特点、设计方法了解不够深入，需要有一个转换过程。第二，是整体厨柜企业自主培养的一部分人员，即从产业工人里面择优提拔的技术人员，在市场营销人员里面培养的一些管理人员和设计人员，但是他们长期从事具体事务的操作，缺乏整体把握能力，其综合素质有待于提高。第三，是从其他行业转行过来的人，他们可以把其他行业的一些先进的技术和观念带进来，但是他们需要对整体厨柜行业进行一个比较长时间的适应。

从整体厨柜产品特点可知，厨柜产品设计是一种综合设计，是空间设计与装饰设计及产品设计、工程设计的综合，既要把握产品功能、空间尺度的合理性，又要体现室内装饰风格、造型风格的协调性，同时还要能用工业化标准产品（标准单元）去满足个性化的消费需求，以及满足制造工程、安装工程的便捷性。设计师必须有系统设计的能力，要能全盘把握功能、美观、个人价值、市场价格等要素，最终达到系统最优。这就需要设计师有一个非常完备的设计素质。从内容上来讲，他应该具备对建筑空间的把握、对室内设计的理解、对产品设计的技能、以及对安装工程的了解；从性质上说，艺术的、技术的、工程的、市场的要素也都要了解。同时他还应该学会直面服务的技能，就是与消费者的面对面沟通和对消费者的理解，以及对于现场施工条件的考察和个性化服务。

当然，针对整体厨柜的产品特点，企业缺少的并不仅仅是专业厨柜产品设计师，还有很多的岗位都需要大量的专业人才，如专卖店展示设计师、导购员、安装工；生产车间的工艺师以及销售部门的一些人员等。

1.3.4 中国整体厨柜行业未来发展趋势

纵观近几年的发展历程，我国整体厨柜行业将会出现如下的发展趋势：

(1) 行业发展规范化

随着规模企业综合实力的不断增强，整个行业将面临着新一轮的“洗牌”，小、弱厨柜企业将在“洗牌”中退出市场，整个行业将会更健康地成长。国产品牌会不断缩小与外来品牌之间的差距，甚至发展成为世界知名品牌。未来一段时间内，厨柜企业将向规模化、自动化、现代化方向发展；产品将向精品化、个性化、人性化方向发展；服务将向专业化、协作化、便捷化方向发展。行业利润随销量上升，价格趋降，整体收益将趋于稳定和透明。

（2）生产制造标准化

随着整体厨柜行业标准的出台，厨柜企业将加快产品生产标准化的步伐。标准化的实质就是科学化、规范化和经济化。只有以标准化为核心才能真正做到以客户、以质量、以经济效益为中心。只有提高制造标准化水平，才能不断提高产品质量和管理水平，实现规模化生产，促进厨柜业的健康发展。因此，标准化制造是我国整体厨柜生产企业的必由之路。

（3）制造材料环保化

随着人类环保意识的增强和对回归大自然的心理追求，以“节约材料，保护环境”为宗旨的呼声愈来愈强烈，设计开发绿色环保型厨柜已成为21世纪厨柜行业当务之急。环保型厨柜不但要求在使用过程中对人体和环境无害，在生产过程及回收再利用方面也要求达到国际环保标准和要求。因此，厨柜的原材料和配件选用将强调使用天然环保型或符合环保要求的材料，以保障加工者和使用者的身体健康。同时，还要从消除油烟、噪音、放射物、甲醛、光线污染，以及饮水净化、污水处理、空气流通、餐具与食品的洗涤消毒和垃圾的分类处理等方面做精心设计和有效的布置，充分体现健康环保的理念。

（4）造型设计本土化

以往市场上的很多厨柜产品主要是体现西方人的饮食习惯。其实中式烹饪和西式烹饪是有很大不同的，如中式烹饪讲究用调料，调料的摆放要求操作台的设计非常合理，而西式烹饪则不大一样。因此要根据中国厨房建筑模数以及中国人的烹饪习惯、操作方式、功能需求、风水传统、美学习惯、成本要求，按照配套性、通用性、互换性和扩展性进行合理化设计，使得产品适合中国家庭的厨房操作习惯。

未来几年，厨柜造型设计将加入更多的中国文化符号，功能设计将更适合国人的烹饪习惯，以充分体现西方厨房文化与中国传统饮食文化相融合的特征。技术从创新到应用到普及需要一个相对漫长的过程，而杰出设计的效果往往是立竿见影的，当技术趋于同质的时候，产品的设计最容易实现差异化。所以，我们不仅要注重于技术的创新，更要重视具有本土文化特征的设计创新。

（5）造型色彩流行化

从厨柜色彩来看，前几年是以纯色为主，单色高光材料，如白色、红色、橄榄绿、香草色等将继续流行。但在单色背景下，局部进行木纹的点缀或保留天然的纹理和色泽也将会受欢迎，体现木纹色回归。

未来几年各类金属色、糖果色、高档木纹色将成为整体厨柜的流行色，厨柜色彩的变化将会及时反映流行趋势。

（6）产品设计个性化

现代厨柜的设计已开始注重“以人为本”，但这个人是群体的人，是大多数的人，满足的依然是大多数人的一致需要。因此，现代厨柜的文化特征主要是群体文化、地域文化或历史文化。而未来厨柜的设计风格将发生很大改变。厨柜设计将实行量体裁衣，设计师将根据不同个人的审美情趣量身订做，或者体现设计师的个人才华和所要表现的家居主题，使个体文化意识得以充分体现，并将起主要作用。随着人类思维的发展和思想的进一步解放，厨柜的造型也将摆脱束缚，将更有个性，同时不排除标新立异的表现，因为在未来的科学技术和生活条件下，无论哪一种形式的厨柜都不会受到加工工艺的制约而影响到使用功能。因此未来的厨柜将更加异彩纷呈，更富个性特征（图 1-31、32）。

（7）厨柜、家电一体化

厨电一体化将是整体厨柜行业的未来发展方向。对厨柜生产商而言，厨电与厨柜互动销售是其利润的重要来源；消费者也希望通过“一体化”订制让厨柜设计师以合理的设计来解决诸如电器散热、柜体变形等问题；这种方式也为竞争激烈的厨电业增开了一条直接的销售渠道。因此，品牌厨柜企业纷纷与品牌厨电企业强强联合，将传统的分散的厨房电器、厨房用具与整体厨柜有机协调成一体，组成完整的集成厨房体系，形成厨电一体化。从几年前海尔提出“厨柜家电一体化”的理念，到近期欧派与品牌厨电的结盟都证明了这一趋势。

同时，厨柜设计还在朝着设备化、集成化方向发展。比如，意大利 Sheer 厨柜，整个厨柜就是一个圆球，放置中央，旁边有辅助厨房电器，使用时开启半球，不用时合起来（图 1-33）。日本一些厨柜企业一直注重设备化厨房组件的开发。我国也

图 1–31．个性化整体厨柜

图 1–32．极具未来感的摩登厨柜

有不少企业正在开发或已经生产厨房一体化设备，如洗碗柜、水槽一体设备，抽油烟机、炉灶、消毒柜（烤箱）一体的集成设备。

（8）厨电、配件智能化

随着厨柜的设计呈现多元化的趋势，新的高科技五金不断得以应用。阻尼静音技术将推广到抽屉之外的五金中去，例如门铰、上翻门五金等；无拉手、压迫弹开式的柜门及抽屉的应用也将更为广泛。除此之外，厨柜五金将更加智能化，很多是电动感应式的，无论抽屉轻重宽窄，只需轻轻一碰或一拉，就可以实现自动开闭。厨柜中的推拉门也多为自动开启和回位，即使双手都拿着物品，使用者也可以自由掌控，安全可靠。

未来厨柜的设计和制造将大量使用光电技术、遥测感应技术、遥控技术、计算机和自动控制技术、远红外线等先进的科学技术。这些技术的应用，将给人们的生活带来一场深刻的革命，厨柜的功能和使用将发生巨大变化。通过应用高新技术生产出的智能化厨柜，其功能大为扩展，能够代替人们做以前做不到、或者根本想不到的事情。比如：未来的厨柜可以定期自动检测，实现自动处理相关操作，甚至可以根据当时季节、室温、气温的变化提醒人们，适时自动调温、调光、调湿、杀虫等；食品柜可以根据自动检测结果对柜内的食品和餐具进行杀菌、消毒、烘干、保鲜等。还可以根据使用成员的身体检测进行智能配餐、菜谱储存等。微波炉和燃气灶、抽排油烟机的安装柜都应具有有害气体检测功能，如烟感、温感与喷淋、泡沫喷洒装置。未来的厨柜应考虑厨房电器接点与安装，有开关门显示、指纹识别功能、防虫、防盗、污染警示和相关行为的提示或指示功能。操作台和水池可设有食品、蔬菜加工和智能节水装置。未来的配餐台可以根据使

图 1–33．意大利 Sheer 圆球厨柜

用者的身高自动调节台面的高度，检测使用者和周围环境的空气成分及烟雾等有害气体污染指数，从而及时提出警示，消除有害气体，使空气保持清新。智能化厨柜还应对其周围环境进行防火、防盗和防灾检测提出警告（图 1-34）。

未来的整体厨柜将会以“生产制造标准化、造型设计本土化、厨电一体化、智能化、网络化、环保化、个性化”的形态出现，中国企业应看准这一发展趋势，设计、生产更多、更新颖的整体厨柜产品，为全球消费者提供更加时尚、舒适的现代厨房生活享受。

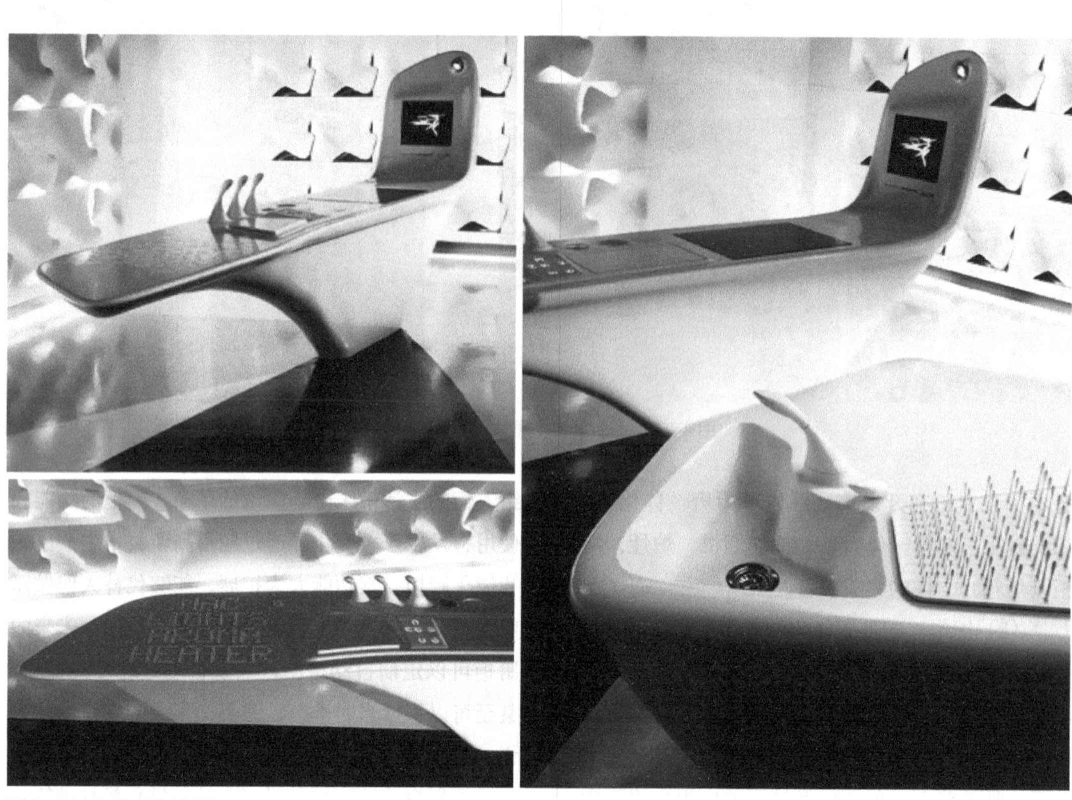

图 1-34. 智能厨柜系统

整体厨柜的常用材料及配件

整体厨柜的质量取决于设计、加工及材料的选用，材料既是实现设计意图的重要手段，也是选择加工方法的重要依据，同时还是控制成本的关键因素。由于厨房是一个烹调和贮存食品的地方，因此其材料的使用与一般家具材料不同，易清洗、耐热、防潮、环保是整体厨柜选材的基本原则。同时，运用不同材料的质感及色彩能形成不同的设计风格，进而满足人们不同的审美需求。从结构的角度看，整体厨柜是由柜体、门板、台面、装饰构件以及各种五金配件组成，所以其材料也包括柜体材料、门板材料、台面材料等。

2.1 整体厨柜的柜体材料

柜体包括地柜及吊柜、中高柜，要求具有耐腐、防潮、不生虫、不霉变等性能。一套整体厨柜的柜体材料约占整套厨柜材料（柜体＋台面＋门板）面积的 70% 左右，因此，柜体材料的好坏直接影响厨柜的质量。整体厨柜在结构上类同于板式家具，柜体的零、部件基本上是由各种板件（如侧板、底板、顶板、搁板、竖隔板、背板等）组成。由于受到厨房功能的影响，柜身一般做成平面直边的方盒子型。其中除背板一般采用 3mm 或 5mm 厚的饰面中密度纤维板或胶合板以外，其他板件最好采用相同厚度规格的同种材料，以便于标准化生产，降低成本。

图 2–1．三聚氰胺饰面板

目前常用于整体厨柜柜体板件的材料主要是各种普通木质人造板和经表面装饰处理的装饰人造板。

2.1.1 三聚氰胺饰面板

三聚氰胺饰面板是以刨花板或中密度纤维板为基材，表面热压三聚氰胺浸渍纸而成的板材（图 2-1），表面具有耐磨、耐高温、耐酸碱、抗刻划、易清洁等优点。

刨花板是利用木材或其他木质材料制成细小刨花，经施加胶料和辅料再热压制成的人造板材。其外观质感平整光洁、物理力学性能较为优良、结构均匀、变形小、材质稳定；但表面较粗糙、握钉力低、密度较大、板边暴露在空气中易吸湿变形。

由于刨花板价格较为低廉，性能也基本满足使用要求，所以以刨花板为基材的三聚氰胺饰面板在整体厨柜柜体上有相当多的应用。

当用三聚氰胺饰面刨花板时，其基材应选用板内加有防潮剂的防潮刨花板，以满足防潮要求。进口的防潮刨花板，其添加的防潮剂是无色的，所以从端面看，板材是纯木材的颜色。许多国内刨花板生产厂家既生产防潮刨花板，也生产普通刨花板，为了有所区别，其在加入防潮剂的同时还加入了绿色颜料，所以从端面看有绿色颗粒混杂在刨花之中。而个别劣质板材生产厂则完全不加防潮剂，只添加绿色颜料谎称具有防潮特性，所以端面有绿色颗粒不能作为判断具有防潮性能的依据。

中密度纤维板（MDF）是以木质纤维或其他植物纤维为原料，施加脲醛树脂胶或其他适用的胶黏剂经高温高压制成，密度在 0.45~0.88g/cm^3 之间的人造板材。这种板材结构细腻均匀、密度适中、尺寸稳定性好、物理力学强度较高、表面平滑光洁、边缘牢固，且饰面效果、雕刻及其他加工性能都较为优良。由于中密度纤维板具有很好的使用性能，加上板的厚度选择范围大，因此以中密度纤维板为基材的三聚氰胺饰面板广泛用于厨柜柜体及门板的制造。

图 2–2. 防火板饰面的胶合板

图 2–3. 防火板饰面的细木工板

整体厨柜柜体中常用的三聚氰胺饰面板厚度规格有 3 ~ 5mm（基材为中密度纤维板）、15mm（基材为中密度纤维板）、16 或 18mm（基材为刨花板）。其中 3 ~ 5mm 厚的板材用于柜体背板，其他厚度板材则用于柜体侧板、搁板、顶板、底板等。

用于厨柜的刨花板和中密度纤维板其质量应符合相关国家标准（GB/T 4897-2003 和 GB/T11718-2009）要求。作为厨柜用材，最重要的指标有甲醛释放量和吸水厚度膨胀率。前者直接影响人的健康，后者影响板材的强度及使用寿命。目前用于厨柜的刨花板和中密度纤维板甲醛释放量应达到国标 E1 级（≤ 9mg/100g）或欧盟 E1 级（≤ 8mg/100g）；用于厨柜的刨花板吸水厚度膨胀率应小于 8% ~12%，中密度纤维板应不大于 8%。

2.1.2 防火板饰面的胶合板与细木工板

胶合板是原木经过旋切或刨切成单板，再经纵横交错排列，涂胶热压而成的人造板材，具有幅面大、重量轻、厚度范围广、强度高、表面平整及力学性质均匀等优点，厨柜柜体常用的厚度规格为 15mm。

细木工板是用厚度相同、长短不一的小木条拼合成芯板，上下两面胶贴一层或二层单板，再经过高温高压而制成的一种人造板材，它具有生产简便、耗胶量低、密度较小、表面平整光洁、不易翘曲变形、力学性能和加工性能好、握钉力大等优点，目前厨柜柜体常用的厚度规格为 15 或 18mm。

防火板（又称塑料贴面板）是由数层经树脂浸渍的纸张（表层纸、装饰纸以及底层纸）高温高压制成的薄型板材，具有耐磨、耐高温、耐污染、耐腐蚀、花色繁多等特性，是常用的贴面材料之一。

胶合板和细木工板属实心木质板材，它们都基本保持了天然木材的固有长处，又克服了其各向异性和天然缺陷等缺点。但这两种板材的表面有毛刺沟痕，达不到浸渍纸饰面要求，所以一些厨柜企业将其表面粘贴 0.6~1 mm 厚的防火板制作柜体，其防潮和耐擦洗及表面耐高温性能大大提高，但生产机械化程度低，造价也相对昂贵，目前主要用于外销出口的整体厨柜（图 2-2、3）。

用于厨柜的胶合板和细木工板，其质量应符

合相关国家标准（GB/T 9846-2004 和 GB/T5849-2006）要求。其甲醛释放量也应达到国标 E1 级（≤1.5mg/L）要求。

2.1.3 其他柜体材料

可以用作柜体的材料还有不锈钢、实木、PVC 饰面中密度纤维板等。近期，市场上出现了一种冰箱内胆柜体，它采用的是纯冰箱柜体 ABS 材料，由内胆层 ABS 面料、连接层、填充层、外表层、不锈钢板等多层结构冲压成型。由于其特殊成型工艺，使柜体看不到任何接缝，且无味、无毒、无辐射、环保、耐酸碱、耐高温，目前主要用于高档厨柜（图 2-4）。

图 2-4. 冰箱内胆柜体

2.2 整体厨柜的门板材料

门板（含抽屉面板）相当于厨柜的“脸面”，通过变换门板的款式、线型、色彩及不同材料所表现出的质感可以体现出不同的风格。门板基材厚度一般应≥18mm，其尺寸稳定性、防潮性、表面耐磨性及环保性等指标决定了门板的质量和使用寿命。一般门板按其表面装饰方法不同可分为多个系列。

2.2.1 实木门板

实木门板是指直接由实木或表面为实木经透明涂饰制成的门板（图 2-5）。它具有其他材料无可比拟的天然纹理与质感，是自然与传统的良好体现，但价格始终居高不下，制造工艺要求也较高，所以常作为高档厨柜门板用材。

市场上的实木门板一是直接使用实木或指接集成板材制成，二是用 18mm 厚中密度纤维板加工成门板坯，表面再贴装饰薄木制成。

指接集成板材是将小木方沿其长度方向指接榫连接、宽度方向平行胶拼而成的大幅面实芯厚板材。这种板材基本保持了轻质高强、易加工、有天然纹理和质感等实木的固有长处，同时又克服了实木易开裂变形、有节疤虫孔等缺陷，所以高档厨柜常用其作为门板材料。

装饰薄木是木材经水热处理再经精密刨切（或旋切）、厚度一般小于 1mm 的薄片状表面装饰材料，有天然薄木、人造薄木、集成薄木等诸多品种，厨柜中常用前两种作为实木门板表面的贴面材料。

图 2-5. 实木门板

2.2.2 油漆门板

整体厨柜中油漆门板特指基材经机械加工后表面再进行遮盖（色漆）涂饰制成的门板（图 2-6），基材一般使用 18mm 厚中密度纤维板。油漆门板表面光洁平整，而且可镂铣各种立体图案，色彩也可任意选择，具有很强的装饰性和视觉冲击力，缺点是不如其他门板耐刮、耐磨、加工工艺复杂、技术要求也较高。

图 2-6. 油漆门板

2.2.3 吸塑门板（模压门板）

吸塑门板是由中密度纤维板（或实木）经铣型、打磨后，采取真空吸塑工艺，用聚氯乙烯（PVC）薄膜将门板完全包覆而成（图 2-7）。由于可以多面同时吸塑，完全封闭基材，故能有效地阻止水气侵入及有害气体的散发，而且表面也可以镂铣出各种立体图案，因此被认为是最完美的门板材料之一。但这种门板表面耐高温能力较差（一般不超过 100℃），加工时需要专门设备，工艺也比较复杂。

吸塑门板所用的 PVC 薄膜厚度一般为 0.35 ~ 0.5mm，有多种花色供选用。

图 2-7. 吸塑门板

2.2.4 防火板门板

防火板门板指表面用防火板饰面的门板，基材一般为细木工板或刨花板，有平贴和后成型两种形式（图 2-8）。前者边部为直边且要做封边处理，后者边部可直接包覆成简单曲线边。这种门板由于表面粘贴了防火板，所以具有耐磨、耐高温、耐污染、耐腐蚀等防火板的特性，但其表面无法加工立体图案，只能是平面，装饰类型比较单调。

2.2.5 三聚氰胺板门板

三聚氰胺板门板即直接将三聚氰胺饰面板经裁切、封边后制成门板（图 2-9），如爱家板、飞德莱整体板等，其造价较低、性能也不错，但形式只能是平面直边，较为单调。

2.2.6 水晶板门板

水晶板门板是利用有机玻璃板（俗称亚克力）背面喷油墨后压贴在基材表面制成的门板（图 2-10）。这类门板晶莹剔透，具有很好的美学效果，且价格低廉，制造工艺简单；但缺点是不耐磨、不耐划，且时间久了容易变色并失去光泽，气候干燥容易开裂、脱胶，表面也只能是平面。水晶板门板的基材常用中密度纤维板或细木工板，表面压贴的亚克力板厚度一般为 1.8~2mm。

图 2-8. 防火板门板

图 2-9. 三聚氰胺板门板

图 2-10. 水晶板门板

2.3 整体厨柜的台面材料

整体厨柜台面主要用于洗涤、准备及烹饪操作。台面材料基本性能要求为防水、耐高温、不渗漏、抗冲击、无污染。可用作整体厨柜台面的材料一般有以下几种。

2.3.1 人造石台面

人造石是由填料、颜料及特种树脂经成型、固化、表面处理而成。它具有质量轻、强度大、可塑性强、加工性能良好、能无缝拼接、耐水、耐高温、防渗漏等特点，是厨柜台面的优选材料，也是目前最常用的台面材料（图 2-11）。目前市场上出售的人造石板材常见规格为 2440mm × 760mm，厚度有 13mm、15mm 两种。

树脂的作用相当于胶黏剂，它对于产品强度、硬度、耐候性、抗污性及可塑性等起着决定性的作用。较为常用的树脂有热塑性聚甲基丙烯酸甲酯（PMMA）和热固性不饱和聚酯。

台面用人造石材根据胶凝材料的不同可分为三种：一种是纯亚克力人造石，即胶凝材料使用纯的热塑性聚甲基丙烯酸甲酯（PMMA），再与天然石碎料或氢氧化铝等无机粉状和粒状填料混合制成，其理化性能及装饰效果非常好，但对生产设备、管理与工艺控制等各方面的限制条件非常严格，所以造价相对较高。另一种为聚酯型人造石材，它以不饱和聚酯为胶凝材料，与天然石碎料或氢氧化铝等无机粉状和粒状填料混合，经真空浇铸而成，其性能略低于 PMMA，但基本能满足厨柜台面要求，生产条件要求相对较低，造价也低于亚克力人造石。第三种是复合亚克力人造石，是指既有 PMMA，又加入不饱和聚酯为胶凝材料的人造石，其性能及造价处于前面两者之间。

填料的作用主要是增加体积，降低石材生产成本。人造石常用的填料除天然石碎料之外，还有氢氧化铝、二氧化硅及碳酸钙等。其中氢氧化铝性能最佳，价格较高；碳酸钙理化性能一般，成本也较低，在一些中、低档人造石中与氢氧化铝混合使用。

颜料主要用于对产品外观色彩的装饰，同时也起到与填料类似的作用。

目前一种新型人造石“赛丽石（又称人造石英石）”已经面世，其原料主要有天然石碎料（主要为石英石）、树脂、颜料等。由于这种人造石中石英石含量高达 90% 以上，所以其硬度极高、耐刮擦能力很强，除无缝拼接性能稍逊外，其他性能都大大优于前面几种人造石，但与其他台面材料相比，其价格要高 2~5 倍，现在已广泛用于高档厨柜台面。

2.3.2 防火板台面

防火板台面是在加工成型的中密度纤维板（或刨花板）基材上覆贴后成型防火板制成的（图 2-12），其造价低廉、耐高温及硬度等性能也基本满足厨柜台面要求。但由于防火板幅面长度的限制，台面长度最长为 3000mm，如超过 3000mm 则必须拼接，

图 2-11. 人造石材及台面

图 2-12. 防火板台面

因其无法做到无缝拼接，所以接缝影响美观及防水性能，边部线型也不能像人造石一样可任意加工，目前逐渐被人造石台面取代。

2.3.3 不锈钢台面

不锈钢是传统的台面材料，材质坚固亮泽、具有现代气息、易于清洗、经久耐用，有较好的耐蚀性。但其花色单调，质感冷硬，缺乏亲切感，加工难度也大。酒店、食堂等商用厨房常用不锈钢薄板制造台面和柜体（图 2-13）。

图 2-13. 不锈钢台面及厨柜

图 2-14. 装饰配件

2.3.4 实芯耐蚀理化板台面

实芯耐蚀理化板又称厚芯防火板、耐美适、抗倍特板。其表层为涂布特殊配方树脂的装饰纸，芯层为多层酚醛树脂浸渍纸（牛皮纸），经高温高压制成，厚度为 6~25mm（厨柜台面一般选用 9mm），幅面有 1220mm × 2440mm、1220mm × 3050mm、1525mm × 3050mm 等。它具有耐化学腐蚀、耐高温、耐刮磨、耐冲击、易清洁等特性，有多种花色选择，但硬度很大，加工难度极高，也不能无缝拼接。

2.4 整体厨柜的常用功能配件

整体厨柜由于其功能要求，所以除柜体、门板、台面外，还应用了一些功能性配件，这些配件主要用于加强装饰、调整柜体、储存物品等。常见的功能配件主要有装饰配件和储存配件两类。

2.4.1 装饰配件

整体厨柜常用的装饰配件有顶线、地脚板、装饰柱、烟机罩、见光面装饰板等（图 2-14）。

顶线是置于吊柜顶部，具有衔接、调节吊柜与顶棚的距离以及装饰作用的线条。为了与门板外观材料和颜色保持一致，顶线也分为实木线条、中密度纤维板吸塑线条、水晶板线条、防火板饰面线条以及铝型材线条等等。目前市场上出售的定型顶线只有塑料顶线（PVC 材质或 ABS 材质）一种，且造型较简单，所以一般厨柜企业大都自己设计生产顶线。

地脚板（又称镶板）是安装在地柜下面，可拆卸并具有遮挡地脚使整体美观以及调节整体厨柜高度的功能件。地脚板可用经防火板饰面的中密度纤维板制造，也可选用市场上出售的铝合金、硬 PVC 地脚板成品。市场上出售的成品地脚板高度规格有 80mm、110mm、130mm、160mm 等多种。

装饰柱用于柜体局部竖向收口装饰；烟机罩用于遮盖装饰抽油烟机；见光面装饰板主要用于遮挡柜体外露侧板，其材料和色彩一般与门板材料和颜色保持一致。

图 2-15. 各类拉篮

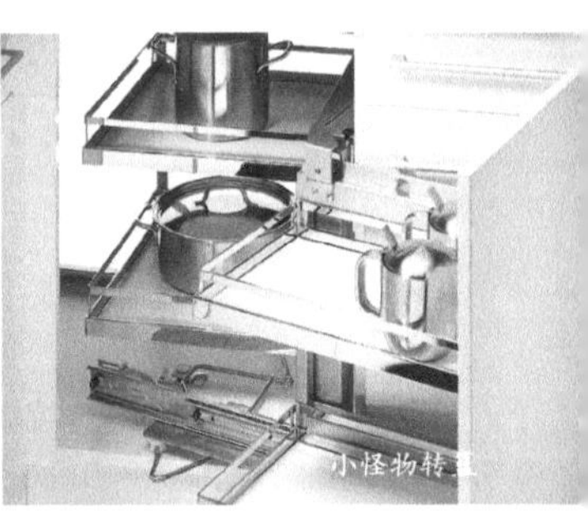

图 2-16. 各类转篮

图 2-17. 其他储存配件

表 2–1. 各类储存配件的外形尺寸

产品类型	外形尺寸（宽 × 深 × 高）(mm)
单层拉篮	550 ~ 850×400 ~ 460×110 ~ 200
双层拉篮	110 ~ 360×380 ~ 485×390 ~ 500
三层拉篮	240 ~ 360×380 ~ 485×490 ~ 535
高深拉篮	240 ~ 365×380 ~ 505×1800 ~ 2200
米　箱	100 ~ 300×380 ~ 450×470 ~ 520
小怪物转篮	800 ~ 900×460 ~ 530×500
180° 转篮	ϕ575 ~ 745×560 ~ 920（直径 × 高度）
360° 转篮	ϕ440 ~ 700×560 ~ 1320（直径 × 高度）
垃圾桶	ϕ240 ~ 300×300 ~ 430（直径 × 高度）

2.4.2 储存配件

储存配件主要有拉篮、转篮、专用抽屉、米箱、垃圾桶等，用于厨房中贮存、收纳物品。

拉篮系可沿导轨水平拉出的金属承物篮。按制造材料有不锈钢质拉篮、普通钢丝镀铬拉篮；按导轨安装位置有侧拉篮、托底拉篮；按承物层数有单层拉篮、多层拉篮、高深拉篮等；按功能不同有调味品拉篮、炉台拉篮、碗碟拉篮等。各种拉篮如图 2-15。

转篮系通过转动拉出的金属承物篮，主要用在厨柜角部柜体收纳物品，有 180° 转篮、360° 转篮、飞碟转篮、小怪物转篮等。各种转篮如图 2-16。

其他储存配件如图 2-17。专用抽屉用于存放餐具或炊具，奥地利百隆（Blum）家具配件有限公司生产了多种用于抽屉内部的金属隔板及分隔件，这些金属隔板及分隔件可任意组合将抽屉分隔成多个大小不同的贮存空间，实现餐具、炊具的分类存放。另外该公司还生产一种内藏式抽屉，这种抽屉一般用于高柜中物品的分类储存。米箱是可沿导轨水平拉出的存米器具，拉出后按动箱上按钮就可在箱下部小抽屉中得到一定量的米。垃圾桶有圆形和方形两种，材质有不锈钢和塑料两种，大都安装在洗盆柜门板上，打开柜门垃圾桶随之转出承装垃圾。各类储存配件的外形尺寸如表 2-1 所示。

2.5 整体厨柜的集成电器

厨柜中常见的集成电器有：冰箱、燃气灶、抽油烟机、消毒碗柜、微波炉、其他电器等。

2.5.1 冰箱

冰箱用于冷冻贮存食物，是厨房中必不可少的电器，整体厨柜设计一般都应将其考虑进来。家用冰箱按门数量分为单门冰箱和双门冰箱，按放置方式分为外置式和内置式（图 2-18）冰箱。

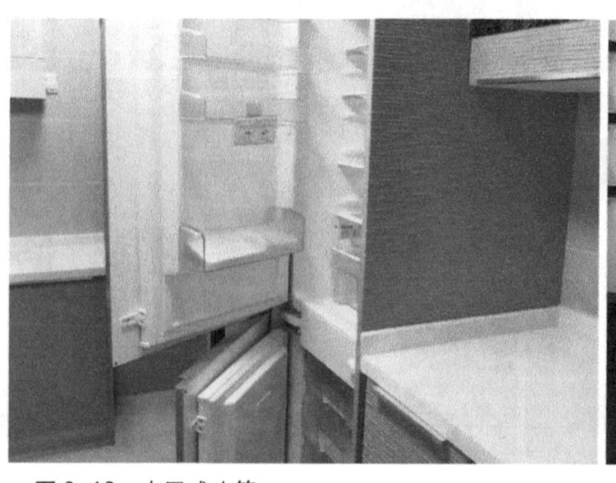

图 2–18. 内置式冰箱

2.5.2 燃气灶

燃气灶是用于饮食烹饪的主要器具，燃气灶的使用标志着文明型现代厨房的诞生。燃气灶按气源分为天然气灶、石油气灶和人工煤气灶；按工作火头数量有单头灶和双头灶之分（现在常见的为双头灶）；按安放方式有台置式燃气灶和嵌入式燃气灶(图 2-19)，台置式燃气灶直接摆放在厨柜台面上，嵌入式燃气灶则嵌入台面安装，目前嵌入式燃气灶已基本取代台置式燃气灶成为居民厨房中的主流灶具。常用嵌入式燃气灶外形及嵌入式尺寸如表 2-2 所示。

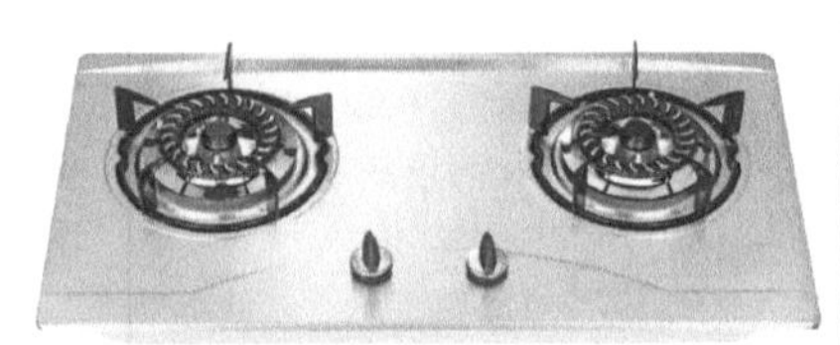

台置式

嵌入式

图 2–19. 燃气灶

2.5.3 抽油烟机

抽油烟机是指住宅厨房用来排除油烟污染的机械设备，从风格样式来分有欧式烟机和中式烟机（图 2-20)，按抽油烟机按安装方式分有顶吸式、侧吸式、下吸式。下吸式抽油烟机品种较少，现在有一种与灶具结合（集成灶）的下排风烟机，抽油烟机主机直接安装在灶具上面，炒菜时热气、燃烧废气和油烟可以一齐排走，这种烟机取消了传统的抽油烟机机箱，灶台上方宽敞。常用抽油烟机外形尺寸如表 2-3 所示。

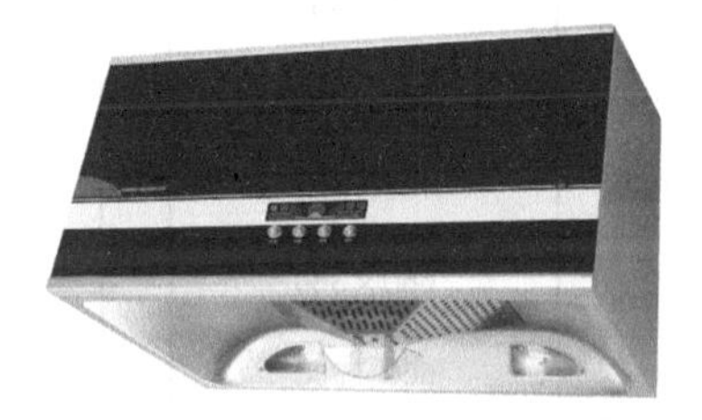

中式烟机

欧式烟机

图 2–20. 抽油烟机

2.5.4 消毒柜

消毒柜用于餐具消毒杀菌和贮存，按安装方式不同，分为嵌入式和壁挂式消毒柜，嵌入式消毒柜直接嵌放在相关柜体内，壁挂式则需通过挂件吊挂在墙面上（图 2-21)。常用国产消毒柜外形及嵌入尺寸如表 2-4。

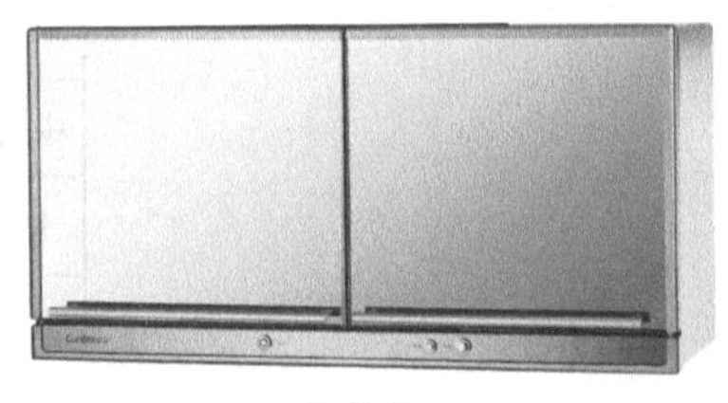

壁挂式

嵌入式

图 2–21. 消毒柜

2.5.5 微波炉

微波炉用于辅助烹饪，它是现代厨房中经常用到的电器。微波炉按放置方式分为嵌入式微波炉和外置式微波炉。嵌入式需嵌入相关柜体安装，外置式则直接摆放在台面或其他平面上（图 2-22)。常用国产微波炉外形及嵌入尺寸如表 2-5。

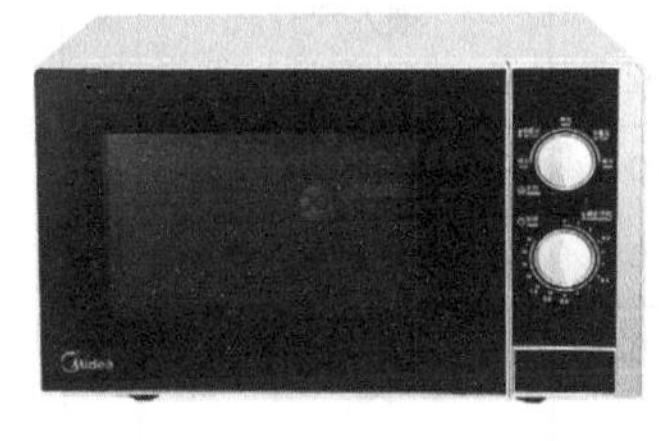

外置式

嵌入式

图 2–22. 微波炉

表 2–2. 常用嵌入式燃气灶外形及嵌入尺寸（单位 mm）

产品类型	外形尺寸(宽 × 深 × 高)	嵌入尺寸（宽 × 深）
单头	300 × 500 × 90	279 × 482
	300 × 500 × 90	279 × 482
	300 × 500 × 90	279 × 482
双头	710 × 420 × 70	660 × 360
	725 × 450 × 70	703 × 403
	730 × 420 × 70	660 × 360
	730 × 420 × 70	660 × 360
	730 × 430 × 70	710 × 410
	760 × 450 × 70	703 × 403
	760 × 450 × 70	703 × 403
	860 × 495 × 70	660 × 360
	860 × 500 × 70	840 × 480

表 2–3. 常用抽油烟机外形尺寸（单位 mm）

产品名称	外形尺寸（宽 × 深 × 高）
欧式抽油烟机	890 × 480 × 680 ～ 1000
	900 × 500 × 590 ～ 910
	900 × 500 × 570 ～ 950
	900 × 500 × 570 ～ 950
	900 × 500 × 570 ～ 950
	900 × 510 × 510 ～ 910
	900 × 520 × 515 ～ 810
	900 × 530 × 570 ～ 950
	900 × 530 × 570 ～ 950
	900 × 500 × 530 ～ 910
	900 × 500 × 810 ～ 1160
	900 × 500 × 685
	900 × 500 × 685
	900 × 500 × 685
	900 × 500 × 685
	900 × 500 × 1040
	900 × 515 × 1116
	1200 × 500 × 1040
中央式抽油烟机	900 × 600 × 1390
嵌入式油烟机	760 × 400 × 360（配烟机罩）
中式深吸型	750 × 490 × 380

表 2–4. 常用消毒柜外形及嵌入尺寸（单位 mm）

产品名称	外形尺寸（宽 × 深 × 高）	嵌入尺寸（宽 × 深 × 高）
嵌入式消毒柜	600 × 437 × 600	564 × 450 × 585
	600 × 437 × 630	564 × 450 × 615
	600 × 433 × 620	564 × 450 × 610
壁挂式消毒柜	700 × 325 × 400	
	800 × 325 × 400	

表 2–5. 常用微波炉外形及嵌入尺寸（单位 mm）

产品名称	外形尺寸（宽 × 深 × 高）	嵌入尺寸（宽 × 深 × 高）
嵌入式微波炉	595 × 350 × 400	560 × 380 × 320
	595 × 350 × 390	560 × 380 × 320
	595 × 395 × 390	560 × 420 × 370
	600 × 390 × 350	425 × 350 × 285
外置式微波炉	425 × 350 × 285	

2.5.6 其他厨房电器

其他厨房电器主要有烤箱、垃圾处理器、洗碗机等。

烤箱按放置方式分为外置式烤箱和嵌入式烤箱（图 2-23）。

垃圾处理器用于处理食物垃圾，一般安装于洗盆的下水通道上，其内部布有一组经电动机带动的环形刀片，当食物垃圾通过洗盆下水口进入处理器时，刀片旋转将食物垃圾搅碎，而后随着水流进入下水道（图 2-24）。

洗碗机用于洗涤餐具，有的洗碗机还有高温消毒的功能。洗碗机最好用于家庭中人口多、用餐次数多的厨房。洗碗机按放置方式不同分为外置式洗碗机和内置式洗碗机（图 2-25）。

外置式

嵌入式

图 2—23．烤箱

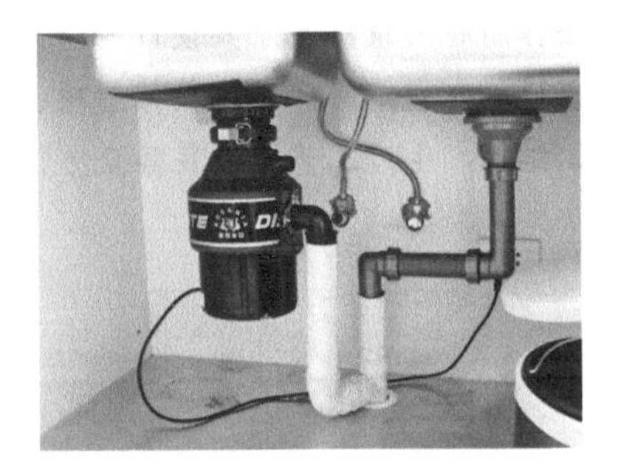

图 2—24．垃圾处理器及安装位置

内置式

外置式

图 2—25．洗碗机

3 整体厨柜的造型与功能设计

整体厨柜的设计与家具设计有基本相同的内涵，包括造型设计、功能设计、结构设计等内容。而广义的整体厨柜设计，还包括对色彩、风格、比例、尺寸、材料、结构、生产工艺及安装等全方位的设计。

3.1 整体厨柜的设计原则

整体厨柜设计的目的是为人服务，同时它也是一种工业产品和商品，所以其设计应遵循以下原则：

3.1.1 实用性原则

设计厨柜应首先以实用、合理为前提。所谓的实用性就是以其必要的功能性和舒适性来最大限度地满足使用要求，给厨房操作带来便利。在空间布局上应按照“工作三角形”的要求进行配置，以保证有足够的操作空间和合理的储藏空间。同时各部分的具体尺度也应该符合人的形体特征，适应人的生理条件。另外所用材料要能满足厨房环境中耐高温、防水等特殊的要求；各种功能配件的选用要方便实用，柜体各部件应合理安排，不产生冲突。

3.1.2 艺术性原则

整体厨柜的设计除了要注重其实用功能外，还要较多地考虑其审美价值。厨柜设计的艺术性主要表现在形体、装饰、色彩等方面，形体应简洁流畅；装饰应美观大方、符合时代审美需求；色彩应均衡统一、和谐舒畅。另外，厨柜一般是针对具体客户定制设计的，所以必须符合使用者的审美情趣，充分体现个性化。

3.1.3 功能一体化原则

整体厨柜集烹饪、洗涤、储备三大功能为一体，因此设计厨柜时，要掌握各种厨房电器的型号及尺寸，充分考虑厨房空间的有效利用、厨房电器的安全运行，以及水、电、气管线的合理配置等因素，将厨柜和厨房电器融为一体，从而实现美观与功能的完美结合。整体厨柜的设计要实现功能一体化，一方面厨柜自身要能够实现标准化模块配置，另一方面，还应保证厨柜与其关联产品如抽油烟机、灶具、消毒柜等厨房电器的兼容性，以便厨柜和电器在功能上能相互补充、相互配合，达到方便、快捷、安全等要求。

3.1.4 绿色化原则

为提高生活质量，适应环保的主题，要求整体厨柜在生产和使用时以绿色、安全、对人体和环境无污染、无危害为主导设计理念。这主要体现为，在材料的选择上广泛应用无污染、有利于人体健康的材料，还应考虑自然资源的可持续利用；在产品加工过程中，提倡利用先进技术减少能源消耗等。

3.1.5 创新性原则

由于国内整体厨柜的发展时间短，尚未形成具有中国特色的设计风格，因此大部分产品都是模仿欧洲厨柜的样式，导致整个国内厨柜产品设计同质化的现象非常严重。设计师应深入了解国人的文化习俗、烹饪习惯、操作方式、入厨者的身体特征、厨房的特殊空间结构等，充分发挥创造力和系统构思能力，将新技术、新材料与新风格结合起来，设计开发出既能体现时代气息，又带有浓郁的中华民族特色，且适应工业化生产的现代中式厨柜。

3.1.6 经济性原则

整体厨柜作为一种商品，设计时要充分重视其商品性和经济性，从材料、结构、工艺等方面考虑所设计的产品有较低的成本和合理的经济指标。设计时如能做到部件装配化（可以拆装）、产品标准化（零部件模数化、系列化、通用化）、加工连续化（实现机械化与自动化生产），则可以大大提高效率、降低成本，实现产品的质优、价廉。

3.1.7 通用性原则

根据“通用设计”原则，厨柜设计应适合所有家庭成员的使用，并大大减少多余动作的发生，其基本原则就是增强厨柜对不同人体的适应性。采用“通用设计”原则的厨柜，必须结合充分的照明条件，充足的操作台面面积以及适中的高度，便于使用的储存和工作空间，防碰撞设计不会对弱势个体的使用带来不便，确保厨房工作的安全。通过精心布局的厨房将成为老、中、青、幼几代人都能使用的符合人体工程学的美食天地（图 3-1、2）。

3.1.8 精确性原则

整体厨柜作为定制产品，其设计的精确与否直接关系到最终产品的质量，因此在整体厨柜的测量、设计制图、生产制造过程中都要强调其精确性，以确保产品的顺利安装，使用功能和使用寿命不受影响，最终呈现给客户精美的产品。

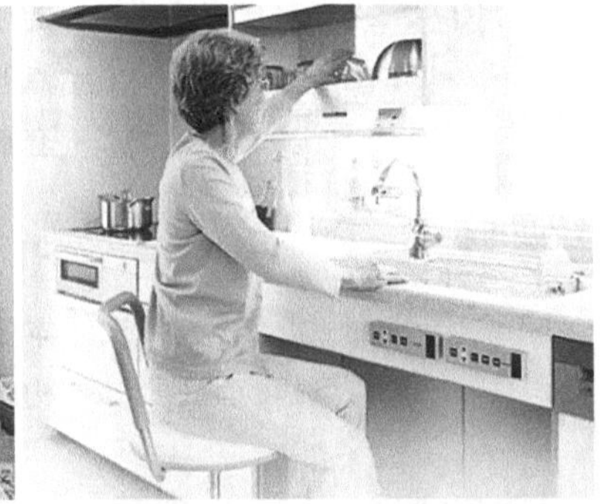

图 3–1. 方便老人使用的厨柜设计

图 3–2. 保护儿童安全的抽屉锁与防撞角

3.2 整体厨柜的造型设计

造型设计是对产品的外观形态、材质肌理、色彩装饰、空间形体等造型要素进行综合分析与研究，并创造性地构成新、美、奇、特而又使结构功能合理的产品形象。造型设计的具体内容对于厨柜的开发设计、销售设计等各有不同。

3.2.1 厨柜造型设计的形式要素

形式要素是指造型设计的基本要素，如点、线、面、体、质感、肌理等。任何一个复杂的形态总可以分解成若干个基本的形式要素；反之，若干基本形式要素按一定规律组合，便可以形成一个特定的形态。进行厨柜产品设计时必须很好地了解这些要素的表现形式、情感特征以及在厨柜产品中的具体应用。

(1) 点

①点的概念：点是构成形态的最基本要素。点的理想形状一般认为是圆形，但椭圆形、正方形、长方形、三角形、多面形以及其他任何不规则形状等，只要它与对照物相对而言显得很小，就可称之为点。即使是立体的东西，在相对条件下，也可以视为是点。

②点的造型特征：点的造型特征表现为其强烈的向心性，容易形成视觉中心，从而突出重点，打破单调感。

点的排列组合形式不同形成的视觉效果也不同。单点具有中心效应；双点具有点之间成线的联想；多点易产生线或面的感觉。

③点在厨柜造型设计中的应用：厨柜造型设计中点的应用主要体现在门板拉手上，另外小面积的雕刻或镶嵌装饰也可看成点。点的应用时要注意：点的大小应合适，点的距离、排列应疏密有致，点的数量应适当。图 3-3 厨柜中的拉手即体现了点的巧妙运用，在整套厨柜的正立面起到了画龙点睛的作用。

(2) 线

①线的概念：点的集合成线。线是构成一切物体轮廓开头的基本要素。线的形状可以分为直线和曲线两大体系，二者的结合共同构成一切造型形态的基本要素。

②线的造型特征：线可以通过起伏、流动、粗细、曲直等变化，传达出不同的情感特征。直线干净利落、阳刚有力；曲线则柔美优雅、富于动感。

③线在厨柜造型设计中的应用：在厨柜设计中，线大量运用在门板的工艺造型、拉手的点缀等方面。另外台面边线、顶线等通过不同线条的组合，可以创造出或传统、或现代不同风格的厨柜产品。纯直线构成的形体给人以刚劲、简洁，体现“力度”的美感。纯曲线构成的形体能给人以流畅、优美，体现“动态”的美感。曲直结合的形体不但具有直线稳重、挺拔的特点，同时还能给人活泼、柔美的感觉（图 3-4、5）。

图 3-3．点在厨柜造型设计中的应用

图 3-4．纯直线构成的厨柜造型

图 3-5．曲直线结合的厨柜造型

（3）面

①面的概念：线的集合成面。面有平面和曲面两种，并表现为一定的形状。平面有正方形、长方形、三角形、梯形、圆形等几何形状和无数理规律的非几何形状，如有机形、不规则形等。曲面有旋转曲面、非旋转曲面及自由曲面等。

②面的造型特征：不同形状的面具有各自的情感特征。几何形状的平面显得规整有序，如正方形、等边三角形、圆形会表现出稳定、坚固、永恒等特征，长方形则显得睿智、理性、有活力；有机形常取形于自然界有机体的造型，故显得生动、活泼；不规则形是有意或无意中形成的图形，往往用来表达个性。

曲面表达温和、柔软，具有动感。几何曲面理智，自由曲面奔放。

③面在厨柜造型设计中的应用：由于厨柜的功能需要，台面多以平面出现，以方便操作。平面构成的柜体给人以棱角分明，干净利落之感；曲面构成的柜体则给人以柔和、圆满、活力、动感（图3-6、7）。

图 3-6. 平面构成的厨柜造型

图 3-7. 平面与曲面结合的厨柜造型

（4）体

①体的概念：面的集合成体。造型中的体通常是指由点、线、面等形态要素组合而成的三维空间。体有几何体和非几何体两大类。几何体有正方体、长方体、圆柱体、圆锥体、球体等。非几何体泛指一切不规则的形体，如各种生物体。另外根据体构成的方式不同可分为实体与虚体。

②体的造型特征：虚体是由线构成或由面、线结合构成，以及具有开放空间的面构成的虚空间，会使人感到通透、轻快、空灵；实体是由体块直接构成或面包围而成的实空间，常给以重量、稳固、封闭、围合性强的感受 。

③体在厨柜造型设计中的应用：体通过形象、距离、疏密、比例来体现其状态，从而构成形态各异的产品。在厨柜设计中，每一个单元柜就是一个个独立的体，通过单元柜的组合、拼接、垒叠等方法，构成实用美观的厨柜产品。实体构成的厨柜具有收纳的隐蔽性，如各类地柜以实体形式来收纳厨房用品显得整洁有序；虚体构成的厨柜具有较好的展示性，如把吊柜设计成玻璃门，里面存放的物品一目了然（图3-8~10）。

（5）质感与肌理

①质感与肌理的概念：质感是人对某种材料材质的感觉，肌理是材料表面的组织构造。质感与肌理能体现出不同材料的材质差异，并能体现出造型物体的个性与特征，是物体美感的表现形式之一。

②质感与肌理的造型特征：不同材料的质感与肌理，可以表达出不同的情感特征：

粗糙无光——笨重、含蓄、温和；

细腻光滑——轻快、柔和、洁净；

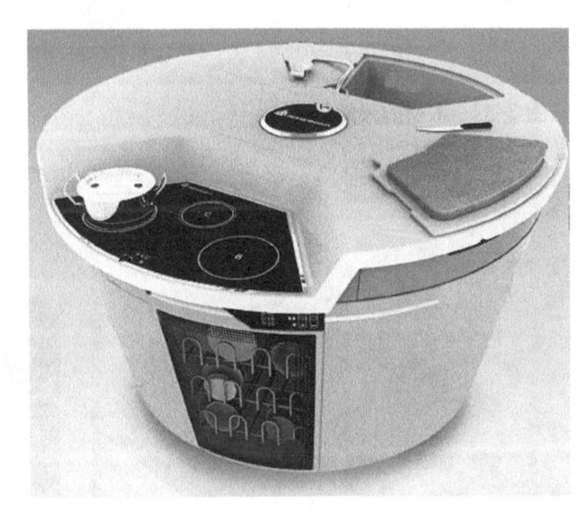

图 3-8. 几何体构成的厨柜造型

图 3–9. 体的不规则垒叠构成的厨柜造型

图 3–10. 实体与虚体结合构成的厨柜造型

质地柔软——友善、可爱、诱人；
质地坚硬——沉重、排斥、引人注目。
③厨柜造型中的质感与肌理设计原则：
应符合厨柜的功能要求；
应符合厨柜品质特征的要求；
应满足形体的审美特征要求；
应尽可能地发挥原材料本身的肌理特性。

④质感与肌理在厨柜造型设计中的应用：首先要根据厨柜的功能要求，充分发挥材料本身所具有的天然美，如木材、金属、石材的不同质地，还可运用质感对比的手法，以获取生动的形体造型。其次是利用同种材料的不同加工处理，以得到不同的质感，从而体现不同的视觉效果（图 3-11~14）。

图 3–11. 木材的天然质感

图 3–12. 木材与金属的质感对比

图 3–13. 不锈钢的细腻光滑

图 3–14. 石材的优美纹理

3.2.2 厨柜造型设计的装饰要素

根据人们的审美要求对厨柜形体进行的“美化”就称为厨柜装饰。一般说来，厨柜形体主要由其功能来决定，装饰从属于形体，但装饰决非可有可无。即使是造型简洁的现代产品，也离不开装饰。装饰能增强厨柜的艺术效果，好的装饰能加强人们对产品的印象，增强产品的美感，丰富产品的品种类型。

厨柜产品的装饰方法主要有功能性装饰和艺术性装饰。功能性装饰有贴面装饰、涂饰装饰、五金件装饰等，这类装饰方法主要是在满足使用功能要求的前提下增加产品的外观美感，如薄木贴面的真实纹理，烤漆门板的炫彩亮丽，五金配件的适当点缀都带来丰富的视觉变化。而艺术性装饰主要有雕刻、镶嵌装饰，镀金、描金装饰，图案装饰等方法。关于功能性装饰的详细方法参见第二章常用材料及配件及第六章的加工与制造部分。以下主要介绍厨柜产品的艺术性装饰方法及主要装饰部位。

(1) 雕刻、镶嵌装饰

雕刻是一种古老的装饰艺术。按雕刻方法与特性分类，有线雕、平雕、浮雕、圆雕、透雕等。

木制品的镶嵌装饰艺术也有悠久的历史，它可以将不同颜色、不同质地的材料，组成各种题材的图案花纹，然后再嵌粘到已铣刻好花纹槽的厨柜产品表面上（图 3-15）。

图 3–15. 厨柜上的雕刻、镶嵌装饰

(2) 镀金、描金装饰

镀金即材料表面金属化，也就是在厨柜部件表面覆盖上一层薄金属。最常见的是覆盖金、银，它可使材料表面具有贵重金属的外貌。加工方法有刷涂、喷涂和预制金属化的覆贴面板，或者描金（图 3-16）。

图 3–16. 厨柜上的描金装饰

(3) 图案装饰

用图案装饰家具，古今中外早已经有之。如今图案装饰方法多样，如用艺术彩绘、水移画技术装饰的厨柜门板，或古香古色、或时尚现代，给人以全新的视觉效果，且图案逼真，色彩鲜艳，立体感强，表面坚硬耐磨，污渍容易清洗，能实现更多个性定制搭配，满足不同消费者的审美需求（图 3-17）。

(4) 线脚装饰

线脚是一种在门板上用对称的封闭形线条构成图案，以达到美化厨柜的装饰方法。线脚一般以直线为主，在转角处配以曲线，通过线脚的变化与厨柜外形相互衬托，使其更富有艺术感。线脚的加工方法多种多样，常见的有雕刻或镂铣，镶嵌木线、镀金线或金花线等（图 3-18）。

(5) 顶饰装饰

顶饰是指高于视平线的家具顶部的装饰性零部件，多指柜类家具的顶部装饰。顶饰是厨柜除门面线脚装饰之外的另一主要装饰形式，可反映出一套厨柜的造型风格，常见于西方古典风格厨柜，是其重要装饰要素之一（图 3-19）。

图 3-17. 厨柜上的图案装饰

图 3-18. 厨柜上的线脚装饰

图 3-19. 厨柜上的顶饰装饰

3.2.3 厨柜造型设计的色彩要素

色彩是造型的基本构成要素之一，在造型设计中常运用色彩以取得赏心悦目的艺术表现力。对于以功能优先的厨房空间来说，最能突显变化的方法就是色彩的运用。

(1) 色彩的三要素

①色相：即色彩的相貌，是区别色彩种类的名称，指不同波长的光给人的不同的色彩感受。红、橙、黄、绿、蓝、紫等即代表一类具体的色相。

②明度：色彩的明暗程度，色彩的明度是靠对比而产生的，明度关系是色彩搭配的基础，明度最适合表现物体的立体感与空间感。

③彩度(纯度)：即色彩的纯净程度。色彩加白、加黑、加灰都会降低它的纯度。

(2) 色彩的特性

①色彩的冷暖

物体通过表面色彩可以给人们或温暖、或寒冷、或清爽的感觉。红、橙、黄等颜色使人想到阳光、烈火，故称“暖色”。绿、青、蓝等颜色与寒冷相联，故称“冷色”。

色彩的冷暖效果还需要考虑其他因素，例如，暖色系色彩的饱和度愈高，其温暖的特性愈明显；而冷色系色彩的亮度愈高，其冷峻的特性也愈重(图 3-20、21)。

②色彩的轻重

各种色彩给人的轻重感不同，从色彩得到的重量感，是质感与色感的复合感觉。通常浅色密度小，有一种向外扩散的运动感，故给人质量轻的感觉；深色密度大，给人一种内聚感，从而产生份量重的感觉（图 3-22、23）。

图 3–20. 暖色调厨柜

图 3–21. 冷色调厨柜

图 3–22. 浅色系厨柜

图 3–23. 深色系厨柜

图 3–24. 高纯度色彩艳丽的厨柜

图 3–25. 低纯度色彩素雅的厨柜

③色彩的膨胀与收缩

比较两个颜色一黑一白而面积相等的正方形，可以发现一个有趣的现象，白色正方形似乎较黑色正方形的面积大。这种因心理因素导致的物体表面面积大于实际面积的现象称作“色彩的膨胀性”；反之称作“色彩的收缩性”。给人以膨胀或收缩感觉的色彩分别称作“膨胀色”、“收缩色”。色彩的胀缩与色调密切相关，暖色属膨胀色，冷色属收缩色。

④色彩的艳丽与素雅

从明度来讲，明度高的色彩给人的感觉艳丽，而明度低的色彩给人的感觉素雅。从纯度来讲，纯度高的色彩给人感觉艳丽，而纯度低的色彩给人感觉素雅。不论暖色与冷色，高纯度的色彩比低纯度的色彩刺激性强，且给人感觉积极向上（图 3-24、25）。

⑤色彩的联想

当我们看到某一色彩时，头脑里就会联想起与该色彩相联系的事物，这种现象就是色彩的联想。联想分具体的联想与抽象的联想（表 3-1）。

表 3–1. 色彩的联想

色彩	具体联想	抽象联想
红色	火、血、太阳	热情、危险
橙色	灯光、柠檬、迎春花	温暖、欢喜
绿色	树叶、禾苗、草地	希望、光明
蓝色	大海、天空、帆	宁静、理智、深远
紫色	葡萄、茄子	优雅、高贵、庄重
黑色	夜晚、墨	严肃、刚健、恐怖、死亡
白色	白云、雾	纯洁、神圣
灰色	乌云、草木灰	平凡、失意、谦逊

⑥色彩和性格

人们对某种色彩的偏爱与性格有很大关系，不同色系具有不同的含义。因此可以根据人的衣着色彩、房间色彩等身边的东西，分析他的性格。厨柜产品设计时，同样可根据设计对象、目的的不同，合理安排色彩的使用范围（表 3-2）。

表 3–2. 色彩代表的性格

色彩代表的性格
红　色：冲动，精力旺盛，具有坚定的自强精神
橙黄色：对生活富于进取，开朗，和蔼
黄　色：胸怀远大理想，有为他人献身的高尚品格
绿　色：不以偏见取人，胸怀宽阔，思想解放
蓝　色：性格内向，责任感强，但偏于保守

(3) 色彩在厨柜设计中的应用

厨柜产品色彩获得的途径：材料的固有色，如木材；涂饰色和工业处理色，如烤漆、UV漆；覆盖材料的色彩，如饰面板。整体厨柜的色彩设计主要体现在整体色彩的选择和布局、色彩的组合与搭配两个方面。

①色彩的选择原则

由风格特点来选择

如田园风格之所以能让众多都市人喜爱，是因为它的色彩让人自然联想到乡间的树木花草、青山绿水，这种色彩环境应以清爽为主导。而高明度的原木色或略含灰度的蓝绿色在色彩感觉上比较相符，也更适合厨房（图3-26）。

安全的白色和原木色组合体现了尊贵细致的简约风范，平静得如闲适的湖面，同时又自然随意，空间更显和谐，与风格样式相映生辉，体现出使用者的品位和素养（图3-27）。蓝色系与橘色系为主的色彩搭配，表现代与传统、古与今的交会，碰撞出兼具现实与复古风味的视觉感受（图3-28）。

由室内环境来选择

空间大、采光足的厨房，可选用吸光性强的色彩，这类低明度的色彩给人以沉静之感，也较为耐脏；反之空间狭小、采光不足的厨房，则相对适于明度和纯度较高、反光性较强的色彩，这类色彩在视觉上可弥补空间小和采光不足的缺陷。对厨房家具色彩的色相要求是，能够表现出干净、刺激食欲和使人愉悦的特征。

由用户的特定需求来选择

鹅黄色是一种清新、鲜嫩的颜色，代表新生命的喜悦；果绿色是让人内心感觉平静的色调，这类颜色比较适合年轻夫妻使用（图3-29）。

图3-26. 田园风格色彩搭配的厨柜

图3-27. 白色和原木色组合的厨柜

图3-28. 蓝色系与橘色系搭配的厨柜

图3-29. 适合年轻夫妻使用的厨柜色彩选择

图 3–30. 优雅的咖啡色系厨柜

图 3–31. 蓝白配色的厨柜

图 3–32. 运用法式色彩元素的厨柜

图 3–33. 土黄与红褐色相配的厨柜

图 3–34. 黑白经典配色的厨柜

咖啡色系具有平易近人的亲和力，不同深浅的咖啡、奶黄和暗红，会让人感到从容和镇定。柔和的材质表面比夸张的亮度更易于被接受，流线型的凸凹表面最具有古典的优雅味道（图 3-30）。

由地区、民族特色来选择

地中海风格按照地域的不同有三种典型的颜色搭配：

蓝与白——这是比较典型的地中海风格颜色搭配。西班牙蔚蓝色的海岸与白色沙滩，希腊的白色村庄与沙滩和碧海、蓝天连成一片，甚至门框、窗户、椅面都是蓝与白的配色，将蓝与白的对比与组合发挥到了极致（图 3-31）。

金黄、蓝紫和绿——南意大利的向日葵在阳光下金光闪耀，法国南部的薰衣草飘来阵阵香气，金黄与蓝紫的花卉与绿叶相映，形成一种别有情调的色彩组合，十分具有自然的美感（图 3-32）。

土黄及红褐色——这是北非特有的沙漠、岩石、泥土等天然景观颜色，再辅以北非土生植物的深红、靛蓝，加上黄铜色，带来一种大地般的浩瀚感觉（图 3-33）。

由流行趋势来选择

黑白可以营造出强烈的视觉效果，把近年来流行的灰色融入其中，缓和黑与白的视觉冲突感，这种空间充满冷调的现代与未来感，理性、秩序而专业。黑与白的搭配一直以来被认作是经典，与其他色彩相比，黑白世界里更加注重色块的统一与变化，具有创意的排列组合能将黑白的经典品位发挥得更为出色（图 3-34）。

②色彩在厨柜造型设计上的应用

色彩的应用包括色彩的搭配和安排，具体表现为色调、色块、色光的运用。

色调：形体必须要有主色调，保证色彩的整体感。通常多采用一色为主、他色附之来突出主色调。

色调具体运用时应根据环境要求来选择合适的色相；色调主次搭配应注意掌握好明度层次，明度太相近，主次含糊显得平淡；色彩搭配还应注意纯度，除特殊场合（如小面积点缀等）用饱和色外，一般都应降低纯度，以达到不刺眼的色彩效果。

色块：是指一定形状和大小的色彩分布面。

厨柜色块组合时要注意面积大小与纯度的关系，面积大则纯度适当降低，以免过于强烈，面积小则纯度提高，以使其醒目。注意色块形状的主次，应有主有次，如彼此相当，则显呆板。还要注意色块的位置分布。

色光：厨柜色彩还应考虑环境光照情况。一般北向室内，偏冷，最好多用暖色调。另外在日光下，色彩的冷暖还会给人一种进退感，暖色调厨柜比冷色调显突出，体量也显得大。

总的来讲，厨柜色彩安排适合以暖色或浅色为主，不宜安排反差过大的色彩；色彩过多过杂，在光线反射时容易改变食物的自然色泽而使操作者产生错觉。相反，使用柔和、自然的颜色，会使人心情变得更轻松，操作也更高效。

3.2.4 厨柜造型设计的基本法则

建筑、绘画、雕塑、室内设计和产品设计等艺术设计的各个领域在美感的追求和美的物化方面有着许多相同之处，而且在形式美的构成要素上有着一系列通用的法则，这是人类在长期的生产与艺术实践中，从自然美和艺术美中概括提练出来的艺术处理手法，适用于所有艺术创作类型。厨柜产品造型也应符合相应的基本法则，同时要与功能、材料、加工工艺相结合。

（1）比例与尺度

艺术美学原理告诉我们：当尺寸之间的比例关系符合一些特定的规律时，这种比例关系能给人一种美感，这就是我们设计时所追求的比例。造型比例是指造型各组成部分之间的尺寸大小关系。厨柜形体比例包括：一是形体本身的比例，如长、宽、高之间的比例；二是零部件间的尺寸比例；三是立面分割比例等，它们与人体尺度、材料结构、使用功能等有关。

尺度是指形体设计时，根据人体尺度或使用要求所形成的特定的尺寸范围。尺度感是指造型尺寸在特定环境中给人的不同感觉，如开阔、大小、拥挤等。为了获得良好的尺度感，要根据产品功能要求确定合理的尺寸。良好的比例以尺度为基础，正确的尺度感也往往以各部分的比例关系显示出来。

在进行厨柜设计时，人体生理尺度和存放物品的尺寸决定了厨柜的三维尺度，即厨柜柜体的总体比例。同时，储物空间的划分与其相邻空间也存在着一定的尺度对比关系，该对比关系是否和谐影响着厨房的整体视觉效果。整体厨柜是由若干个单元柜体组合而成，其单体与单体之间存在着相同或相近的比例，这种比例能产生统一、和谐之感（图 3-35）。同时，厨柜台面厚度与地柜门板高度、地

图 3-35. 厨柜各部分之间的比例关系

脚板高度之间，以及拉手的大小与抽屉面板、柜体门板尺寸之间都包含着一定的比例关系。这些零部件由于其制造材料、尺寸大小、颜色等各不相同，它们相互之间的比例能在视觉审美上产生较大的影响。如拉手的宽度相对柜门或抽屉的尺寸过小过短，会有过于纤细、小气之感，反之拉手过宽过大，则会有呆板、笨重之嫌。开放性置物空间放置物品后，要求疏密有致，既不过于空虚，又不过于充实。

同样，在不影响功能的前提下，可按照审美要求，适当运用各种造型设计中常用的比例法则进行厨柜柜体正立面的平面分割设计，即通过合理安排整体与局部、局部与局部之间的比例关系，使单调统一的厨柜单体富于变化，运用数理逻辑来表现造型的形式美。如利用各种根号比、黄金比进行厨柜门板的尺度设计。而对于柜体内部空间如抽屉的划分，可以利用各种平面分割方法如倍数分割、自由分割进行设计，以求得各种比例的协调，达到和谐之美感（图 3-36~38）。

图 3–36. 黄金比、根号比、倍数分割在柜体空间划分中的应用

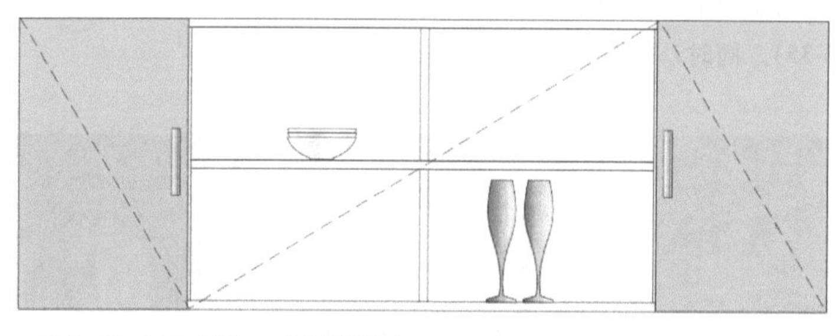

图 3–37. 自由分割——对角线垂直

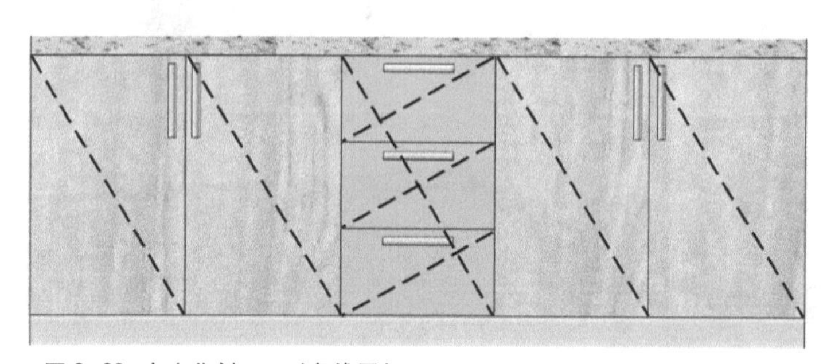

图 3–38. 自由分割——对角线平行

造型设计艺术中的尺度和比例关系不是随心所欲的，它受到使用功能、制造材料、产品结构、审美心理，以及具体空间位置（由于橱柜的尺寸和空间位置的不同，人们对它进行观察时，可能会产生一些视觉“误差”即透视变形的情况，这时要对原有的尺度和比例关系做一些适当的“修正”）等众多因素的影响。设计时应注意权衡利弊，系统地、总体地把握各方面的因素，最终实现产品的物质功能与精神功能的完美结合。

(2) 统一与变化

统一是指相同或类似的物体放在一起，能带来和谐、宁静、井然有序的美感，但过分统一又会显得单调、呆板。

变化是指由性质相异或形状不一的物体放在一起，形成对比而产生活泼、新奇、兴奋、刺激的感觉，但变化过多又会造成杂乱无序的效果。

统一与变化是矛盾的两个方面，它们既相互排斥又相互依存。 统一可以形成基调与风格。变化则使造型更加生动、鲜明、富有趣味。从变化中求统一，在统一中又包含多样性，力求统一与变化的完美结合，是造型设计的基本法则。统一是前提，变化则是在统一中求得。

造型设计中实现统一的手法：

①协调：通过缩小差异程度，将各对比的部

分有机地组织在一起，使整体和谐一致。如在厨柜设计中有：线型的一致，形的相似或相同，装饰手法的统一，色彩、材质肌理的相互协调等（图 3-39）。

②主从：通过形体中次要部位对主要部位的从属关系来突出主体形成统一感（图 3-40）。

③呼应：在必要的情况下，可运用相同或相似的线条、构件在厨柜产品中重复出现，以取得相互呼应的效果（图 3-41）。

变化要在统一的基础上、在不破坏整体感觉的前提下强调造型中的差异性，以避免过于统一造成的单调与贫乏。厨柜在空间、形状、线条、色彩、材质等各方面都存在差异，在造型设计中，恰当地利用这些差异，就能在统一中求得变化。实现变化主要是通过造型要素之间的对比，如色彩对比、质感对比、虚实对比等，在同一要素中寻找差异，以达到相互衬托、表现各自的个性和特点，从而产生一定的艺术效果（图 3-42）。

对比强调差异，使造型富于变化、生动。协调则强调共性，使造型和谐统一。造型中采用对比与协调应有主有次，对比不能过分强烈，协调也不要过于趋同。

(3) 节奏与韵律

节奏是造型单元的运用；韵律是节奏的反复使用。韵律是艺术表现手法中有规律地重复和变化的一种现象，具有强烈韵律感的图案能增加艺术感染力，因为每个可知元素的重复，会加深对形式的认识。韵律的共性就是重复和变化。重复是构成韵律的条件，而变化作为一种手段使韵律的形式更加丰富。厨柜产品造型中同一线型、同一形状有规律的重复应用也同样可以带来节奏韵律美感（图 3-43）。

(4) 重点与一般

造型设计过程中，为了增强艺术感染力，往往选择其中某些部分运用一定的表现形式对其进行较为深入细致的艺术加工，这种手法就是重点表现。

厨柜是一种空间形体，其形态要素组合的结果是形成关于这些形态要素的序列，即秩序。在这些序列中，必然有主有次，否则将会是“平铺直叙”，毫无生气可言。厨柜造型的重点处理可利用形体主要表面或主要构件，也可利用形体转折的关键部位或主要视觉部位来进行。重点是相对于一般而言的，没有一般就没有重点。因此在造型设计中须处理好

图 3-39. 协调

图 3-40. 主从

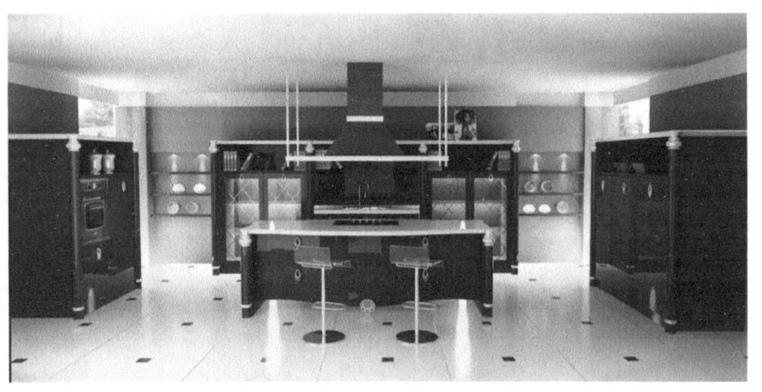

图 3-41. 呼应

图 3-42. 虚实对比与色彩对比

图 3–43. 节奏与韵律

图 3–44. 重点处理

图 3–45. 对称与均衡

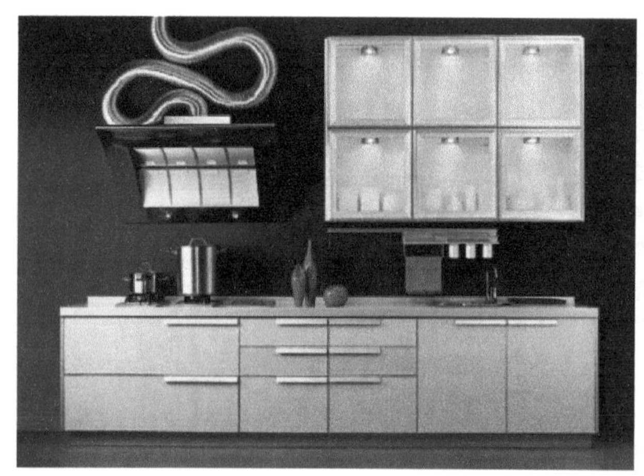

图 3–46. 上虚下实实现稳定

图 3–47. 上浅下深实现稳定

重点与一般化的关系，切忌到处是重点，装饰过多（图 3-44）。

(5) 对称与均衡

对称与均衡是自然现象的美学原则。在造型设计中常用的对称形式有镜面对称、相对对称、轴对称等。均衡是指物体左、右、前、后之间的轻重关系。实现均衡的手法有对称均衡、等量均衡、异量均衡。厨柜是由不同的材料构成的实体，因而具有一定的重量感，造型设计中必须妥善处理好形体的对称与均衡，才能实现既端庄、安稳，又生动、活泼的视觉效果（图 3-45）。

(6) 稳定与轻巧

稳定是指物体上下的轻重关系。造型设计中其形体必须符合重心靠下或具有较大底面积的原则，以实现其视觉稳定。但过于稳定则会显笨重，所以稳定中还要不失轻巧。所谓轻巧，是指有意的削弱物体的重量感，使物体具有比自身重量更轻的视觉感受。

形体稳定的要求包括两方面：一是实际使用中的稳定，由于厨柜使用功能的要求，必须实现稳定才能满足操作的需要；二是视觉印象上的稳定，这要对构图进行相应的处理才能实现。实现视觉稳定的具体手法有：上虚下实、上窄下宽、上小下大、上浅下深等（图 3-46、47）。

稳定与轻巧的关系也是一种统一与变化的关系。一味地强调稳定势必造成格局的沉闷和形态的单调，一味地强调轻巧则会造成格局的动荡、漂浮不定和形态过分的跳跃、不确定。因此，在稳定中有轻巧、轻巧中有稳定是设计的基本原则。稳定中的轻巧既能衬托出稳定的特征，又能活跃气氛；轻巧中的稳定既能衬托出轻巧的特征，又能"稳定局面"（图 3-48）。

(7) 模拟与仿生

模拟与仿生是指借助于生活中的某种现象、形体或仿照某些生物体的形态进行造型设计的手法。模拟是比照自然界中已有的各种事物进行设计；仿生是仿照生命体（如动、植物）的机理特性或形状进行设计，有结构仿生、形态仿生、色彩仿生、材质仿生等（图 3-49、50）。

图 3-48. 虚体实现轻巧

图 3-49. 模拟洋葱设计的厨柜造型

图 3-50. 橘子与蜂窝造型的厨柜设计

图 3–51．现代风格的整体厨柜

图 3–52．古典风格的整体厨柜

3.3 整体厨柜的风格与流派

整体厨柜不仅具有实际的使用功能，在一定程度上还影响着人们的生活方式，体现出人们的情趣爱好，即具有很强的装饰功能。现今的厨柜市场，最新时尚潮流来自欧洲，如极具时代气息的意大利厨柜，浪漫的法国厨柜，稳重大气、品质卓越的德式厨柜等。伴随着厨柜的发展，它们也形成了各自不同的风格。

3.3.1 现代风格

现代风格的整体厨柜摒弃了华丽的装饰，整体造型简洁明快，并且注重色彩的搭配，在室内空间的整体装饰中，也更容易实现风格的协调统一。它不受工艺的约束，对材料的要求也不高，如采用防火板或是三聚氰胺饰面板，在快节奏的生活中能使厨房操作更加便利。另外，现代风格也很注重通过精确合理的设计，将高新技术及各种新材料融入厨柜之中，如各种新型金属边框的大量应用使造型更具现代感。同时现代风格厨柜设计也非常注重环境保护，常通过减量的手法以及环保材料的使用，减少对环境的污染及对天然材料和能源的消耗（图 3-51）。

3.3.2 古典风格

社会越发展，反而越强化了人们的怀旧心理，这也是古典风格经久不衰的原因，其造型的典雅尊贵，特有的亲切与沉稳，满足了许多人对它的心理迎合。传统的古典风格要求厨房空间较大，U 型与岛型是比较适合的布局形式。使用自然质朴的材料是古典风格的一大特征，常采用原木或木纹色门板，多保留其天然的纹理和色泽，配以细致的传统镂花或线型装饰，在拉手、门饰、线条等细微之处颇有讲究，手工制作的镶嵌物则更显得弥足珍贵，展示出生活的情调与品位（图 3-52）。

3.3.3 前卫风格

前卫风格追求推陈出新，当前最为流行的质地，如玻璃、铝合金、各种金属等都会被及时接纳，并在巧妙的搭配中传递出时尚的信息。金属与玻璃的组合，强烈的色彩对比，不单纯是对时髦的追赶，更是以积极的姿态展现自我的风采。标新立异是这种风格的最大特点，鲜艳的色彩和流长的线条是这类厨柜表达内涵的最直接手段，各种装饰物无拘无束、灵活多变的处理体现着这种风格厨柜外形定位的重要特征。纯色门板是其经常的选择，并在整体性的浅色系列基础上加以细部点缀，使生活的情趣得到充分的体现（图 3-53）。

3.3.4 乡村田园风格

将原野的味道引入室内，让家与自然保持持久的对话，乡村田园风格的厨柜拉近了人与自然的

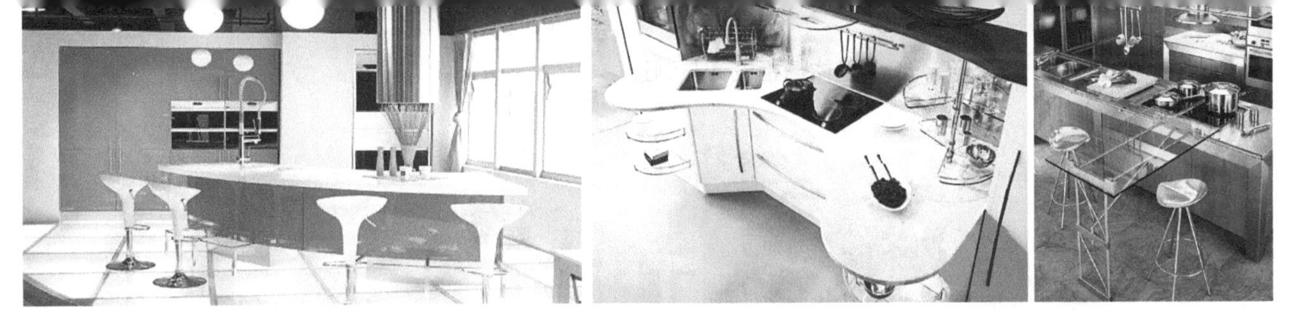

图 3–53. 前卫风格的整体厨柜

图 3–54. 乡村田园风格的整体厨柜

距离。具有乡野味道的彩绘瓷砖，描画出水果、花鸟等自然景物，呈现出宁静而恬适的质朴风采。这类风格的厨柜大量使用实木面板和部件，展现精致的木工技艺，让生活更加充满闲适自然的味道，最能满足渴望回归自然的人士（图 3-54）。

3.4 整体厨柜的功能设计

一般来说，最能体现厨柜科技含量的就是其功能设计的多样性和科学性。整体厨柜具有几大功能：存储收纳（冰箱、地柜、吊柜、抽屉柜、拉篮柜）、洗涤排污料理（水盆柜、操作台）、烹饪（炉灶柜）等功能。整体厨柜的功能设计首先要考虑的就是其平面布局，通过科学的布置以达到最大化的实用性，并实现功能与审美的完美结合。

3.4.1 整体厨柜的功能区域划分

早在 1922 年，人们就意识到应该减少在厨房内的行走轨迹，来自美国的 Christine Frederick 采用绳线研究法来测试不同厨房布局情况下人行走路径的长短，如图 3-55 所示。并运用泰勒的科学管理思想，提高主妇们在厨房的工作效率，提出了基于冰箱、厨具和水槽之间“工作三角（Work triangle）”的设计概念，图 3-56 所示。根据功能不同，整体厨柜可分为三个区域：以冰箱为中心的贮存区、以水池为中心的洗涤准备区、以灶台为中心的烹饪区。为了方便操作，这三个功能区域之间应构成一个三角形，称为“工作三角区”。当此三角形为正三角形时，最为省时省力。工作区之间的距离很重要，一方面，每一工作区都要有足够的空间，以便有效地操作；另一方面，互相之间又不能隔得得太远，免得往返过多。按照人体工程学的原理和操作者在厨房工作要“顺手、省力、省时”的原则，一般认为三角形的每条边应在 1250~2150mm 之间，其周长应在 4000~6000mm 之间。

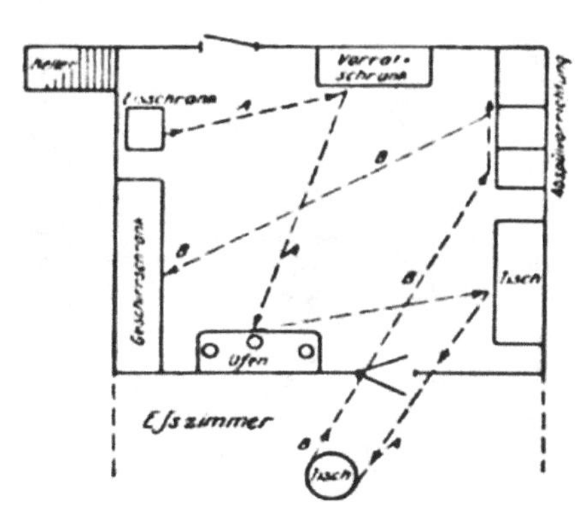

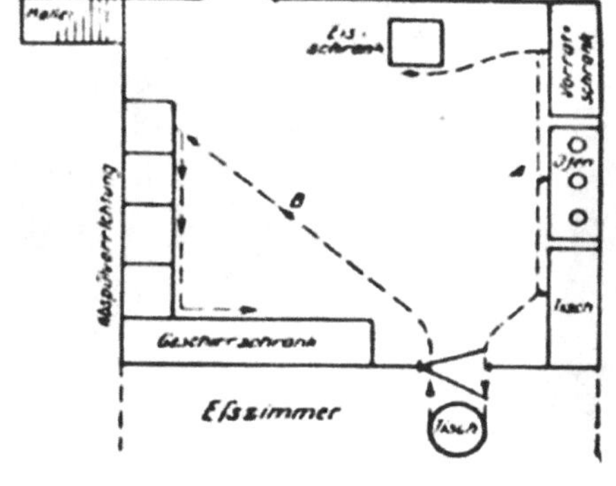

图 3–55. 绳线研究法

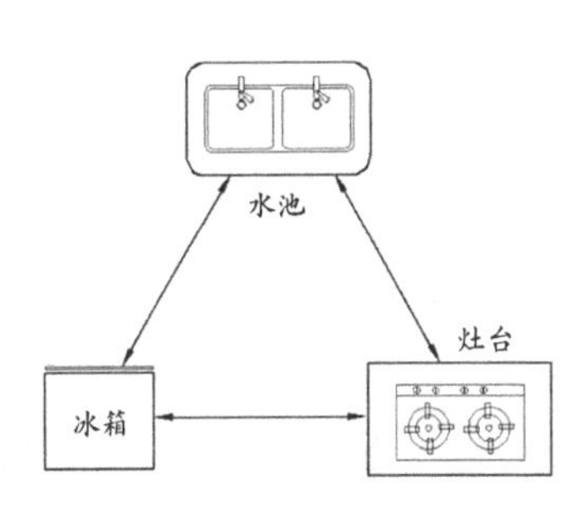

图 3–56. 厨房“工作三角区”

图 3-57. 贮存区

图 3-58. 洗涤备餐区

图 3-59. 烹饪区

若周边大于6600mm就会觉得远，小于4000mm则会有狭窄感。

(1) 贮存区

主要有贮备食品和餐具如米面、各种锅具、厨房小电器的柜体，如高柜、立柜等，包括冰箱。为使操作顺畅、方便，食品贮存区应尽可能靠近入口，而餐具贮存区则尽可能靠近备餐和烹饪区（图3-57）。

(2) 洗涤备餐区

洗涤主要是洗菜、洗碗、清除残渣、排除污水等，通常配备洗涤池、垃圾筒、食物垃圾处理器等的柜体，如水盆柜。现代化程度较高的还配有热水器、洗碗机等。为便于采光，洗涤盆一般应布置在靠近窗户处。备餐包括食品加工、切菜、配菜，为炊事活动做好准备。常用厨具如餐具、刀具等多放在此，需方便拿取和放置。可根据需要设计相关分割柜体如抽屉柜等（图3-58）。

(3) 烹饪区

是进行食物烹制的主要操作区域，需要配置灶具、灶柜、通风排烟装置等。灶柜可设计成抽屉柜，便于存放锅具等。常用的油盐酱醋等可放置于灶柜旁拉篮柜中（图3-59）。

3.4.2 整体厨柜的常见布局形式

在整体厨柜实际设计过程中，由于需要考虑窗、不规则墙以及受限制的空间，理想的“工作三角区”并不容易实现。因此整体厨柜功能布局设计要根据厨房的具体情况来确定。整体厨柜布局通常有以下几种形式：

(1)“一”字型

“一”字型厨柜是把所有厨柜沿一面墙一字型布置，通常用在面积较小或狭长形的厨房里，所有工作都在一条直线上完成。为了方便操作，工作台不宜太长，否则会使工作活动路线增加，降低效率。这种厨柜布局比较简单，只要按照工作流程设计出各主要功能区即可（图3-60）。

(2)“L”型

“L”型厨柜是把工作区沿墙作90°双向展开，将清洗、储备与烹调三大工作中心依次配置成相互连接的L型，较为适合于面积中等大小的厨房。这种布置的优势是有效的利用空间，使操作流程更加合理，是目前最常见的厨柜布局形式。但如果面积过小，厨房空间宽度小于1800mm，其优势就很难发挥出来。同时最好不要将L型的一面设计得过长，以免降低工作效率（图3-61）。

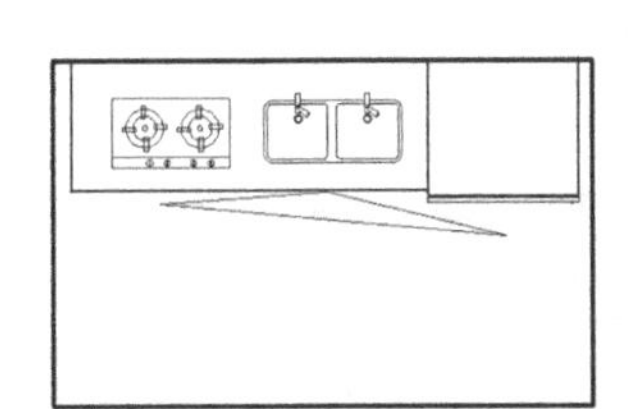

图3-60.“一”字型布局

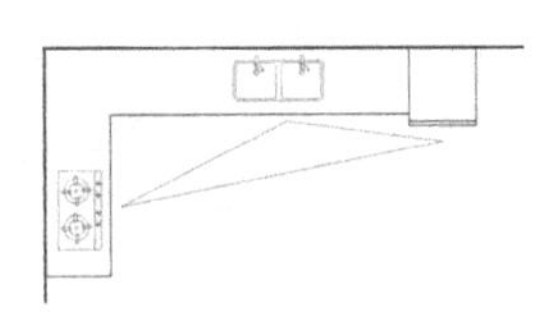

图3-61.“L”型布局

图 3-62. 反“L”型布局

图 3-63. “T”型布局

随着厨房空间的变化与丰富，在此类布局基础上又演变出来一些新的布局方式，如反“L”型布局和“T”型布局，但其功能区的布局基本还是原来的形式（图 3-62、63）。

（3）“U”型

U 型厨柜适合面积较大的长方形厨房，房间的开间必须达到 2200mm 以上。这是基本功能最好用的一种布局，工作三角区配置恰当，操作流程合理，能容纳多人同时操作，而且动作范围也不大。设计时，水池最好放在 U 型底部，并将贮存区和烹饪区分设两旁，使水池、冰箱和灶台连成一个正三角形。两边柜体之间的距离以 1200mm 至 1500mm 为宜，最好不要超过 3000mm，以使三角形总长控制在有效范围内（图 3-64）。

如今，在“U”型布局基础上又演变出来一种新的布局方式——“G”型布局，如图 3-65 所示。

（4）走廊型

走廊型厨柜将工作区沿相对的两面墙平行布置，这种厨柜布局往往是受到空间条件的限制，一些户型的生活阳台与厨房相通，必须穿过厨房进入生活阳台，这样一来在较小的厨房内有两扇门贯通，不便于做 L 型或 U 型布置。一些集体宿舍的公用厨房也常用这种布局，便于多人同时使用。设计时

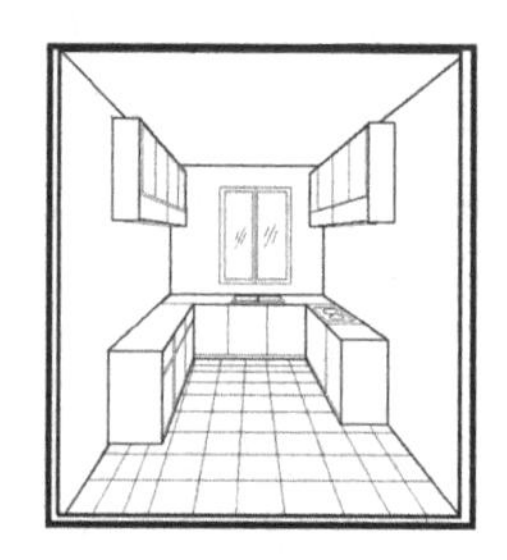

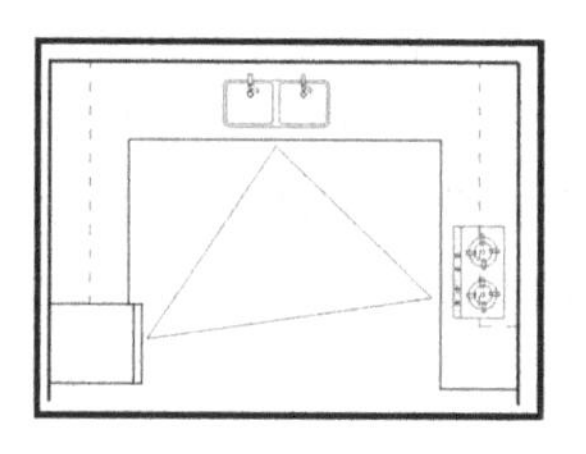

图 3-64. “U”型布局

可将洗涤和储备中心组合在一边，将烹调中心安置在相对的另一边（图 3-66）。

(5) 岛屿型

岛屿型厨柜在西方国家非常普遍，适合开放式或大面积的厨房。在厨房中间安排一个独立的岛式单元，这样不仅增加了工作台面，更重要的是其作为工作三角区的中心，使厨房工作变得方便轻松。考虑到中国人的饮食习惯，在中式厨房里，岛型工作台最好作为操作台，用来准备、调理食物，而尽量不要将烹调区设计在岛上，以免带来不便（图 3-67）。

目前整体厨柜的主要布置方式，以前三种最为常见。研究表明，在各种形式厨房中完成相同的工作，若“一”字型所需要时间及完成工作总路程为 1，那么在“L”型中可分别缩短为 63%、64%；而在“U”型中可分别缩短为 58%、40%。可见，经过精心设计、合理布局的整体厨柜可大大降低人的劳动强度和操作时间消耗。当然，整体厨柜的造型布局并不是一成不变的，随着生活方式的变化，会不断衍生出各种布局新颖、美观，适合各种厨房形状、面积及充分满足主人个性的不规则型整体厨柜布局（图 3-68）。

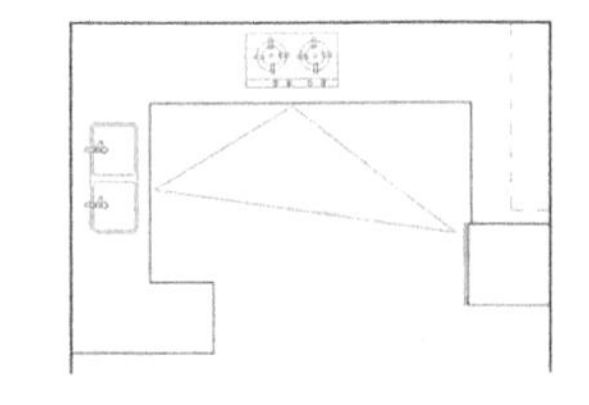

图 3-65. “G” 型布局

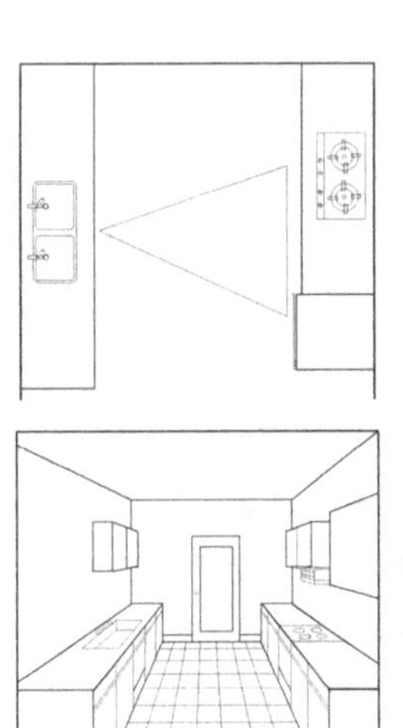

图 3-66. 走廊型布局

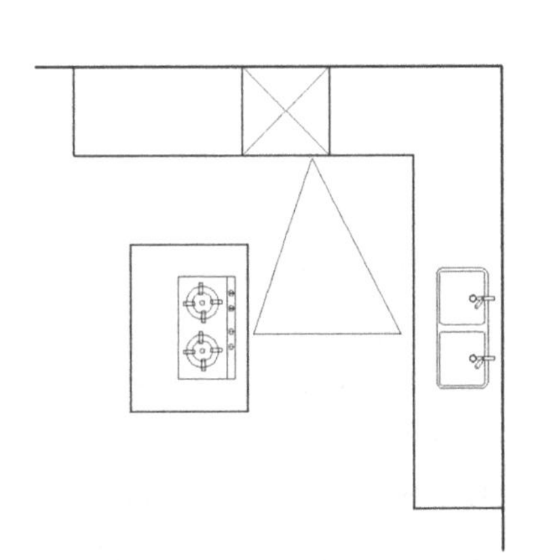

图 3-67. 岛屿型布局

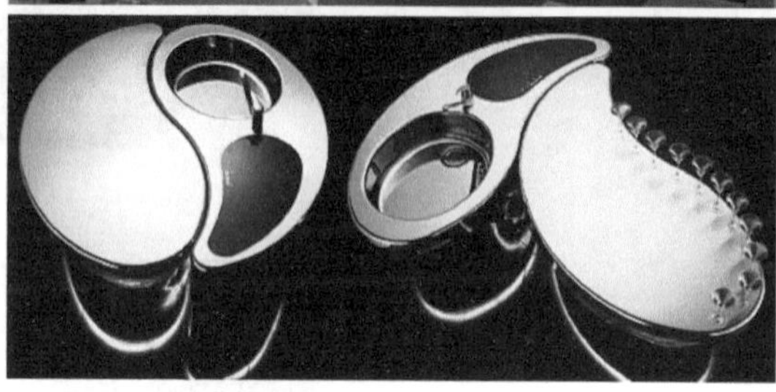

图 3-68. 不规则型布局

3.4.3 整体厨柜的功能尺寸设计

在进行整体厨柜设计时，不仅要考虑到合理的工作流程，还要以人体工程学为依据确定舒适的尺度，以便最大限度地减轻操作者的劳动强度，提高工作效率。

(1) 满足人体作业的生理尺度设计

人体作业的生理尺度，即与人体生理尺寸有关的尺度，包括人体的静态尺寸和动态尺寸。整体厨柜的尺度设计要符合人体立姿舒适作业和一般作业姿势，主要包括水平作业和垂直作业两个方面。

人体立姿水平作业尺度决定了地柜、台面的深度及宽度。根据人体测量数据，人手伸直状态下后肩到拇指尖的平均距离，女性为 650mm，男性为 740mm，在距身体 530mm 的范围内取物工作较为轻松，这就决定了厨房操作台面的深度不宜超 600mm，一般操作台面的深度应控制在 500 ~ 600mm。人在站立操作时所占的宽度女约为 660mm，男约为 700mm，因此操作台的横向宽度必须大于此尺度。又根据手臂与身体左右夹角呈 15° 时工作较轻松的原则，操作台面宽度应以 760mm 为宜（图 3-69）。

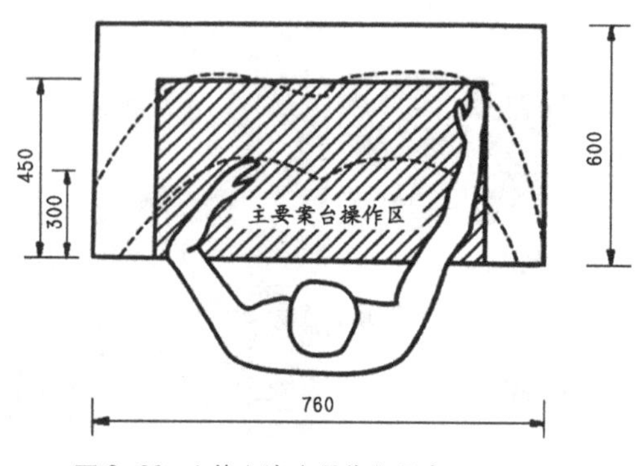

图 3-69. 人体立姿水平作业尺度

* 本书所有线图的尺寸单位均为 mm，下文不逐一标注。

人体立姿垂直作业尺度决定了操作台、地柜、吊柜的高度。在垂直方向上，地柜和操作台的高度、吊柜的安装高度以及吊柜与地柜台面间的垂直间距设计应以人体立姿垂直作业舒适尺度为准。一般洗涤池柜、操作台柜的高度为 780 ~ 850mm 之间；吊柜距台面高度为 500 ~ 700mm，深度为 300 ~ 360mm，吊柜底部离地面最低高度应大于 1350mm，以避免碰头或遮挡光线；若吊柜单独安装（即其下没有地柜和操作台），其底部高度应高于人体身高，以避免碰头；灶台柜高度如采用嵌入式燃气灶具则与操作台同高，如用台式燃器具放在台面上，则灶台柜应适当降低一定高度（即燃器具本身的高度）；考虑到厨房是一个湿作业空间，厨房三大工作区的台面应尽量保持在同一高度；地柜底部应高于地面 50 ~ 120 mm，以防进水受潮，其下方，最好内缩一段距离，让操作者双脚有充分的活动空间（图 3-70）。在实际设计过程中，还应结合厨柜具体存放内容和数量、厨房电器的实际尺寸，以及人体的活动习惯来考虑。

人体立姿水平作业尺度与垂直作业尺度决定了厨柜各部分的深度及高度（图 3-71）。

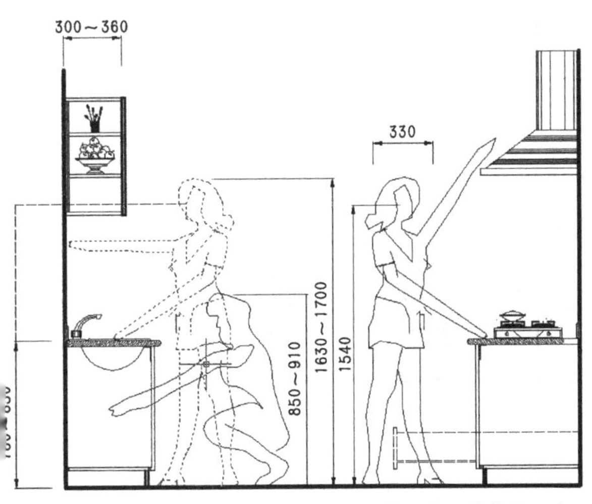

图 3–70. 人体立姿垂直作业尺度

表 3-3 表示厨房用具及设施高度与人体身高关系。设计时可以这些数值为基本依据，再根据实际情况，设计吊柜、地柜、操作台、搁板、拉手等的垂直高度。

同时，可以合理利用地柜与吊柜间的剩余空间放置消毒柜、微波炉，或安装搁板、挂钩，收纳盘、杯、调料瓶、铲子、勺子等，避免占据厨柜台面。为了方便操作，各种设施之间要留有足够大小的空间（图 3-72)。

另外，为满足人们在厨房里舒适、快捷的操作需求，还需要从人体工程学角度对存储物摆放位置进行分层：一般 1800mm 以上和 400mm 以下的空间用来存放极少使用的物品，800~1500mm 之间的空间用来存放经常使用的物品，1500mm 以上 1800mm 以下、400mm 以上 800mm 以下用来存放不常使用的物品（图 3-73)。

在水平布局时，地柜和操作台的前面要留有足够的人体活动空间和通行空间（图 3-74)。

（2）适应存储“物”的尺度设计

根据厨房空间的具体使用功能，“物”指的是厨房作业需要使用的专用器具，如锅、碗、瓢、盆、筷、油、盐、酱、醋、茶具等，以及各种厨房电器：冰箱、烤箱、消毒柜、微波炉等，它们的外形尺寸和形状制约了柜体的尺度设计。设计时既要满足各自的储物空间，又要收纳整齐、避免凌乱放置，还要留足某些电器的通风散热空间。这些物品除了对厨柜的尺度有直接要求外，同时也能比照出厨柜的尺度是否合理（图 3-75)。

（3）与整体空间有关的尺度设计

厨柜存在于特定的厨房空间中，厨柜的尺度设计直接受到厨房空间大小的影响。一般来说，紧凑的小空间宜配置小尺度厨柜（图 3-76)，开阔的大空间需要大尺度设计，不同的厨房空间格局需要不同的厨柜布置。如对于长宽比过大的狭长型厨房空间，厨柜应沿长度方向“一”字型布局，若厨房空间横向尺度依次渐宽，可以采用“L”型布局或走廊型布局；对于开放式或大面积的方形厨房，可以采用“岛屿”型布局或“U”型布局。

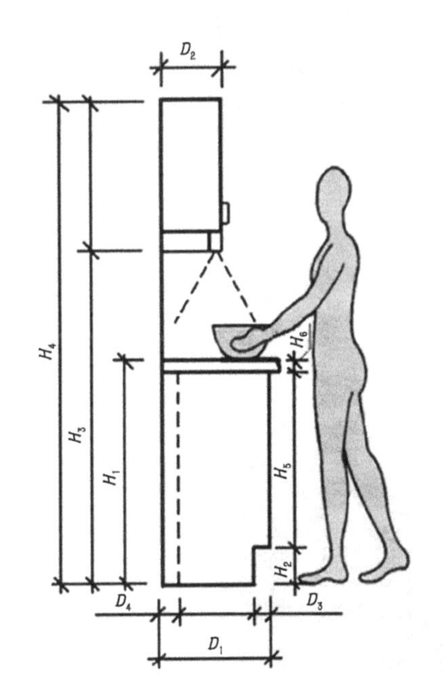

高度	H_1	操作台高度	(750)、800、850、900
	H_2	踢脚板	150（当 H_1=900）
	H_2		100（当 H_1=750、800、850）
	H_3	地面到吊顶底部的净高	1300 + n×100
	H_4	高柜、吊柜顶部的净高	1900 + n×100
	H_5	水平管线区高度	宜至操作台面板底
	H_6	操作台面厚度及洗涤台盖板高度	30 或 40
进深	D_1	操作台、底柜和高柜的进深	500、550、600
	D_2	吊柜进深	300、350
	D_3	操作台前沿凹口深度	≥ 50
	D_4	水平管线区深度	60

图 3–71. 厨柜各部分尺寸与人体动态尺寸之间的关系（单位 mm）

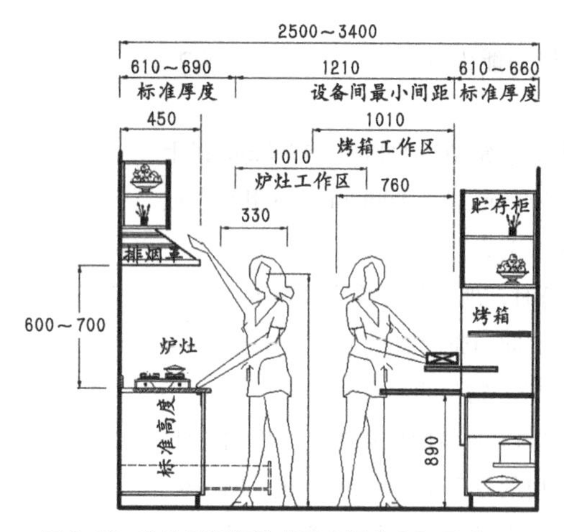

图 3-72. 整体厨柜设施布置及操作空间尺寸

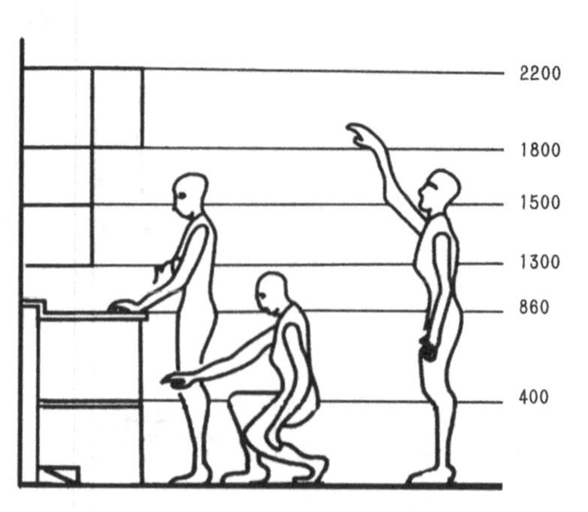

图 3-73. 整体厨柜物品存放位置高度分层

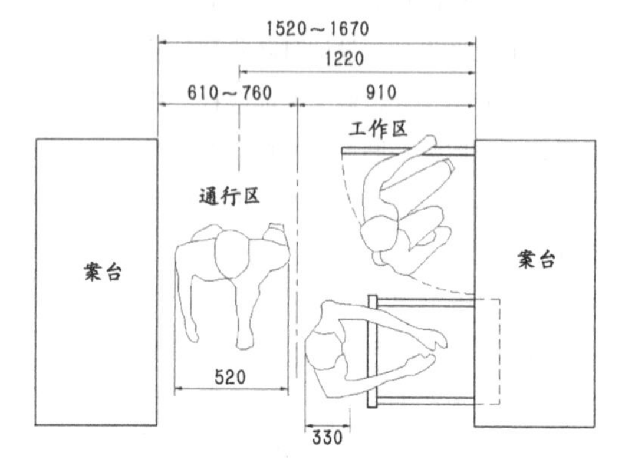

图 3-74. 整体厨柜平面布置相关尺寸

表 3-3. 最佳操作高度与人体身高对应关系（单位 mm）

推荐尺寸 / 使用者身高	操作台离地高度	水槽离地高度	烤箱／微波炉离地高度
1400	800	850	650 ～ 1350
1450	800	850	700 ～ 1400
1500	850	900	750 ～ 1450
1550	900	900	800 ～ 1500
1600	900	950	850 ～ 1550
1650	950	950	900 ～ 1550

图 3-75. 适应存储“物”的厨柜尺度设计

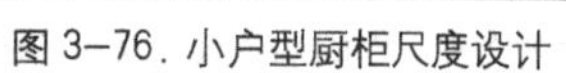
图 3-76. 小户型厨柜尺度设计

3.4.4 整体厨柜的照明设计

由于人们在厨房中度过的时间较长，所以光线应明亮有吸引力，这样能提高制作食物的热情和效率；炉灶、洗涤盆、操作台都要有足够的照度，使洗菜、切菜、烧菜都能安全有效地进行。整体厨柜的照明设计分为一般照明、功能照明和氛围照明。

(1) 一般照明

一般照明提供厨房的整体照明，要求无眩光，通常用吸顶灯或吊灯，也可采用独立开关的轨道射灯系统。灯具造型以功能性为主，美观大方，且方便打扫清洁。灯具材料应选不会氧化生锈的或具有较好表面保护层的，通常用紧凑型荧光灯具，其特点是光效高、照明效果好，安装使用方便，能突显厨房的明净感（图3-77）。

(2) 功能照明

厨房操作台面上方的功能照明应能确保人在操作清洗时看得清楚，通常安装在吊柜底板下面或水槽上方，既保证了照明需要又隐蔽了光源，光线不会直射入人眼（图3-78）。灶台上方一般设置抽油烟机，机罩内有隐形小白炽灯，供灶台照明。

(3) 氛围照明

氛围照明可通过多种方式实现，例如照亮玻璃门柜内部或搁板或操作台面上漂亮的摆件，定向小灯具非常适用于此种用途。

餐厨合一的厨房空间，照明应按功能区域进行规划：就餐区以餐桌为主，背景朦胧；厨房区光照明亮。二者可以分开控制。也可调光控制厨房区灯具，工作时明亮，就餐时调成暗淡，作为背景光处理（图3-79）。

一套舒适的整体厨柜应该从空间布局、厨房功能、人体工程学、细节关怀等多方面来衡量。设计要以人为本，产品应当适应使用者的生理和心理需要。设计时还要遵循一定的模数规则，以利于厨柜的标准化设计和制造。当然，整体厨柜的使用功能与装饰功能的实现，不仅依赖于造型与功能设计，还有待于其结构设计的完善及一些配套产业如五金配件行业、电器行业、板材行业、石材行业等进一步的发展。

图 3-77. 一般照明与功能照明相结合

图 3-78. 功能照明

图 3-79. 氛围照明

3.4.5 百隆（Blum）活力空间功能设计案例

百隆（Blum）是一家全球著名的家具五金生产商，一直致力于研究日常厨房生活需求。通过对世界范围内数以万计的厨房进行观察，总结了厨房使用者的习惯，并在百隆新产品研发上得以体现，使厨房生活更加方便舒适。

百隆（Blum）活力空间的设计基于三个核心内容：优化的工作流程，最大程度的空间利用及运动舒适性。

（1）工作流程：拿取方便，优化的工作路线

厨柜设计应将厨房工作流程考虑在内，以避免增加厨房内不必要的路线。让一切都触手可及，各归其所，日常工作就会变得方便快捷。

为了方便拿取各类物品，厨柜地柜最好采用高舒适性的全拉出式抽屉来代替柜门式设计，这样拿取锅具等物品时无需弯腰，抽屉使物品一目了然，伸手可及。如果厨柜地柜设计成柜门，为了拿取存储物，人们得弯腰下蹲，费力找寻，或为拿取后面的物品时不得不费力清理挡在前面的物品，(图3-80)。Blum 全拉式抽屉不但可完全利用空间，令厨柜的使用更舒适、更人性化，与半拉式抽屉相比，全拉式抽屉可增加能见度 30%，令柜内储物方便找寻、拿取，即便是最角落的物品，图 3-81 所示。同时可以在抽屉内采用内分隔件来实现井井有条的贮存效果（图 3-82）。

厨柜吊柜则可以采用上翻门，用户可以按压面板自动开启，折叠系统被活动面板所掩盖，整个柜体可以毫无阻碍地完全打开，这样一来物品的摆放情况一目了然，方便拿取，轻触开关即可实现自动关闭（图 3-83）。

图 3-80. 厨柜地柜抽屉与柜门设计效果对比

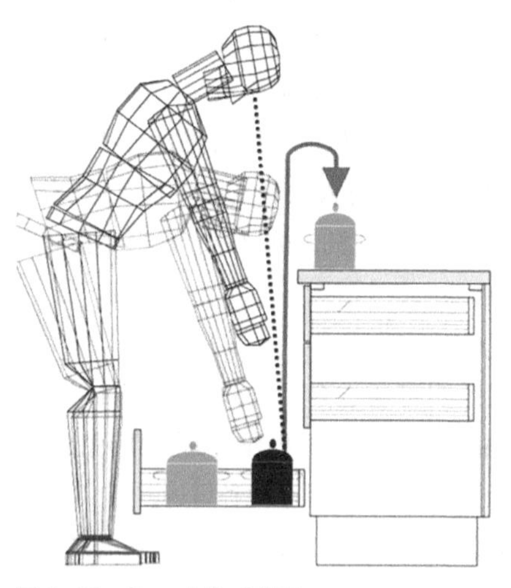

图 3-81. Blum 全拉式抽屉

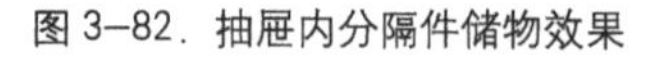

图 3-82. 抽屉内分隔件储物效果

图 3-83. 吊柜上翻门开启效果

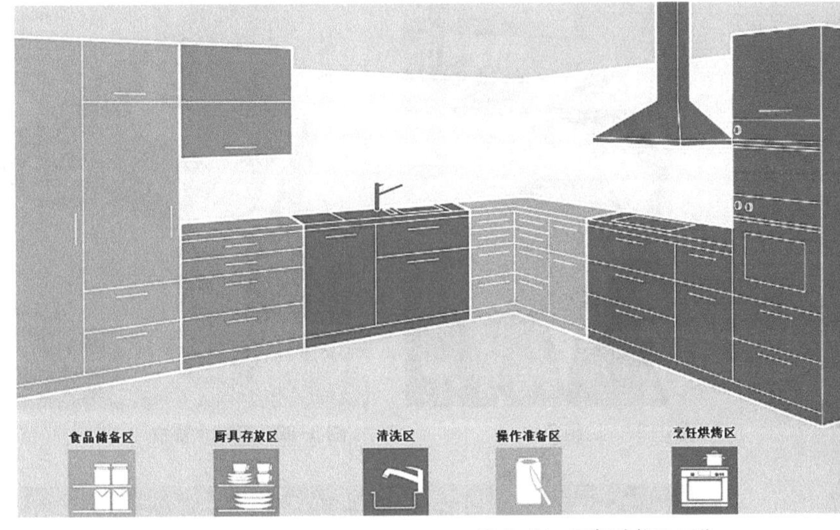

图 3-84. 厨柜功能区细分

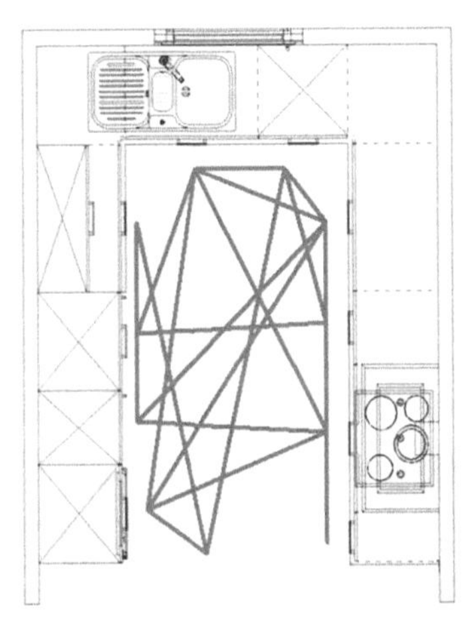
图 3-85. 绳线研究法厨房行走路线

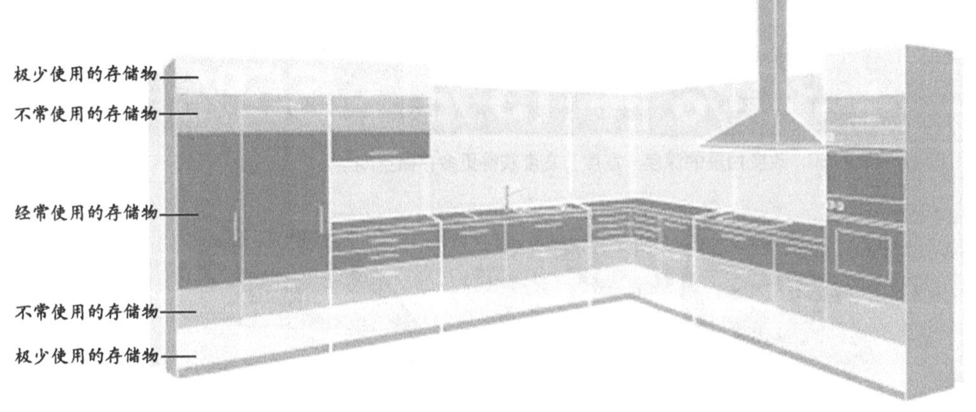

图 3-86. 厨柜垂直方向区域划分

合理的厨柜设计总是开始于每个厨房操作区域的设计，为了实现更加合理高效的厨房操作，可将厨柜功能区进一步细分为食品储备区、厨具存放区、清洗区、准备区和烹饪烘烤区。食品储备区和厨具存放区分开摆放各类食品与餐具；洗涤用品和垃圾桶则安排在清洗区；主要的操作准备区最好能位于水槽和灶台之间，这里可摆放辅助用具和各类调料；大小锅具、烹饪用具应放在灶台附近的烹饪烘烤区（图 3-84）。

不同功能区的合理搭配是减少厨房走动路线、减少厨房操作耗时、减轻劳动强度的有效方法。活力空间将厨柜细分为五个功能区域并进行合理规划，通过绳线研究法得出对比数据：使用无详细区域规划的厨柜每天要行走 264 m，20 年约 1927 km；使用活力空间厨柜每天行走 210 m，20 年约 1530 km（图 3-85）。

为了最大程度实现舒适、人性化的操作，还在厨柜垂直方向进行了区域划分，把经常使用的存储物放置在最容易拿取的高度，不常使用的存储物放置在较容易拿取的高度，极少使用的存储物放置在最高或最低不易拿取的位置（图 3-86）。

（2）最大程度的空间利用：厨房内充足的存储空间

超过 60% 的厨柜购买者事后才意识到，现有空间远远满足不了贮物需要，他们原本需要更多的储存空间。因此，在设计厨柜之初，考虑工作路线

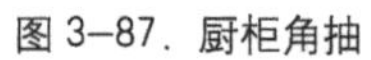

图 3–87．厨柜角抽

图 3–88．厨柜水槽抽

图 3–89．高柜内抽

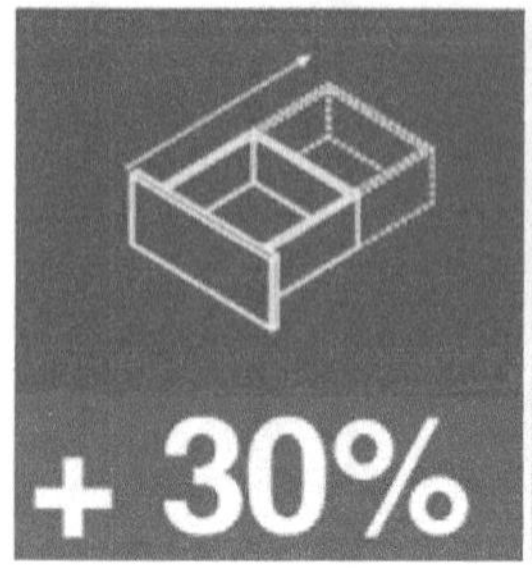

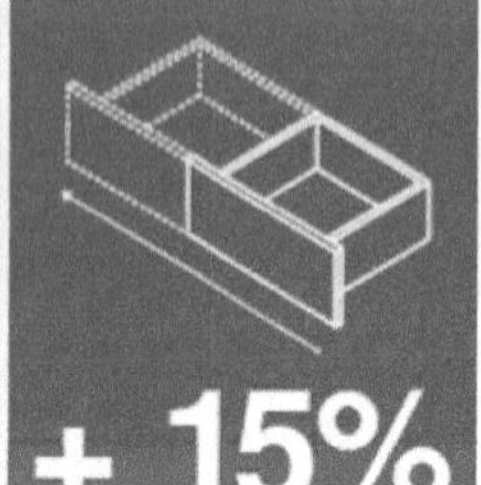

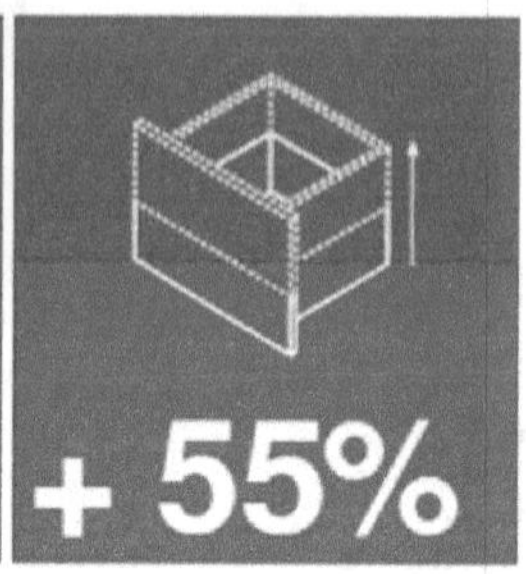

图 3–90．改变抽屉的深度、宽度、高度获得更多存储空间

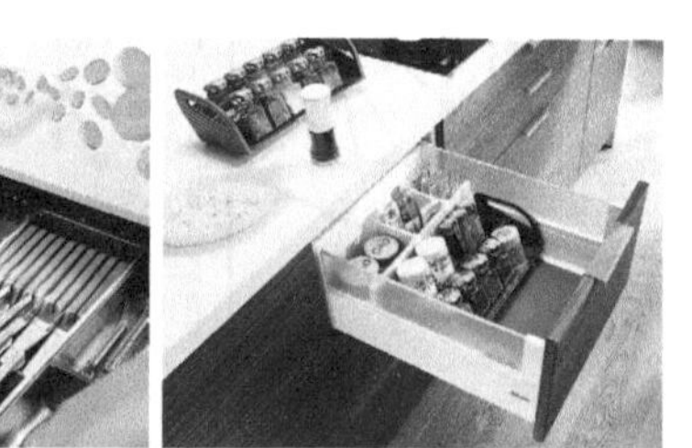

图 3–91．各类抽屉内分隔组件

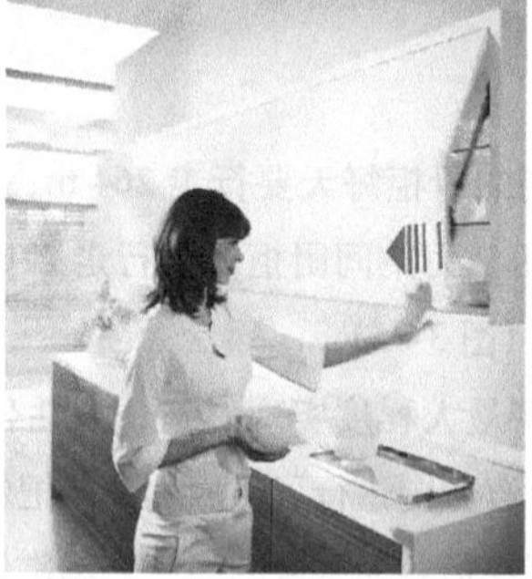

图 3–92．SERVO–DRIVE 电动支持系统

的同时也要将所需存储空间考虑在内，预留足够多的存储空间。

存储空间的需求是非常个性化的，而且与家庭人数、烹饪习惯和购物习惯，以及厨房使用者的生活方式密切相关。

为了确保厨柜有足够的存储空间可以利用，活力空间采用了多种解决方案，将厨柜内每一个角落都变成宝贵的存储空间。Blum 的角抽和水槽抽充分利用了地柜拐角和水槽四周，实现一目了然，方便拿取的存储空间（图 3-87、88）。

对于食品存储可采用高柜内抽设计实现从三个方向拿取物品的可能，并且寻找物品时不会浪费时间（图 3-89）。

为充分利用现有空间，还可以通过改变抽屉的深度、宽度、高度而获得更多存储空间（图 3-90）。

另外，灵活多变的 Blum 分隔组件可实现抽屉储存空间的优化安排。在抽屉中加上不锈钢盒、横向和竖向分隔件、刀架、调料整理盒、提盘器等，可将抽屉分成多个区域，根据需求来分门别类地放置物品（图 3-91）。

（3）动感：厨房内的操作舒适性

实用性厨柜的另外一个重要部分是操作的舒适性与方便性，如抽屉，上翻门的开启与关闭是否方便、舒适。

百隆 SERVO-DRIVE 的电动开启支持系统，即便无法腾出双手，也可以通过胯部、膝部或是脚尖轻轻碰触，抽屉或门板即可自动打开。结合集成式阻尼 BLUMOTION，AVENTOS HF 可全面提升折叠门的运动质量，带来更多动感。如需关闭，只需轻轻一按开关，所有抽屉和上翻门的关闭过程都可安静柔顺地实现。这些产品的应用，使得厨柜的动感体验更胜一筹（图 3-92）。

将舒适性、功能性及高雅的设计完美结合的厨柜成为现代住宅的中心。厨房越来越多地与餐厅和起居室融合在一起，成为家庭、朋友聚会的场所。百隆具有创新意义的五金及其精心设计的配件满足了厨房既突出外观又重视实用性的要求。

3.5 整体厨柜的绿色设计

绿色设计（Green Design）也称生态设计 (Ecological Design)、环境设计（Design for Environment）、环境意识设计（Environment Conscious Design）。绿色设计是指在产品及其生命周期全过程的设计中，要充分考虑对资源和环境的影响，在充分考虑产品的功能、质量、开发周期和成本的同时，更要优化各种相关设计因素，使产品制造及使用过程中对环境的总体负面影响减到最小、资源利用率最高、功能价值最佳，使产品的各项指标符合绿色环保的要求。

3.5.1 厨柜绿色设计的基本方法

厨柜是人们需每天接触、且处于室内的生活用品，对人体及环境的影响较大，所以设计过程中应充分考虑厨柜的绿色评价指标和环境属性，实现可拆卸、可回收、低污染、可重复利用，并对总体环境产生的负面影响最小。

厨柜绿色设计的具体做法包括四个方面：

（1）设计上的绿色定位

一是提高厨柜的容积利用率，根据厨柜贮物种类、数量，合理地设计物品存放空间，在满足使用功能的条件下，尽量减少厨柜的件数，以节省材料和空间，并给用户提供方便；二是轻量化减量原则，在保证厨柜强度、刚度和尺寸形状的条件下，尽可能减少厨柜零部件的数量，缩小零部件的断面尺寸（端面甲醛释放量为平面的 2 倍以上）；三是采用拆装化结构，即将零部件以产品的概念组织生产，采用拆装结构，利于生产、销售，并利于旧厨柜零部件的回收利用。总之，绿色厨柜应是健康的、安全无害的、与环境融洽的，而且产品生命周期较长的设计。

（2）材料上的绿色选择

使用绿色材料是生产绿色产品的基础。绿色材料应包括两个方面：一是材料本身对人体及环境无害；二是能充分合理地利用资源。人造板是森林资源综合利用的产物，应大力提倡使用，但处理不好会产生甲醛污染。所以在选择基材时首先要考虑原料来源丰富，可以再生，不破坏生态环境，利用时耗能低，便于回收利用，无毒无害，从源头上控制甲醛严重超标的低劣材料进入生产环节。

（3）制造上的绿色工艺

在原材料加工制作厨柜过程中尽可能采用新工艺、新设备，以减少原材料的消耗；尽可能避免和减小产生粉尘、噪音、有害气体、工业废水以及能源的浪费。如合理进行结构设计，采用 CAD 排料，尽可能提高板材利用率；采用无游离甲醛的胶黏剂，进行无毒胶合；采用水性涂料等无毒涂饰工艺；利用常温成型的人造石制作台面以节省能耗等等。另外要确保厨柜封边的质量，做到有边必封，封边条密封严密，不露基材；在排孔工序上以满足结构为主，尽可能少排孔，对于部分结构孔不用时用小活塞盖住。

（4）使用上的绿色循环

首先要合理设计厨柜的生命期，当厨柜需更新时，应将废弃的厨柜回收，本着“物尽其用”的原则进行再利用；也可以进行零部件翻新，完好的板式部件、玻璃、金属件等经翻新整理后仍可重新利用；还可回收做原材料，像金属构件、木质板材和人造石料等均可再生利用，或冶炼铸锻，或粉碎成木片、纤维做人造板原料，或碾碎做人造石原料。

3.5.2 厨柜材料与甲醛污染

（1）甲醛污染的来源与危害

厨柜甲醛污染来源于其使用的各种人造板、胶黏剂、涂料等，其中最主要的是人造板。甲醛是一种易挥发的物质，人吸入后会感到鼻痛、咽喉痛痒，甚至出现胸闷、厌食等症状。长期工作或生活在高浓度甲醛环境中，将会对人体造成危害，如产生皮肤过敏，诱发支气管病、白血病、眼膜溃烂等。为此，必须有效控制厨柜用人造板的甲醛释放量，以营造一个健康的厨房环境。

（2）影响甲醛释放量的因素

①装载度：装载度是指所用人造板暴露在室内空间的总面积与室内空间容积之比。根据国外专家的研究，人造板装载度与室内甲醛浓度的关系如图 3-93 所示。

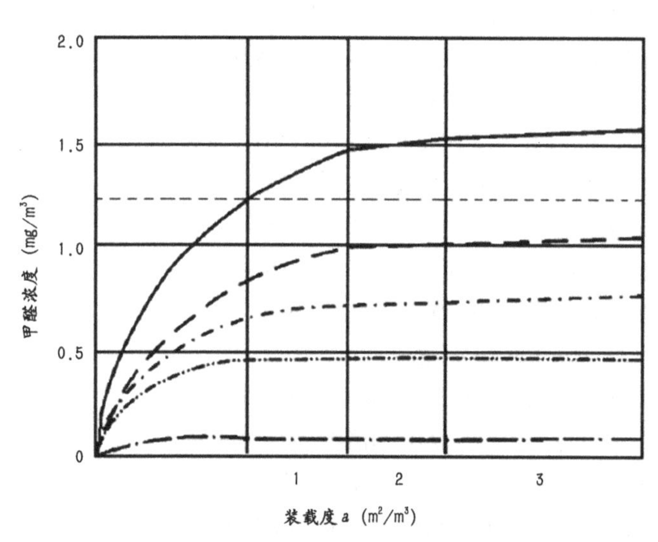

图 3–93. 不同温湿度条件下甲醛浓度与人造板装载度的关系

表 3–4. 人造板表面不同处理方式对游离甲醛释放量的影响

表面装饰方式	甲醛释放量	表面装饰方式	甲醛释放量
薄木贴面，不涂饰	较多	三聚氰胺浸渍纸贴面	较少
织物贴面	较多	涂料饰面	少
装饰纸贴面	一般	PVC 薄膜贴面	少

②材料表面装饰方式：厨柜制作时使用的各种人造板表面都要进行装饰处理。根据实验结果可知，在相同条件下，不同的表面处理方式对游离甲醛释放量的影响是不同的（表 3-4）。实验证明，甲醛的散发通道主要是人造板端面而非平面，一般端面至少是平面甲醛释放量的两倍以上，所以使用人造板制作厨柜零部件时，封边是必须的，它能有效地降低甲醛释放量。

③人造板构件上的孔槽：目前，人造板制作的厨柜构件，其接合方式大都为板式结构连接，而孔深常达到板厚中心部位，从这些孔眼及槽口中常有大量游离甲醛逸出，因为脲醛树脂胶合的人造板，中间层比表层具有更高的甲醛释放能力。厨柜结构设计与制造时必须考虑这些孔槽的影响。

另外，厨房的温湿度、厨房换气数等也会影响甲醛释放量。

（3）厨柜设计中预防甲醛污染的措施

①建立厨房空间内厨柜装载度的数学模型：根据所用人造板游离甲醛含量情况，通过试验及计算建立厨柜设计中人造板用量的数学模型。

②进行合理的结构设计：在做厨柜结构设计时，应合理搭配材料，合理设计其零部件的连接结构，做到尽量少安排连接孔位，尽量选择不用开槽口的连接件和连接方式。

③选择合适的人造板表面装饰方法：进行厨柜设计时，应选择一些遮盖完整、严密的表面装饰方式。根据各种装饰方法对游离甲醛释放量的影响，其选择顺序为：PVC 真空吸塑、PVC 薄膜平面饰面、涂料饰面、三聚氰胺浸渍纸饰面。另外，用人造板制作厨柜时，所有板件都应进行封边处理，封边材料最好选用 PVC 封边条，并尽量采用机械封边。

④选择合理的陈放时间及陈放条件：研究表明，人造板甲醛释放量是时间的函数，随着陈放时间的延长，甲醛释放量将逐渐降低，另外通风情况也对甲醛释放有影响。如有可能，厨柜企业应选用出厂时间稍长的板材，同时最好不要在居室现场制作，而是在通风条件较好的场所进行。

为了尽可能地降低甲醛释放量，实现“绿色厨房”，还可以使用甲醛捕捉剂，让其与甲醛产生化学反应，从而生成其他无害物质。

整体厨柜的结构与标准化设计

结构设计是实现整体厨柜工业化生产的重要环节和关键步骤。对于消费者而言，合理的结构设计能使厨柜产品功能更完善、使用更方便；对于厨柜生产企业来说，合理的结构设计能提高生产效率，缩短生产周期，提高产品的合格率，充分发挥设备的效能，并有效降低生产成本。

4.1 整体厨柜结构设计的内容及要求

整体厨柜结构设计的基本内容及要求主要有：合理利用材料、保证使用强度、加工工艺合理、充分表现造型需要等。

4.1.1 合理利用材料

整体厨柜的零件可用不同的材料制造（实木材、人造板材等），不同的材料其物理、力学性能和加工性能会有较大的差异；而且任何一种材料的性能都不可能完美，某一方面性能很好，另一方面的性能可能就较差。结构设计就是要在充分了解材料性能的基础上合理使用材料，使其能最大限度地发挥材料的优良性能，而规避其性能较差的一面。另外不同材料的零件，其接合方式也会表现出各自的特征，实木零件一般为框架结构、榫卯接合；而圆形接口则是目前板式零件接合的最佳选择。根据零件的制造材料，合理选择和确定接合方式，是结构设计的重要内容之一。

4.1.2 保证使用强度

各种类型的产品在使用过程中，都会受到外力的作用，如果产品不能克服外力的干扰保证其强度和稳定性，就会丧失其基本功能。结构设计的主要任务就是要根据产品的受力特征，运用力学原理，合理设计产品的支撑结构及零部件尺寸，保证产品在使用过程中牢固稳定。

4.1.3 加工工艺合理

不同材料及尺寸的零部件，有不同的接合方式，其加工设备和加工方法不同，而且直接决定了产品的质量和成本。因此，在进行产品的结构设计时，应根据产品的风格、档次和企业的生产条件合理确定接合方式，合理选择加工工艺及加工设备。

4.1.4 充分表现造型

整体厨柜不仅是一种简单的功能性物质产品，而且是厨房中最主要和最重要的装饰陈设。整体厨柜的装饰性不只是由产品的外部形态表现，也与内部结构相关，因为许多厨柜产品的形态（风格）是由构成产品的材料质感、零部件尺寸和接合方式等结构因素所赋予的。结构设计就是要求在外部形态一定的状况下，合理利用材料质感和接合方式来充分体现造型风格。

4.2 整体厨柜的结构特点

4.2.1 整体厨柜的结构特点

整体厨柜从产品结构上来说类同于板式家具，但受使用功能、环境条件及厨房面积大小的制约，其结构又有别于板式家具，其主要特点有：

（1）分体构成

整体厨柜大都采用分体构成的结构形式，即整套厨柜由台面、柜体、门板三大部分构成，而柜体也是由一个个独立的单元柜体组成，台面则为一整体。安装时，需将单元柜体摆放在相应位置，调平高度，再在柜体上固定整体台面（图 4-1）。

（2）材料多样组合

由于整体厨柜各个部分功能不同，性能要求也不一样，所以整体厨柜大都为多种材料制造。如台面用人造石材，柜体用各种人造板材，门板表面则用防火板、有机玻璃、PVC 及涂料等材料进行装饰。

4.2.2 影响整体厨柜结构设计的主要因素

整体厨柜虽然在产品结构上类似于板式家具，但因其功能和设施配置等原因，其结构较一般的板式家具复杂，在进行厨柜结构设计时，应考虑如下几点：

（1）功能

相对其他板式家具而言，从功能上来说，整体厨柜应满足储备、洗涤、烹饪三方面的操作要求，所以其表面应具有耐高温、耐腐蚀、耐冲击、不渗漏等性能，内部应便于储物并具有防潮、耐腐、不生虫、不霉变的性能。这些都对整体厨柜的结构提出了特殊的要求。

（2）厨房设施配置

为满足操作和储藏的需要，一般厨房都需配置相应的设施，如灶具、洗盆、消毒柜、抽油烟机等，这些设施需要与厨柜柜体有机结合，并直接影响厨柜结构及尺寸。

（3）具体的生产方式

对于每个厨柜生产企业来说，大多都会有一些自己已经使用习惯了的生产工艺、材料、配件，所以在进行结构设计时必须了解其相关生产工艺，掌握这些材料及配件的性能、尺寸参数等设计资料。

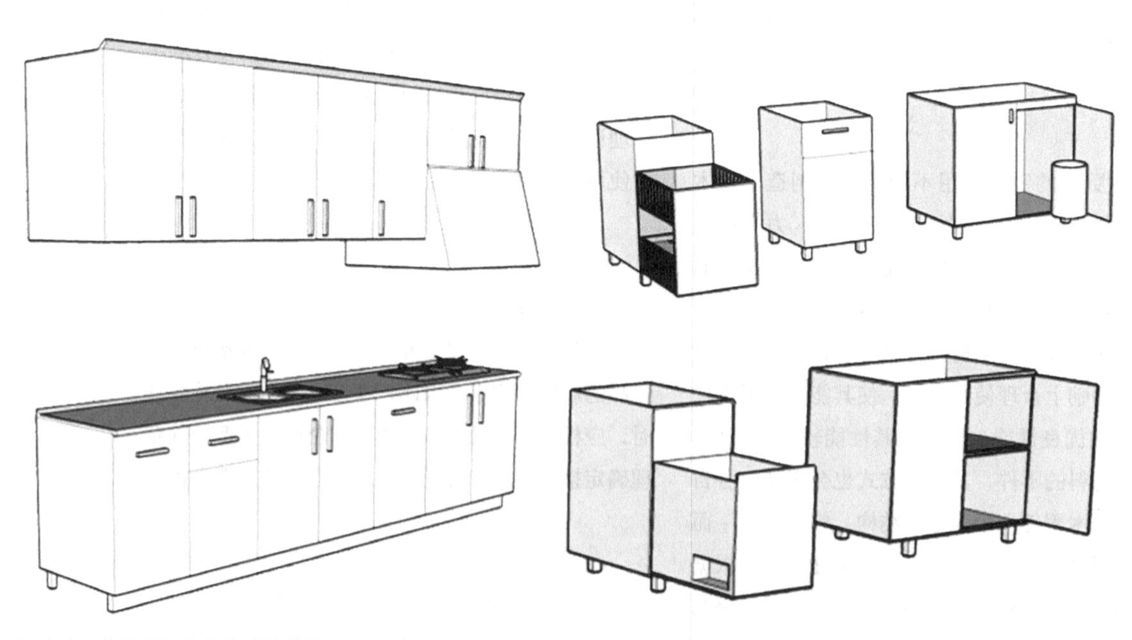

图 4—1．整体厨柜分体构成的结构形式

(4) 生产设备

不同的厨柜生产企业，其生产设备会有较大差异，所以需要根据企业具体设备状况来调整产品结构，做到最大限度地利用现有设备，实现高效、低耗。

4.3 整体厨柜的柜体结构

柜体包括地柜及吊柜、中高柜，它们都由一个个单元柜体构成，主要用于储物及安装相关厨房设施。

4.3.1 柜体基本结构

柜体形状一般为矩形分格形式，考虑到便于人造板套裁，每个单元柜宽度最好不大于 800mm。常见的单元柜体结构如图 4-2。

柜体背板装配大多采用旁板开槽、插入背板再由木螺钉固定的结构形式。

柜体内水平层板一般直接用各种层板托支撑，其结构形式如图 4-3 所示。

地柜一般直接摆放在厨房地面上，而地面并非绝对平整，且整块台面是最后才装上去的，当厨柜布局为“L”形、需现场胶接台面时，对拼缝要求很高，所以地柜下部由可调高度的调整脚支

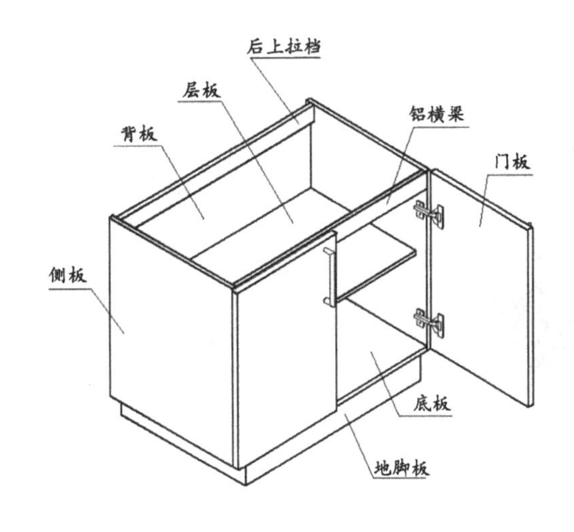

单元地柜结构

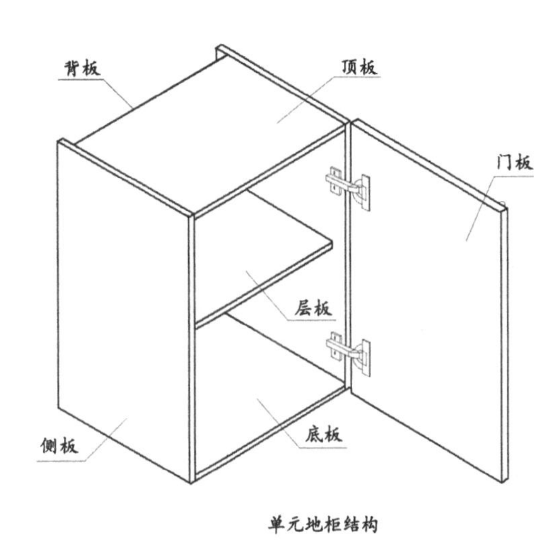

单元地柜结构

图 4–2. 单元柜体结构形式

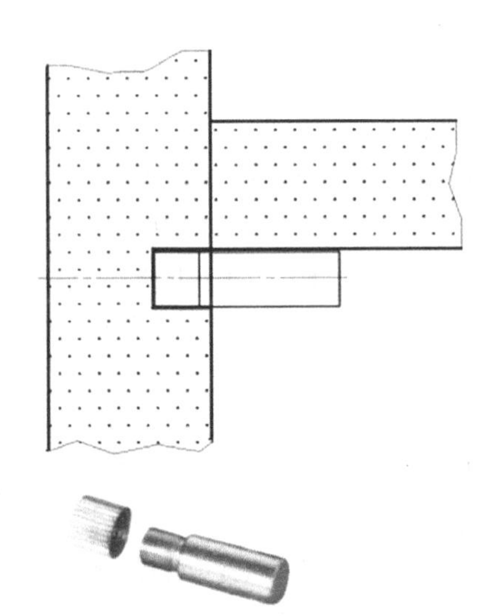

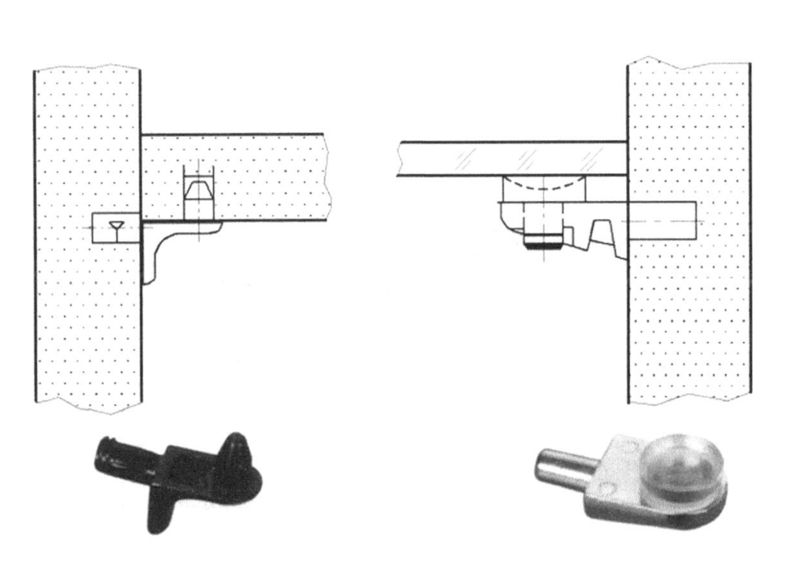

图 4–3. 层板支撑结构

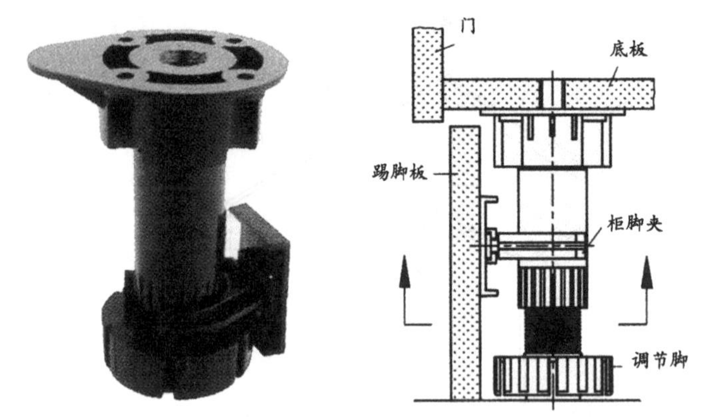

图 4-4. 调整脚形式及安装结构

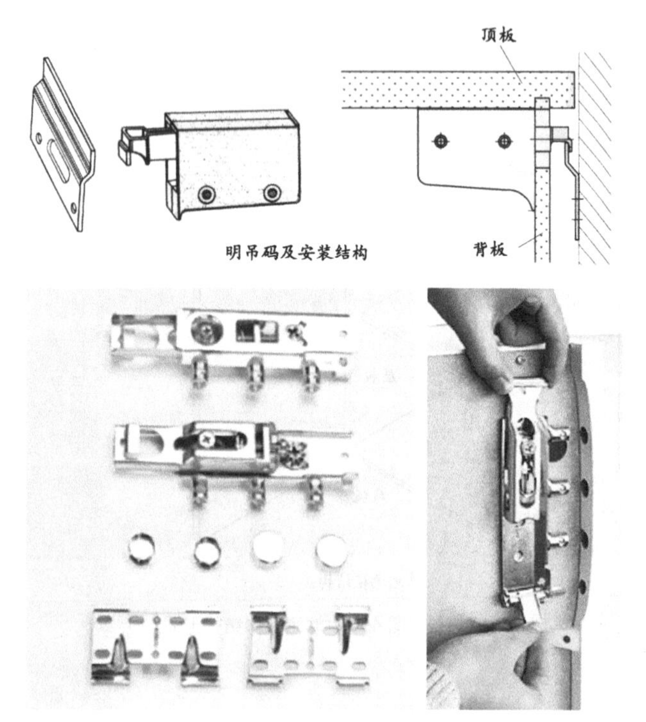

图 4-5. 吊挂件及安装结构

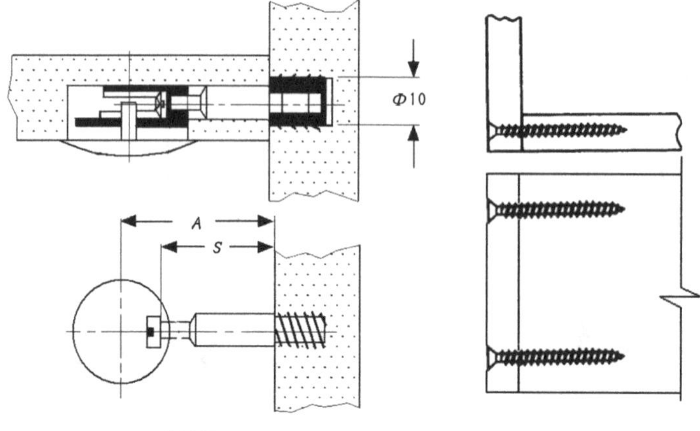

图 4-6. 偏心件接合

图 4-7. 木螺钉接合

撑，以便于调整柜体上表面水平。调整脚有多种形式，如图 4-4 就为一种形式的调整脚，它通过转动调节螺丝可实现地柜某点升降调节，从而将整个地柜调整水平。地柜的踢脚板（底封板）系整张结构，用于遮挡调整脚。考虑到便于清扫柜体底部，踢脚板应可以快速拆装，一般用弹性夹（柜脚夹）将踢脚板夹持在调整脚上。弹性夹由木螺钉固定于踢脚板背面，并将踢脚板卡装在调整脚上，需要清扫时，用力往外拉踢脚板，即可实现踢脚板快速拆装。

吊柜需用吊挂件安装于墙体上，吊挂件由固定于墙面的挂板和带有挂钩的吊码两部分组成，吊码有明吊码和暗吊码两种（图 4-5）。挂板由膨胀螺钉（或水泥钉）固定在墙面上。明吊码则由木螺钉固定于吊柜旁板内侧，通过其内部的调节螺钉可调整挂钩伸出量，以保证吊柜安装横平竖直。暗吊码装于吊柜后面，通过吊码销固定在旁板上，所以采用暗吊码的吊柜，背板应适当前移安装，以保证暗吊码有足够的安装空间。

4.3.2 柜体接合方式

单元柜体其他板件接合方式与板式家具基本相同，一般为连接件接合，目前较为常见的有偏心件接合和木螺钉接合。

（1）偏心件接合

偏心件（俗称三合一）接合如图 4-6。它是板式家具常用的接合方式，常用于木质板件的直角接合，具有外形美观、结构稳定、可反复拆装、结合强度满足要求等特点，但其装配孔加工较复杂、精度要求高，需要专门设备（排钻）。此种接合方式适合一些大型厨柜企业，它有利于大批量生产、贮存、运输和安装。

偏心件由偏心轮、连接杆、倒刺螺母三部分组成。偏心轮的直径有 25、15、12、10 四种。连接杆直径有 6 、 7 两种，长度有多种规格。一般直径为 25、15、12 的偏心件用于侧板与顶、底板连接，Φ10 偏心件用于小抽屉各板件之间的连接。

偏心件接合的结构孔位设计需做精确的计算，常见偏心件孔位设计计算方法如表 4-1 所示。

（2）木螺钉接合

木螺钉接合是采用刨花板（或中纤板）专用螺钉来进行连接的（图 4-7）。这种方式由于钉头外露影响美观、生产效率较低，在普通板式家具生产中

表 4-1. 偏心件接合设计计算

偏心轮直径	装配结构示意图	计算方法
¢ 25mm		$A = S + 9\text{mm}$
¢ 15mm		$A = S + 4\text{mm}$
¢ 15mm（球面偏心件）		$A = S$
¢ 12mm		$A = S + 3.5\text{mm}$
¢ 10mm		$A = S + 2.5\text{mm}$

注：不同企业生产的偏心件安装尺寸可能有所不同，使用时请参照厂家说明书。

并不多见。但在厨柜制造中它有独特的应用优势，一是其接合强度好于偏心件；二是柜体内部看不到安装孔，柜内密封性好，可阻止水气侵蚀柜体和游离甲醛的排放；三是其加工精度要求不高，也不需要专门设备；四是厨柜大多为嵌入式安装（三面靠墙），钉头被墙体完全遮盖，并不影响美观。所以柜体采用木螺钉接合对于一些产品批量不大的小型厨柜企业或现场制作厨柜的小型装饰公司较为合适。

4.3.3 抽屉结构

抽屉是厨柜的一个重要部件，普通抽屉结构如图 4-8 所示。

它由面板、侧板、后挡板及底板等板件组成，面板材料大都与门板材料一致，各板件接合则采用圆榫及偏心连接件。底板一般采用在侧板及屉面板、

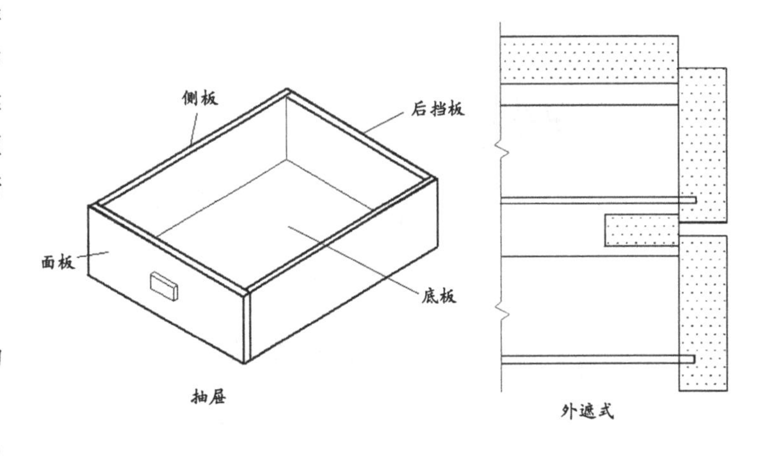

图 4-8. 普通抽屉结构　　图 4-9. 厨柜抽屉安装形式

屉后挡板上开槽，将底板插入其中的接合形式，也有将底板直接钉接在屉框上的。厨柜抽屉安装形式大都为外遮式（图 4-9）。外遮式是指抽屉关闭后，屉面板位于柜体之外，这种形式有较好的装饰性和较强的立体感，制造精度要求也较低。

由于抽屉是附属于柜体且在柜体上滑动开合的，所以除了抽屉自身的结构之外，还应考虑柜体与抽屉的连接。目前常见的是采用各种专门的抽屉导轨连接，按导轨位置不同有托底式和悬挂式两种（图 4-10）。托底式导轨安装于抽屉底部，抽屉可完全打开，且安装和加工难度较小，所以在厨柜中应用较广。

奥地利百隆（Blum）家具配件有限公司生产的多种带不锈钢旁板及导轨的抽屉专用配件和木抽导轨在高档厨柜中有大量的应用，其结构形式如图 4-11。钢旁板抽屉配件加工时只需将屉面板、屉底板、屉后板安装在配件的相应位置即可，而木抽导轨可用于厨柜或衣柜的各种木制抽屉。

百隆公司还生产了一种用于角柜的带钢旁板及导轨的抽屉专用配件，其结构如图 4-12 所示。

使用这种角抽，需将屉背板、屉底板、屉面板按设计尺寸加工后，再与角抽配件安装连接。

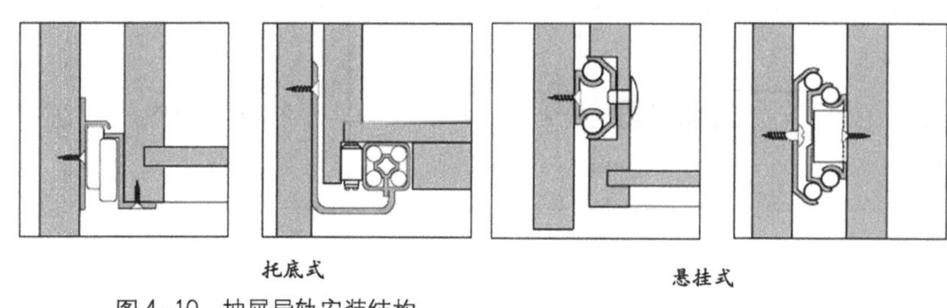

图 4-10．抽屉导轨安装结构

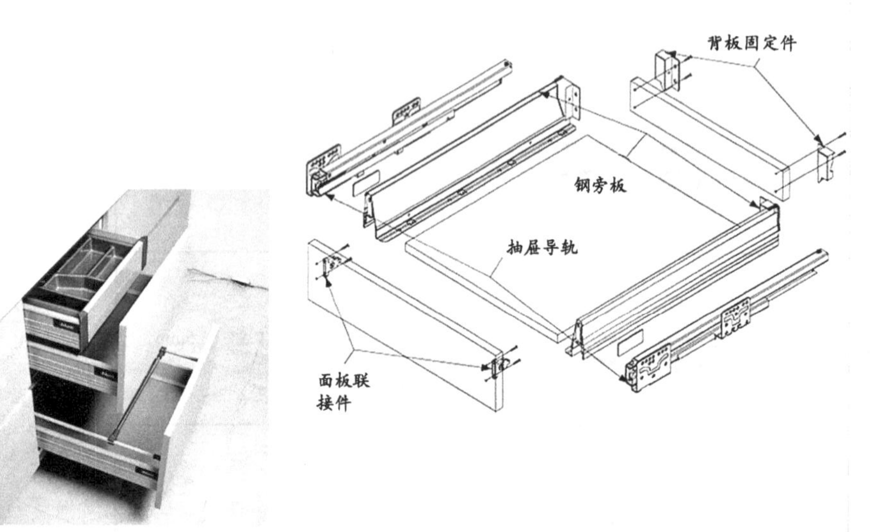

图 4-11．钢旁板抽屉结构及木抽导轨结构

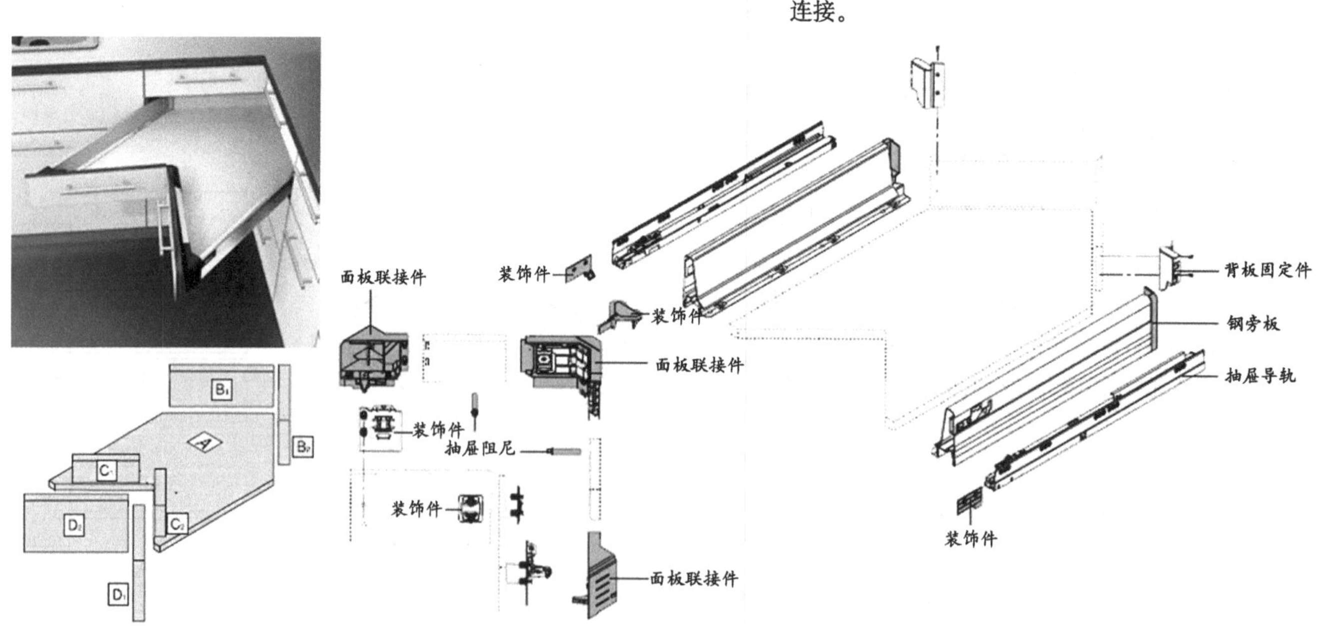

图 4-12．钢旁板式角抽结构

使用专门导轨的各种抽屉，零部件尺寸及安装尺寸大都需精确设计和计算，其设计计算方法如表 4-2 所示。

4.3.4 功能配件柜结构

整体厨柜中还大量使用了一些厨房专用的功能性配件，如拉篮、米箱、垃圾桶等，都需设置独立的单元柜来安放。这些单元柜做结构设计时需根据配件形式、具体尺寸、装配方式来进行（表 4-3）。如拉篮柜需考虑导轨安装位置及尺寸，“L”型、“U”型厨柜的转角单元柜体需考虑转角架的安装等。

表 4–2 抽屉安装结构设计计算方法

导轨形式	结构参数示意图	设计计算方法
托底式	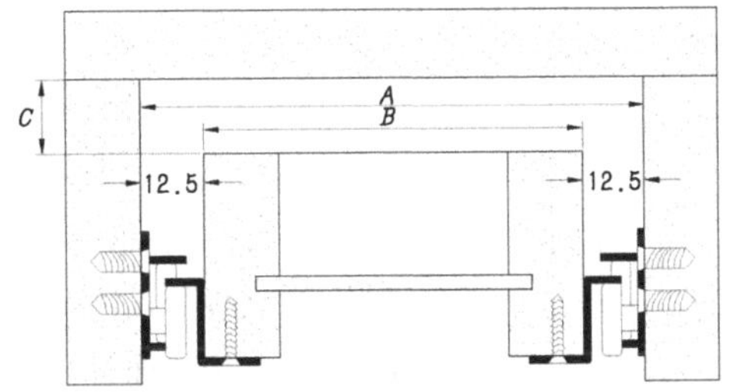	A：柜体内空宽度 B：抽屉设计宽度 C：抽屉上沿与柜顶板间垂直距离 抽屉设计： $B = A - 25$mm $C \geq 16$mm
悬挂式	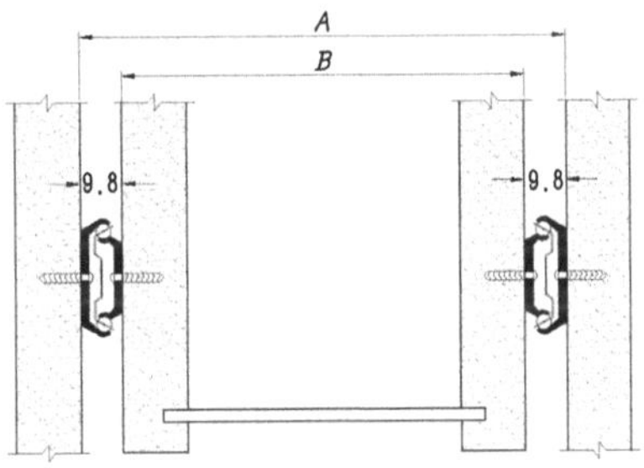	A：柜体内空宽度 B：抽屉设计宽度 抽屉设计： $B = A - 20$mm
钢旁板式	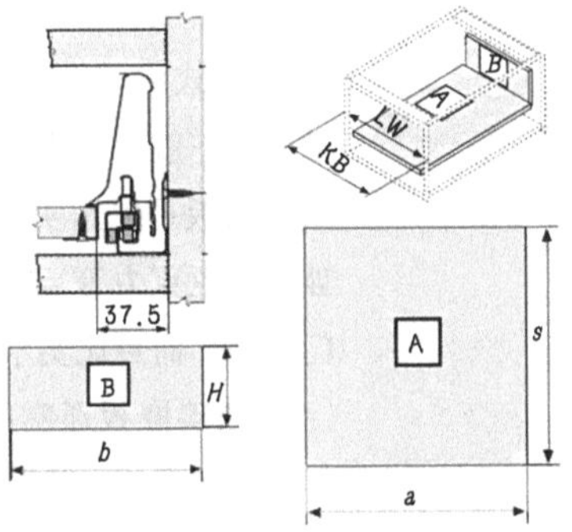	L_W：柜体内空净宽 A：抽屉底板 底板宽度：$a = L_W - 75$mm 底板长度：$s = L - 22$mm L：抽屉导轨长度 B：抽屉后背板 后背板宽度：$b = L_W - 87$mm 后背板高度 $H = 84$mm
钢旁板式角抽	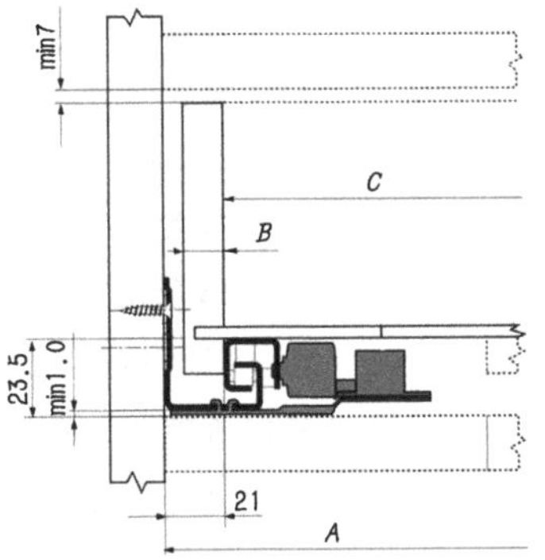	A：柜体内空净宽 B：抽屉旁板厚度 C：抽屉内空设计宽度 抽屉设计： $C = A - 42$mm $B = 11 \sim 16$mm

表 4–3. 功能性配件柜单元柜体设计尺寸

名称	单元柜体尺寸（mm）		
	宽度	净空高度	净空深度
多层拉篮柜	150、200、250、300、350、400	≥ 600	≥ 535
单层拉篮柜	550、600、650、700、750、800	≥ 300	≥ 460
高深拉篮柜	300、400	1800 ~ 2200	≥ 500
米箱柜	200、250、300	≥ 600	≥ 450

4.4 整体厨柜的门板结构

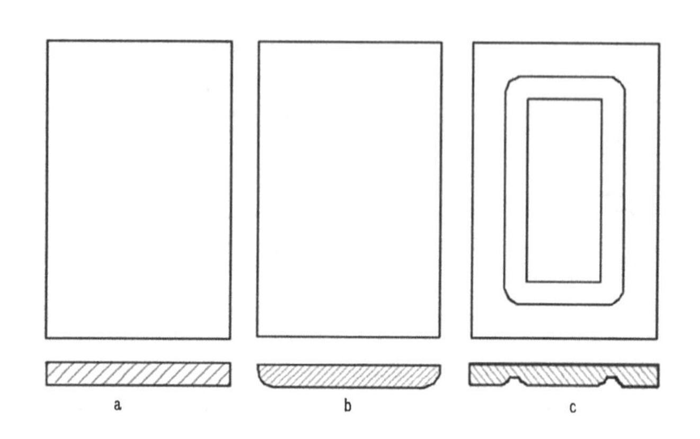

图 4–13. 常见的厨柜实芯门板结构

整体厨柜门板按自身的构造分类有：板式门、框式嵌板门、百叶门、卷帘门以及不规则的异形门。

板式门一般以中密度纤维板、刨花板、细木工板、胶合板等人造板为基材，表面贴饰面材料或涂饰并经封边处理加工而成的实芯门。此类门板结构简单，表面形状有平面和铣型两种，其表面装饰方法和基材选择也不同。以刨花板、细木工板、胶合板为基材的实芯门，表面不适合铣型，只能是平面。防火板门板、水晶板门板、三聚氰胺饰面板门板及 UV 漆门板，基材不能铣型只能是平面（图 4-13a），但防火板门板和水晶板门板两边可以铣边型采用热弯工艺包边（图 4-13b）。吸塑门板和烤漆门板可以是平面也可以铣型（图 4-13c），但基材只能是中密度纤维板。

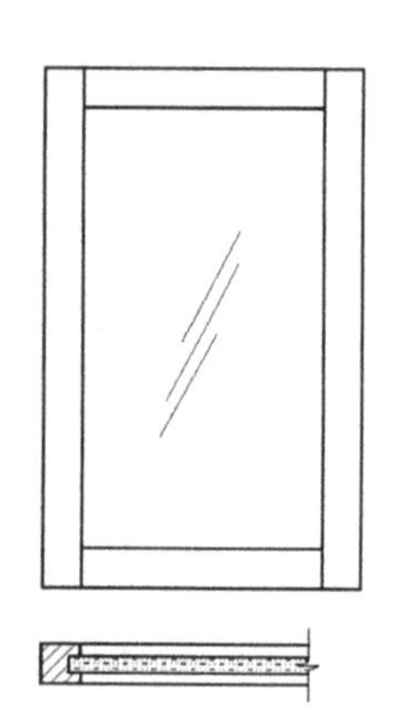

图 4–14. 玻璃嵌板框式门

框式嵌板门是指由框架加嵌板构成的门板。框式门一般用实木方或人造板条、金属型材做成框架，嵌板可以用实木拼板，也可以用薄型人造板、玻璃、亚克力等，都能获得与实木嵌板一样的框式门造型，而且比实木嵌板具有更稳定的形状。

玻璃嵌板通常配金属框架或木框架，其构造如图 4-14 所示。吊柜选用玻璃门时，平面型门板（三聚氰胺板、防火板、UV 板等）一般配用铝框玻璃门；造型门板（吸塑、烤漆、实木等）一般配用镂空花格玻璃门，做镂空花格门一般用清玻和艺术玻璃，这要特别注意柜体板颜色的匹配，柜内层板高度与门格子高度需对应。铝框玻璃门的结构形式如图 4-15 所示。

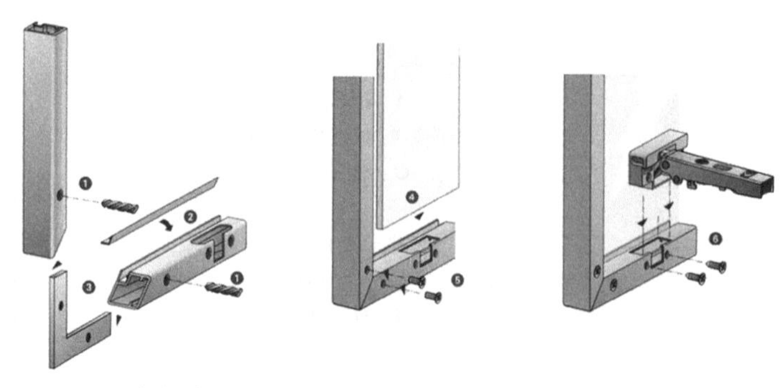

图 4–15. 铝框玻璃门的结构形式

实木嵌板门的框架一般用实木方采用榫连接，板的拼接方式可用平拼、斜拼、企口拼等方式，当然也可用贴面中纤板，其要求跟其它实木类家具相同。这种门板主要用于实木类厨柜，结构形式如图

4-16 所示。

异形门是指非平面或矩形的门，如曲面的或部分凸突的门，以及平面形状变异的门。如一些拐角柜可做成圆弧门（图 4-17），烤漆门板就可根据客户要求加工不同圆弧半径的弧形门，可以是内弧也可以是外弧，这是其他门板材料无法实现的。

异形门还有百叶门和卷帘门。制作百叶门的百叶片材料有防火板、水晶板、铝合金三种（图 4-18）。卷帘门则有木制卷帘门、塑料卷帘门、金属卷帘门、亚克力卷帘门（图 4-19）。

整体厨柜门板与柜体的连接结构及开闭方式有：平开门、翻门、折叠门、大巴门、拉门、卷门、趟门（移门）、隐藏门等形式。按照门板与柜体位置关系的不同，整体厨柜门板可分为外盖门和内藏门两种形式。外盖门门板位于柜体前侧，关闭时能完全覆盖住柜身，整体装饰性比较好，平开门、翻门、折叠门、大巴门、拉门等结构形式属于外盖门。内藏门门板位于柜体内部，由柜体顶底板及侧板包围，开启时能藏到柜身里面，不占用柜前空间，在狭小的厨房内是一种节省空间的好方法，卷门、趟门、隐藏门等结构形式属于内藏门。这其中，平开门是最常见的形式。出于功能需要，厨柜也常在吊柜上设置上翻门，下翻门使用频率极小。对于一些台上柜为避免凌乱则可使用卷门进行遮蔽，开启时也不占用空间。趟门和折叠门使用较少，大巴门主要用于中高柜，拉门则常配合拉篮与米箱使用。整体厨柜门板开启方式的选择不但对柜内空间有很大的影响，而且对厨柜外部空间是否造成阻碍也有很大的影响。

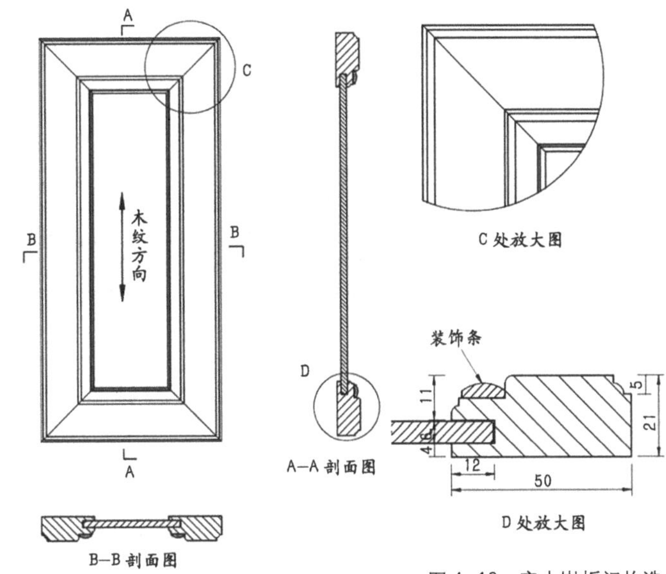

图 4—16. 实木嵌板门构造

图 4—17. 圆弧门

4.4.1 平开门结构

沿着垂直轴线开闭的门称为平开门，又称转动门。平开门在厨柜上的应用最多，利用转动的原理开闭。这是整体厨柜最常见的门板连接形式。

(1) 平开门的连接方式

平开门一般用杯状暗铰链来连接。杯状暗铰链具有安装快速方便、便于拆装和调整、隐蔽性好等优点。按门板与侧板边部的位置关系，平开门又有全盖门、半盖门和内嵌门三种结构形式。全盖门基本上盖住了侧板；半盖门则盖过

图 4—18. 百叶门

图 4—19. 卷帘门

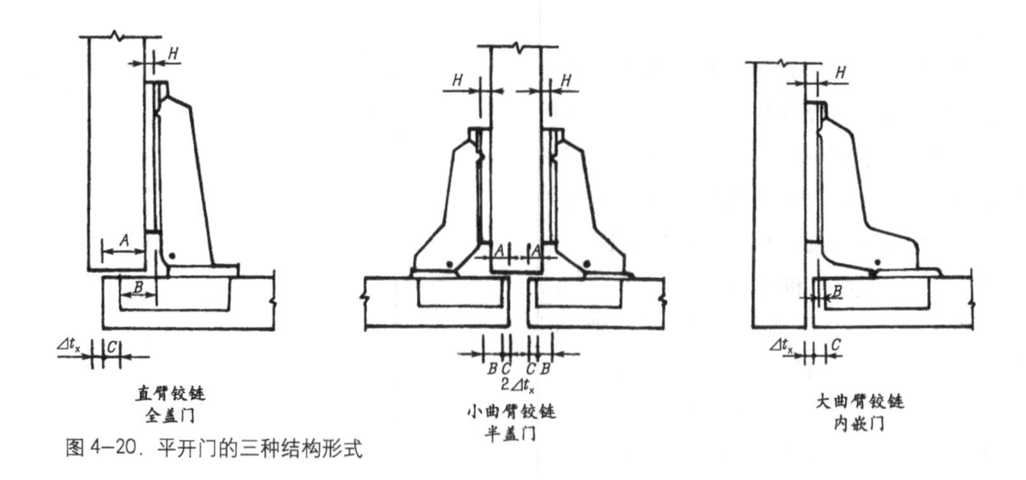

图 4-20. 平开门的三种结构形式

了侧板的一半，特别适用于中间有隔板，需要安装三扇门以上的柜子；内嵌门则装在两侧板之内。三种结构形式分别使用直臂、小曲臂、大曲臂的铰链，如图 4-20 所示。

由于整体厨柜的装饰效果主要由台面及门板来决定，同时又是分体构成的结构形式，柜体与门板常使用不同的材质，所以平开门应采用全盖门或半盖门，而不用嵌门形式，这样可使各种漂亮的门板完全遮盖柜体。

杯状暗铰链由于其性能优良，在整体厨柜上有广泛的应用，但其对加工精度，参数选择、尺寸选择等要求较高，铰链孔位设计也需根据铰链生产厂家给定的相关参数来进行精确计算。

图中各参数取值如下：

A：表示门与侧板之间的相对安装位置，即当门处于 0° 关闭位置时，自门侧边到侧板内侧面之间的距离，也可以说是门覆盖侧板的距离。在设计铰链安装尺寸时，应使 *A* 的取值服从于家具设计的需要，而不应局限于厂家推荐的某个特定的 *A* 值。即应该是铰链的技术性能满足家具设计的需要，而不是家具设计被铰链产品的相关参数所局限。

B：表示铰臂弯曲程度，以适应不同 *A* 值的设计参数，即当门处于 0° 关闭位置时，自零底面到铰杯外侧面之间的距离即为 *B*。一般分为直臂（全盖门用），小曲臂（半盖门用），大曲臂（嵌门用）三种。对应的 B 值分别记作 B_1，B_2，B_3，一般由铰链生产厂家给出。如杯径为 ¢ 3 5 的暗铰链，如果直臂铰链的零底面偏离铰杯中心 4.5mm，则其 *B* 值应为 B_1=35 / 2 − 4.5=13mm。如果同一系列的小曲臂铰链比直臂铰链向前弯曲 9mm，则 B_2=B_1 − 9=4mm。如果同一系列的大曲臂铰链比直臂铰链向前弯曲 16mm，则 B_3=B_1 − 16= − 3mm。

C：表示铰杯孔到门侧边的距离，即铰链的靠边距。对于不同的暗铰链产品，*C* 值有不同的取值范围。*C* 值从理论上说最小可取为零，但实际使用时，考虑到木质门材料边部的强度，一般应使 *C* 值不得小于 3mm，*C* 的最大值取值由于受转动间隙 Δt_x 的限制，以合理为度，常用的取值范围为 3~6mm。有时也要根据侧板厚度调整。

H：自零底面到侧板内侧面之间的距离，它实际上是底座垫片的厚度。*H* 值过大时会影响安装强度和稳定性，一般不大于 12mm。*H* 值可由厂家提供，也可自己加垫片得到。

Δt_x：门在 X 轴方向上所需的最小转动间隙，根据不同的门板厚度和 *C* 值的不同，其值也不相同，当门边为圆角时，最小转动间隙相应减少。一般由厂家给出最小值，可从每种不同的铰链对应表中查找，所取值应大于最小值。

（2）杯状暗铰链的设计计算

通常情况下选定某种型号的杯状暗铰链，根据门板与侧板的位置关系可以确定 *B* 值。杯状暗铰链最终的安装设计主要是与 *A*、*C*、*H* 这三个参数的取值相关。铰链生产厂家会根据不同的门厚和不同的 *C* 值，提供相应的最小转动间隙 Δt_x 值，表 4-4 为某企业生产的系列铰链 *C* 值与 Δt_x 关系表。

对于经常面对各种门的结构设计问题的厨柜设计人员来说，当材料（如门板和侧板的厚度规格）和铰链等配件的选择相对固定时，可以根据铰链产品说明书提供的 *A-C-H* 表，更简捷可靠地完成杯状暗铰链的安装设计，而不用对每扇（或每批）门

表 4-4．某企业系列铰链的 C 值与 $\triangle t_x$ 关系表（单位 mm）

参数 C	门的厚度									
	16	17	18	19	20	21	22	23	24	25
	门的最小转动间隙 $\triangle t_x$									
3	0.6	0.8	1.1	1.5	1.9	2.4	3.1	4.0	4.8	5.8
4	0.5	0.7	1.0	1.4	1.8	2.3	2.8	3.5	4.3	5.3
4.5	0.5	0.7	1.0	1.4	1.8	2.3	2.8	3.5	4.2	5.1
5	0.5	0.7	1.0	1.4	1.8	2.3	2.8	3.5	4.1	4.8
6	0.5	0.7	1.0	1.4	1.7	2.3	2.7	3.3	3.8	4.4

表 4-5．直臂铰链 A 值、C 值、H 值关系表（单位 mm）

参数 C	门覆盖距离 A 值									
	10	11	12	13	14	15	16	17	18	19
	铰链底坐高度 H 值									
3.0	6.0	5.0	4.0	3.0	2.0	1.0	0.0			
4.0	7.0	6.0	5.0	4.0	3.0	2.0	1.0	0.0		
4.5	7.5	6.5	5.5	4.5	3.5	2.5	1.5	0.5		
5.0	8.0	7.0	6.0	5.0	4.0	3.0	2.0	1.0	0.0	
6.0	9.0	8.0	7.0	6.0	5.0	4.0	3.0	2.0	1.0	0.0

其中：A 值的调节值为：−4mm，+0.5mm

的安装都去做一个完整的设计。这样，用户对于每一个规范化的 A 的取值，都将有一个在允许范围内的 C 值和一个有效的 H 值与之相匹配。表 4-5 直臂铰链 A 值、C 值、H 值关系表。

在实际设计过程中，还可以按照门板的厚度、门板与侧板的位置关系确定 A 值，进而得出最小间隙 $\varDelta t_x$，由此根据柜体外形设计要求计算出门板的宽度。同时可以按选定的铰链型号所获得相应的 B 值、H 值，再根据确定的最小间隙 $\varDelta t_x$ 值、所选的柜体侧板的厚度值，换算得出 C 值，最后根据 C 值来确定门板上所钻铰杯孔（大小为¢ 3 5 mm）中心到门板边的距离 X。

即 C= 侧板的厚度 $+H-B-\varDelta t_x$

而铰杯孔中心距门板边的距离 $X=C+¢/2$。

这样就可以确定铰杯孔在门板上的具体位置，以画出板件图来指导生产。

下面通过具体例子说明如何通过计算的方法来确定杯状暗铰链的孔位，完成其设计。

例：如图 4-21 所示地柜，总体宽度为 1610mm，侧板厚度为 16mm，门板厚度为 18mm，采用杯径为¢ 35 的杯状暗铰链，要求 4 张门大小一致，从柜正面应基本看不到侧板端面。请设计门宽以及铰杯孔位。

计算：考虑到要求基本不露侧板端面，两边的门应装全盖门暗铰，中间两个门应装半盖门暗铰，按照门的结合方式取最小间隙 $\varDelta t_x$=1mm（要求是 ≥0.6mm），考虑到加工误差，两双开门之间的间隙取 e=1mm.

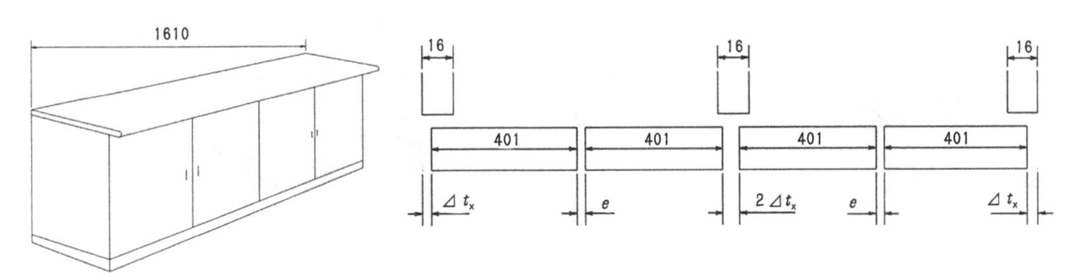

图 4-21．厨柜地柜

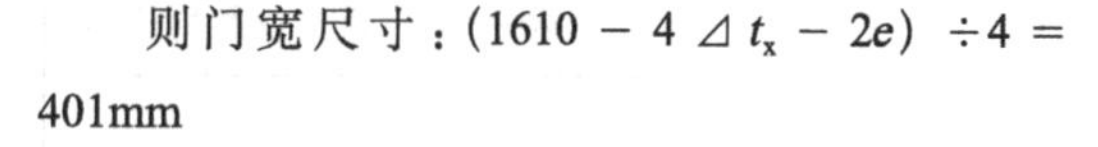

则门宽尺寸：(1610 − 4 $\varDelta t_x$ − 2e) ÷4 = 401mm

铰链厂家提供的参数为，全盖门 B_1 = 13mm，H = 2 mm，半盖门 B_2 = 4 mm，H = 0 mm，门板上所钻安装暗铰链的铰杯孔大小为¢ 35mm。

全盖门：C = 侧板厚度 + H − B_1 − $\varDelta t_x$ = 16 + 2 − 13 − 1 = 4 mm

则全盖门上所钻铰杯孔中心到门板边的距离为：X = ϕ ÷2 + C = 35÷2 + 4 = 21.5 mm

半盖门：C = （侧板厚度 + 2 H − 2B_2 − 2 $\varDelta t_x$）÷2 = （16 + 0-8 − 2）÷2 = 3 mm

半盖门上所钻铰杯孔中心到门板边的距离为：X =¢ ÷2 + C = 35÷2 + 3 = 20.5 mm

则门的基本加工尺寸如图 4-22 所示。

此例主要为了区分全盖门与半盖门铰杯孔位的计算方法，厨柜大多为分体构成的结构形式，很少出现这类两个柜体共用一个侧板的情况，所以大多是按全盖门的要求打孔。

每扇门所需的铰链数取决于门的宽度、门的高度和门的材料质量。图 4-23 列明了不同情况下所需铰链的参考数据，实际操作中根据具体情况而定。

（3）平开门的安装结构

安装门板时，先将铰链安装在铰杯孔里，然后将门板放在相应的安装位置，把门板打开，用螺钉固定铰链。具体安装时，一扇门上铰链的安装顺序原则上是通过从上到下的交叉顺序来完成，最上部的铰链承担门全部的重量。而拆卸过程正好相反，是从下往上进行的。平开门的安装要求门能自由旋转 90° 以上，并且不影响柜内配件的拉出。铰链的安装方式有三种：按入涨紧式、螺丝拧入式、机装压入式（图 4-24）。如果门页存在位置偏差，可通过三维调节，使门板底部与柜子底板相平，调节

Φ35 Φ35 Φ35 Φ35

21.5 401 401 20.5

全盖门 半盖门

图 4-22. 门结构尺寸

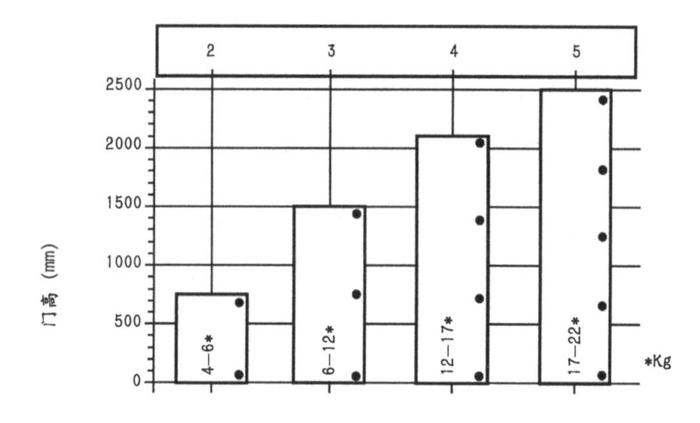

图 4-23. 铰链数量与门高及重量的关系

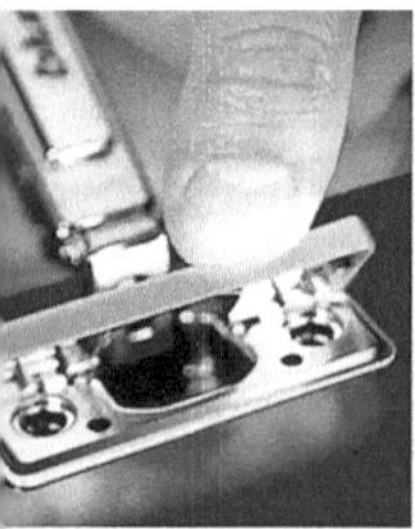

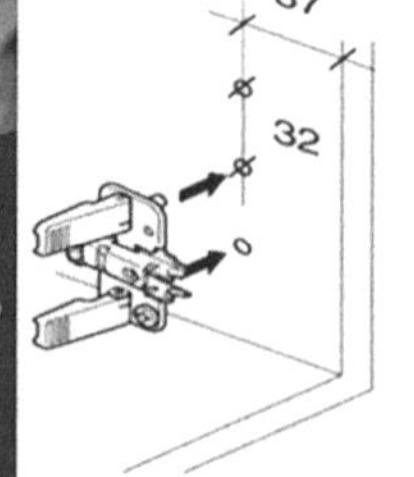

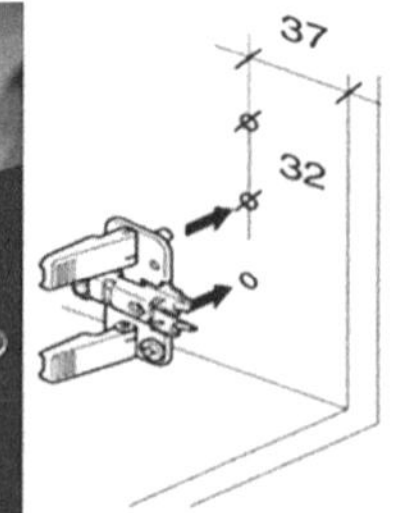

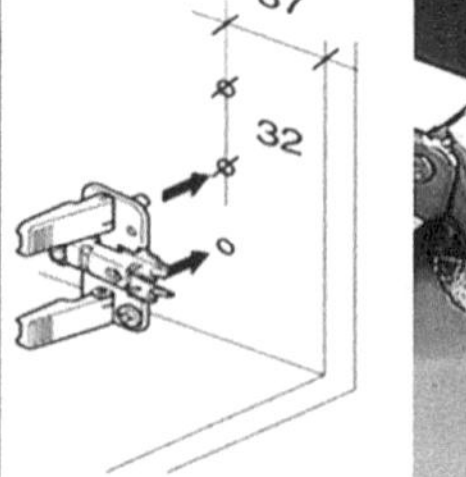

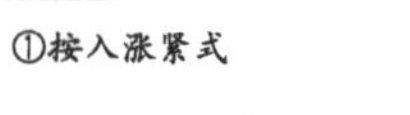

①按入涨紧式 ②螺丝拧入式 ③机装压入式

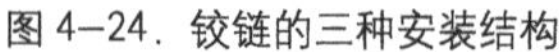

图 4-24. 铰链的三种安装结构

的方法如图 4-25 所示。

以奥地利百隆（Blum）家具配件有限公司生产的免工具快装暗铰链为例：先在侧板及门板上预先钻好相关安装孔，其钻孔位尺寸如图 4-26 所示，*S* 为铰链孔靠边距，取值范围 3 ~ 7mm，厨柜企业常取 5mm。安装时只需将铰链及底座对准预钻孔插入后一拍即可，它不用拧螺钉，也不用上胶就可实现牢固连接，这种铰链在高档厨柜中应用较多，如图 4-27 所示。

为防止关门时门页与柜侧板发生碰撞产生较大噪音，高档厨柜常加装门板阻尼装置，百隆（Blum）公司门板阻尼形式如图 4-28。图 a 的阻尼需在侧板上钻孔安装；图 b 的阻尼则装在门铰链上；而图 c 则为集成阻尼铰链，它将阻尼装置集成在铰链内，这是今后铰链发展的趋势。

（4）平开门结构设计应用

目前使用较多的是铰杯直径为 35mm 的杯状暗铰链。杯状暗铰链按开启角度不同有 45°、90°、135°、175° 等。45° 门铰适用于转角柜双折门；90° 门铰用得相当普遍；135° 门铰用途与 90° 差不多，只是开门的角度大一点；175° 度门铰通常用在圆弧柜门（包括内、外圆弧）和一些铝框玻璃门；窄边铝框门和玻璃门需配各自专用的铰链。

在寸土寸金的厨房，为不浪费转角的空间，常设计转角柜，其门板的连接需采用特殊的铰链，

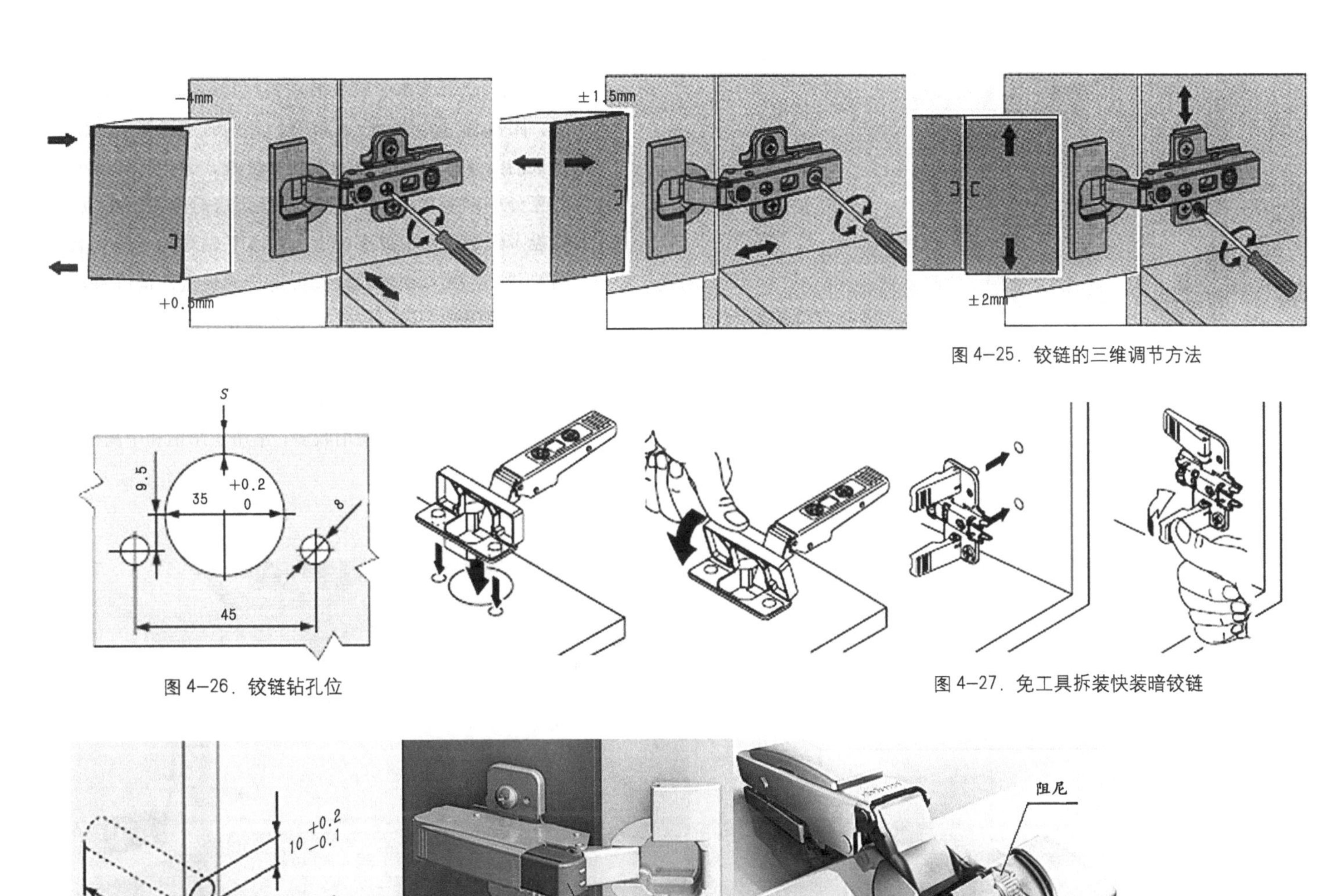

图 4-25. 铰链的三维调节方法

图 4-26. 铰链钻孔位

图 4-27. 免工具拆装快装暗铰链

图 4-28. 各类阻尼

图 4-29. 转角柜门板连接结构

图 4-30. 转角地柜的自动闭合门板

如图 4-29 所示的转角柜使用 45° 门铰将门板与柜身连接。也可配合 360° 转篮设计带自动闭合功能的转角柜门板，如图 4-30 所示，当按照步骤 1 打开，转动到步骤 2，然后继续转动，转角柜就会达到步骤 3 的关闭状态，能把角落的死区用活。

整体厨柜的设计以实用功能为第一位，要最大限度的为实际烹饪操作提供便利，因此在平开门设计过程中，烟机左右的吊柜尽量采用左边向左开启、右边向右开启的对开形式（图 4-31），这样一方面可以在门打开时以最佳的视线取放物品，同时也避免忙乱中忘记关门而碰头。如果灶台和水池在一条直线上，则建议吊柜门选用 175° 铰链，这样门板打开幅度较大，人左右移动时不至于碰头。

4.4.2 翻门结构

翻门是绕着水平轴线转动实现开合的门，又称摇门。闭合时门页处于垂直状态，开启时则通过转动使垂直的门页转到水平位置或其他位置，翻门打开时可以充分展示柜内空间。翻门的转动结构与开门相似，门板多固定在顶板或底板上，沿水平轴线向下或向上翻转开启，其与柜体的连接可用普通铰链，也可用专用的翻门铰链。翻门按其安装位置和开闭方向的不同可分为上翻门和下翻门，上翻门从下向上方翻转开启；下翻门从上端向下转动开启，一般可开到水平位置。

上翻门在厨柜中使用较多，常用于吊柜和中高柜。

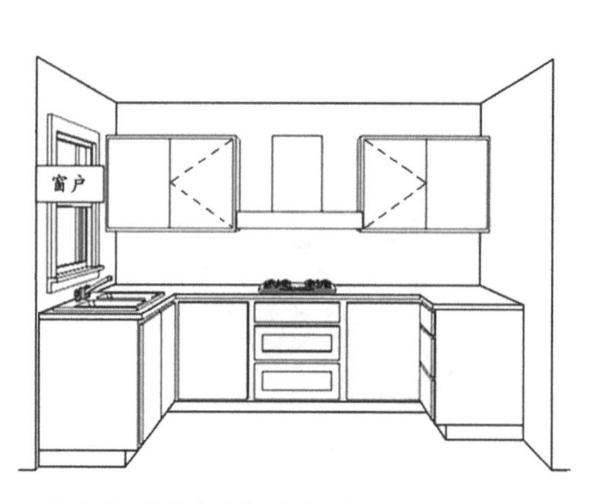

图 4-31. 烟机左右的吊柜门对开

由于整体厨柜自身的功能特点决定了地柜很少用上翻门，而吊柜基本不用下翻门。下翻门使用频率较低，偶尔出现在装有洗碗机的地柜上或中高柜中部。

翻门的连接结构主要有两种：一种是利用专门的翻门装置实现翻转，其门页可翻开并停留在任意位置，所以这种装置俗称随意停；另一种是利用铰链与气动撑杆配合实现翻转，这种结构的翻门，其门打开的角度为一定值，门页在其他角度位置无法固定。

为了确保翻门打开时具备一定的承受载荷的能力，通常需要安装定位装置。如上翻门需要用机械或气压、液压撑杆保持门打开后的高度(图 4-32)。而下翻门，为防止其突然向下开启，可安装翻板吊撑、液压支撑或气动阻尼等配件使翻门慢慢的开启到水平位置（图 4-33)。

根据门页翻动轨迹的不同，厨柜翻门有普通上翻门、上翻平移门、上翻斜移门、上翻折叠门、上翻隐藏门和下翻门等，有各自适用的五金配件，其安装方法也有所不同。考虑到铰链及定位装置的承重能力，上翻门的门扇宽度一般不超过 900mm。

（1）普通上翻门

①随意停上翻门的结构

以百隆 AVENTOS HK 随意停上翻门为例，可直接向上翻起单块面板，它特别适用于面板高度较小的吊柜、高柜和冰箱上方的柜体，同时也适用于宽柜体设计和有顶线或饰板的吊柜。该上翻门可轻柔地上翻到柜体顶部，无极悬停的特点使面板可悬停在任意一个位置，存储空间一览无余；借助其阻尼系统还可实现轻柔关闭（图 4-34)。全套组件可实现方便快捷的安装、调节，与柜体的连接无需使用铰链（图 4-35)。

具体装配结构为：先将翻门机械装置固定于

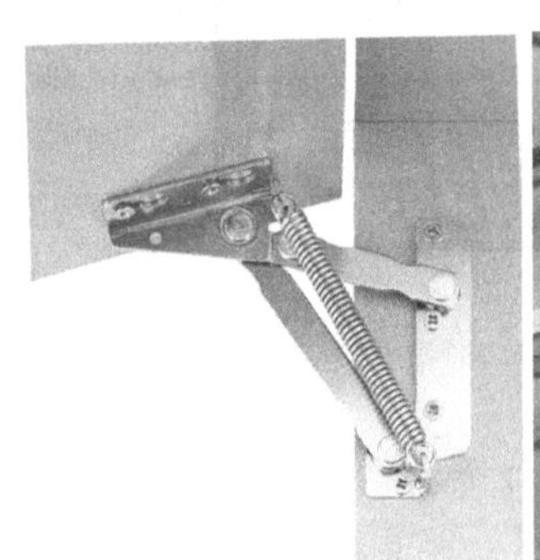

图 4—32. 上翻支撑

图 4—33. 下翻拉撑

图 4—34. 随意停上翻门

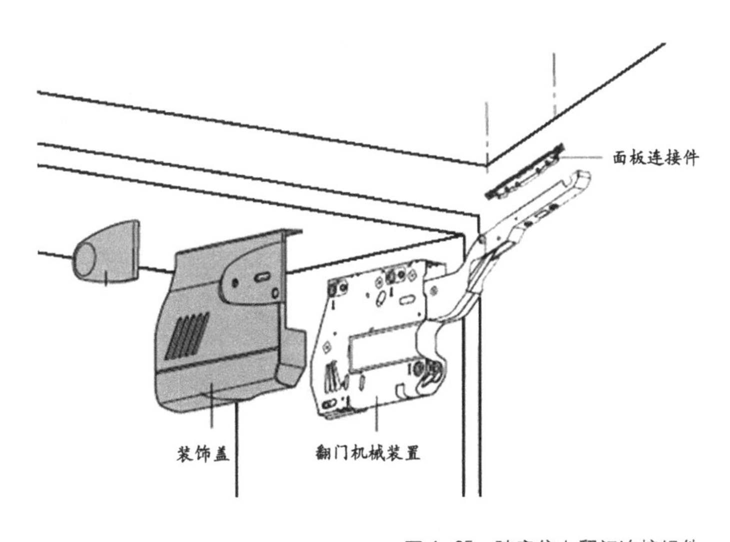

图 4—35. 随意停上翻门连接组件

柜体旁板上，其定位尺寸如图 4-36，然后将面板连接件固定到面板上去，面板钻孔尺寸如图 4-37 所示。其装配结构如图 4-38 所示。

该随意停上翻门适合柜体宽度最大 1800mm。柜体高度最小 240mm，高度最大尺寸取决于力矩，从人体工学角度考虑最高为 600mm。厨柜顶线的突出距离取决于面板厚度，最大突出距离可以达到 70mm，如图 4-39 所示。柜体上方所需空间 *Y* 也与面板厚度、高度有关，并且门板开启角度不同计算方法也不同，如图 4-40。安装好后需要根据面板进行机械装置的力度调节，并可对面板进行三维调节，如图 4-41 所示。

②气压支撑上翻门的安装

气压支撑上翻门需要配合铰链实现门板与柜

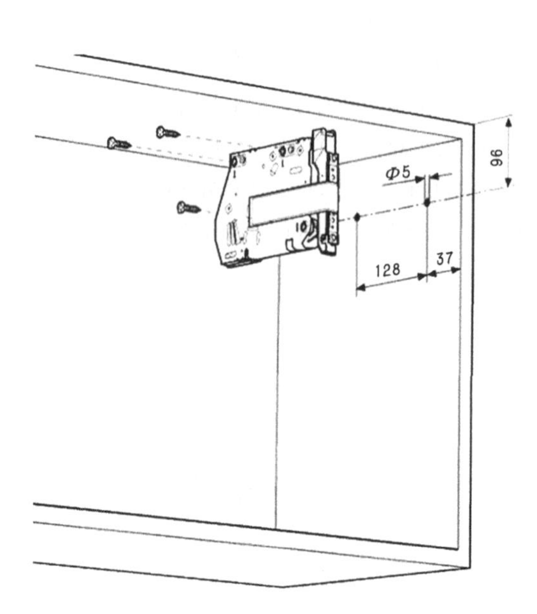

图 4-36. 机械装置旁板安装定位

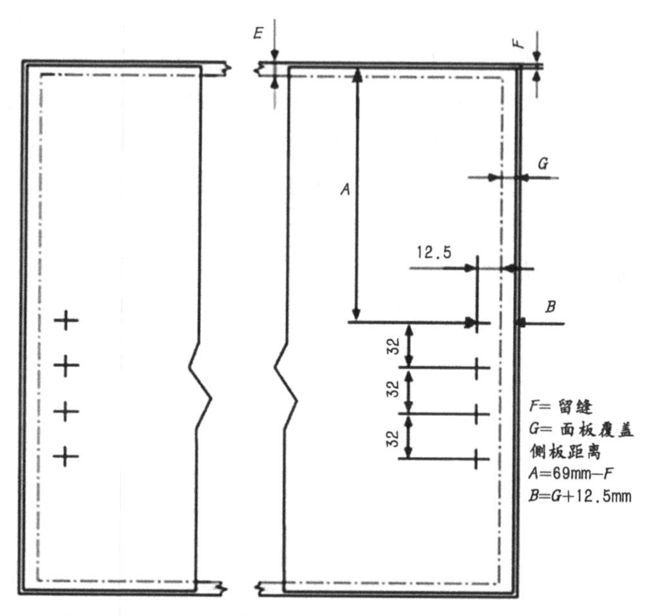

图 4-37. 面板连接件钻孔定位

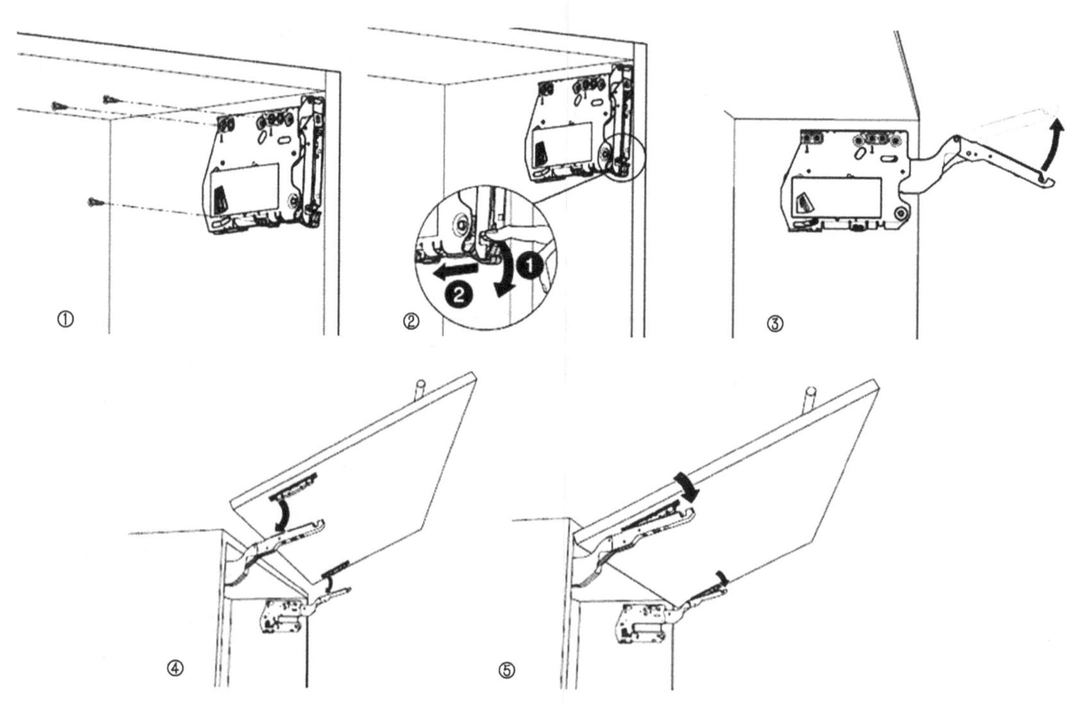

图 4-38. 随意停上翻门的装配结构

体的连接和开启，它适用于木质门和部分铝框玻璃门（图 4-42）。单上翻门装气压支撑时柜内不可以装层板；柜体高度超过 700mm 要做双上翻门，一般为上门配随意停气压撑，下门配普通气压撑，以方便伸手操作。其安装步骤为：首先在柜体侧板和门板上定位，如图 4-43 所示。先固定气压支撑一端在侧板上，再固定气压支撑另一端在门板上。安装好后，通过调试门铰来把门板调正。如果为双层上翻门吊柜，下层门板气压撑的安装定位方法同上，但因该门板用的是半盖门铰，故原定位尺寸会发生变化。

③重型吊撑上翻门的安装

重型吊撑能够根据门板的重量自行调节撑杆的力度，由于采用液压技术，整个门板的开启过

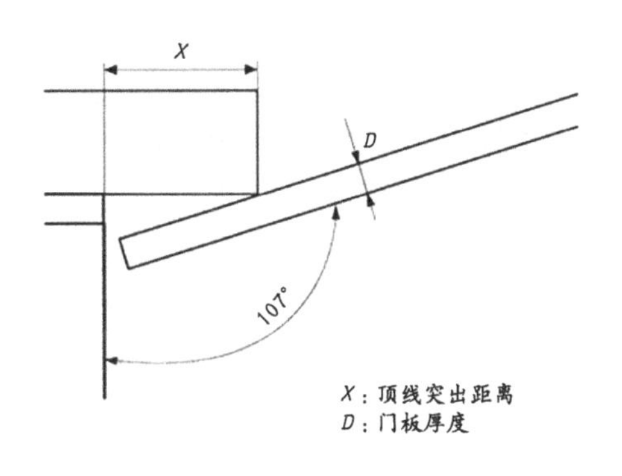

D mm	16	19	22	26
X mm	70	59	49	35

图 4-39．顶线突出距离

F_H 为面板高度

D 为面板厚度

75°：$Y_{max}=F_H\times0.26+28-D$

100°：$Y_{max}=F_H\times0.17-30+D$

107°：$Y_{max}=F_H\times0.29-32+D$

图 4-40．柜体上方所需空间

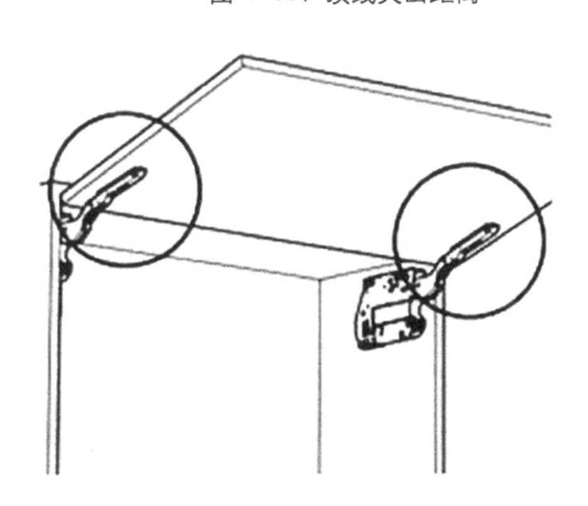

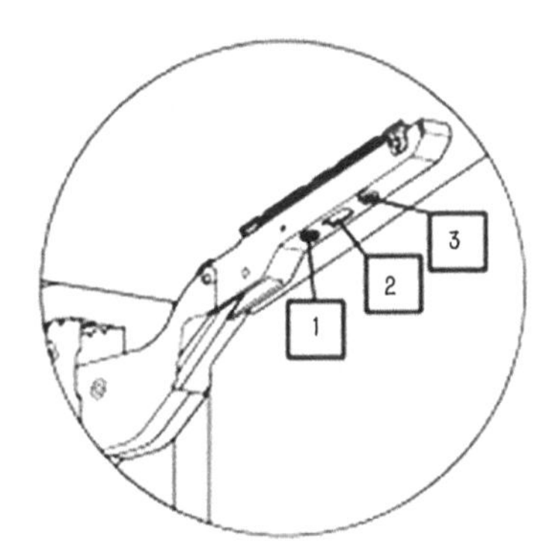

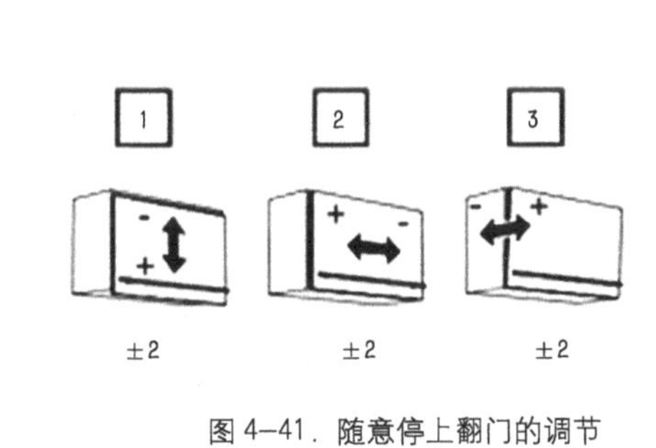

图 4-41．随意停上翻门的调节

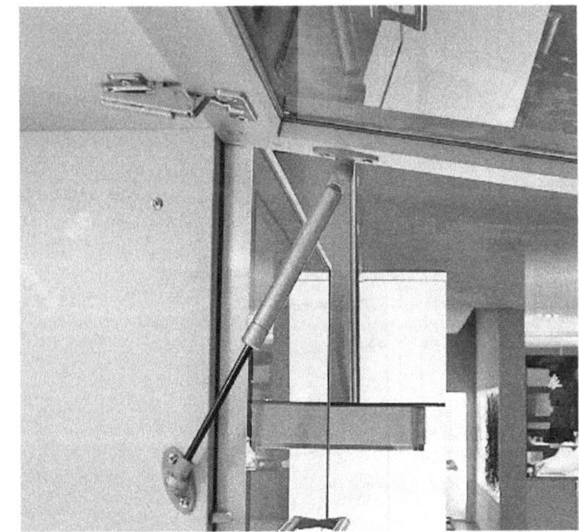

图 4-42．气压支撑上翻门

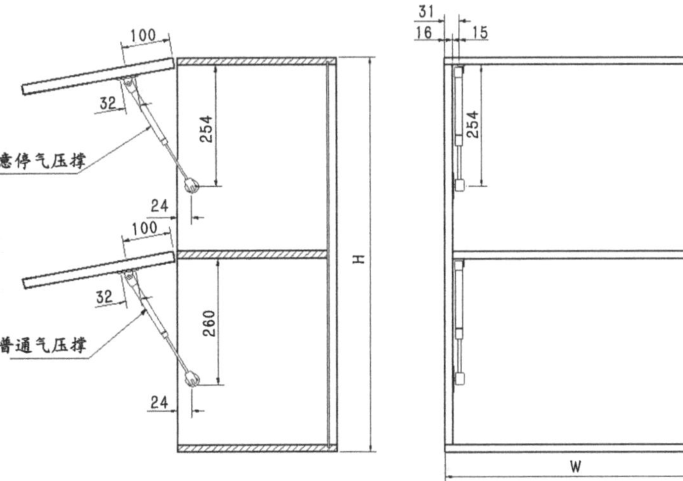

图 4-43．双层上翻门气压支撑的装配

程悄然无声。该配件适合较宽幅面的上翻门，通常门板宽度范围可达 900 ～ 1200mm，门板高度范围 350 ～ 600mm，它适用于所有门板材料，并且也需要配合铰链实现门板与柜体的连接和开启（图 4-44）。它有三种门开启角度的安装方法（75°、90°、110°），吊撑安装定位尺寸如图 4-45 所示。具体装配结构如图 4-46 所示。

（2）上翻平移门

上翻平移门面板垂直向上提起，远离活动区域，并可以保持开启状态。对上方另有储存空间的吊柜或高柜来说，这种上翻方式为最佳解决方案（图 4-47）。适用于柜体最大宽度为 1800 mm，柜体高度 300 ～ 580 mm。配有横向稳定杆满足门板必要的稳定性。

图 4-44．重型吊撑上翻门

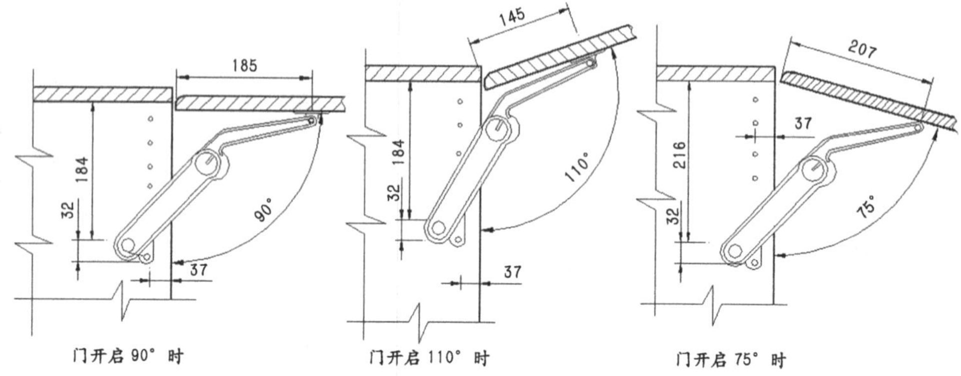

图 4-45．吊撑安装定位尺寸

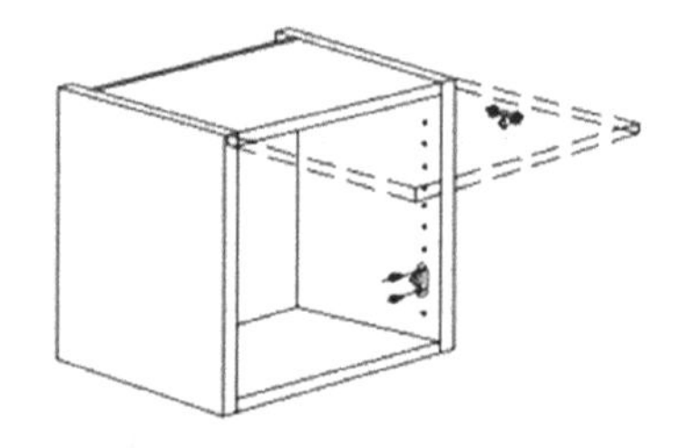

第一步
将两个托件分别装在门板和柜侧板上

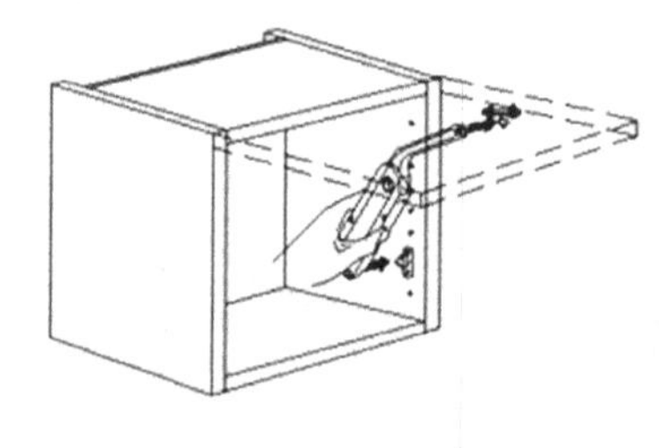

第二步
将吊撑卡在托件上

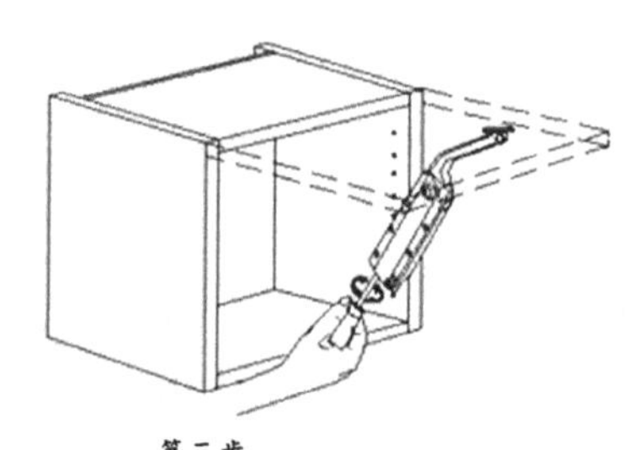

第三步
根据门板的重量调节吊撑的力度

图 4-46．重型吊撑上翻门的装配结构

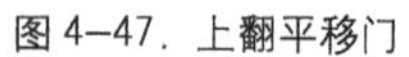

图 4-47．上翻平移门

该配件有机械装置、伸缩臂和面板固定件组成，无需安装铰链，其机械装置和伸缩臂的选择取决于柜体高度和面板重量，并且可以根据实际的面板重量调整力度，以达到任意悬停的效果；面板还可实现三维无级调节。

上翻平移门的装配结构为：先在柜体侧板和面板上定位钻孔，机械装置在侧板安装孔定位尺寸如图 4-48 所示，门板孔位加工尺寸如图 4-49。然后把机械装置固定在侧板上，再安装伸缩臂（伸缩臂分左右不同）和中间的横向稳定杆；把门板连接件用螺钉固定在门板上，并把门板与伸缩臂连接，安装好后调试门板与柜身使之吻合(图 4-50 ~ 52)。

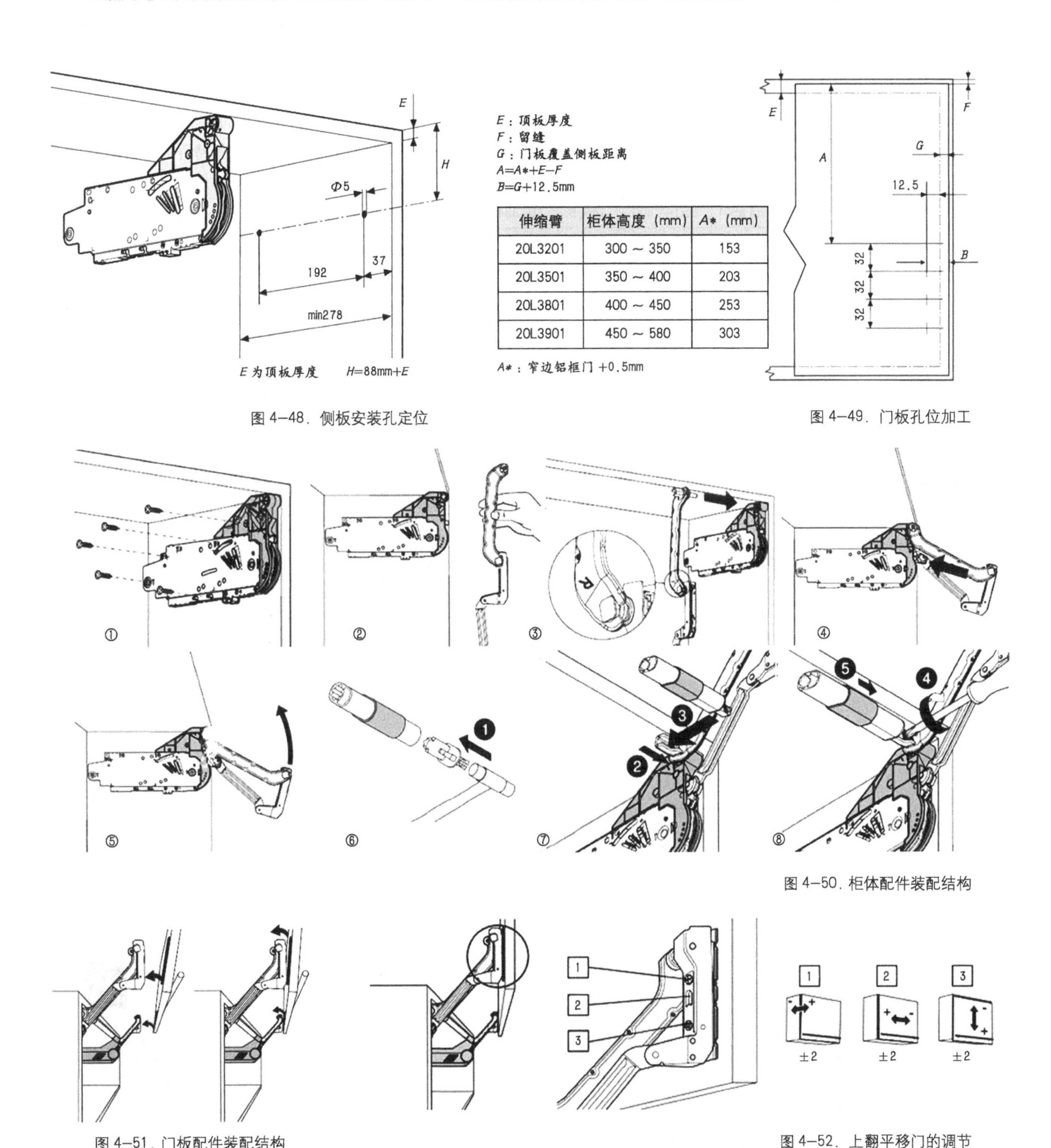

伸缩臂	柜体高度（mm）	A*（mm）
20L3201	300 ~ 350	153
20L3501	350 ~ 400	203
20L3801	400 ~ 450	253
20L3901	450 ~ 580	303

图 4-48．侧板安装孔定位

图 4-49．门板孔位加工

图 4-50．柜体配件装配结构

图 4-51．门板配件装配结构

图 4-52．上翻平移门的调节

表 4-6. 柜体最小内高

伸缩臂（mm）	柜体高度 H_1（mm）	最小内高 H_2（mm）
20L3201	300 ~ 350	262
20L3501	350 ~ 400	312
20L3801	400 ~ 550	362
20L3901	450 ~ 580	412

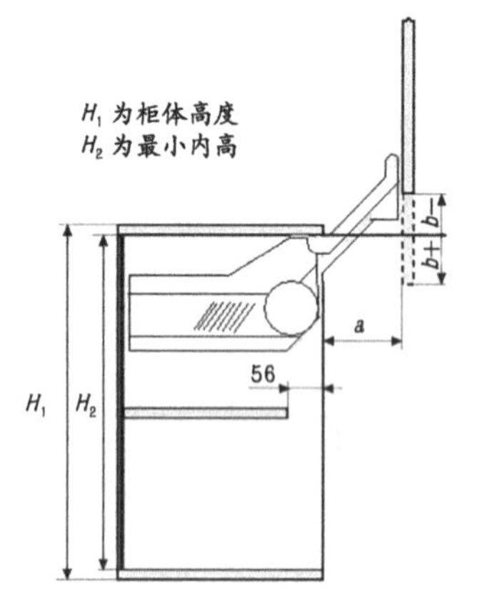

门板打开空间需求

伸缩臂	柜体高度（H_1）（mm）	a（mm）	b−/b+（mm）
20L3201	300 ~ 350	114.0	H_1−276.0
20L3501	350 ~ 400	146.5	H_1−364.0
20L3801	400 ~ 450	178.5	H_1−453.0
20L3901	450 ~ 580	211.0	H_1−541.0

伸缩臂凹进距离最小 56mm

图 4-53. 门板打开柜体前方空间需求

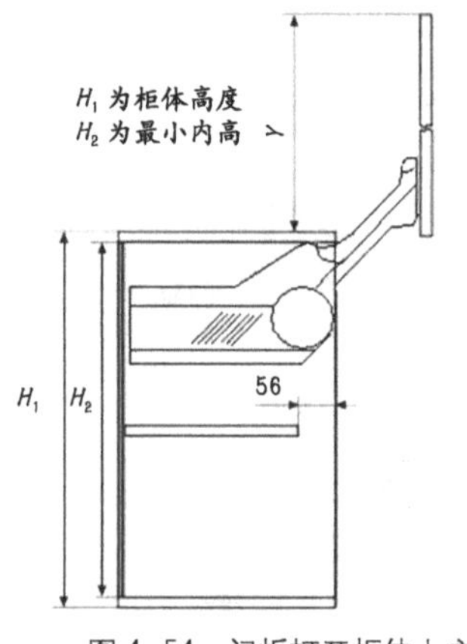

柜体上方的空间需求

伸缩臂	柜体高度（H_1）（mm）	Y（mm）
20L3201	300 ~ 350	260.0
20L3501	350 ~ 400	350.0
20L3801	400 ~ 450	438.0
20L3901	450 ~ 580	526.0

图 4-54. 门板打开柜体上方空间需求

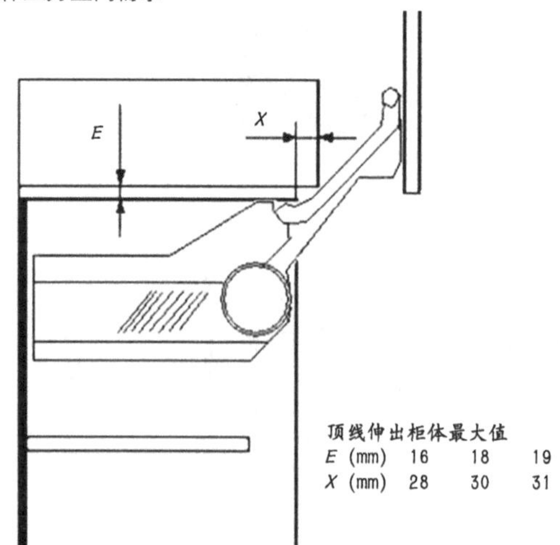

图 4-55. 顶线伸出柜体最大值

安装该配件，有一个基本的柜体内部空间需求：最小内深 278 mm；最小内高根据柜体高度及所选伸缩臂型号不同而不同，如表 4-6 所示。门板打开柜体前方空间需求如图 4-53 所示，柜体上方的空间需求如图 4-54 所示。

上翻平移门可在吊柜顶部安装顶线或装饰板，顶线伸出柜体最大值与顶板厚度有关，如图 4-55 所示。

（3）上翻斜移门

上翻斜移门又称飞机行李架开门器，可将整块门板斜移到柜体上方，并保持开启，存储空间一览无余。适用于较大面积的单块门板，柜体最大宽度可达 1800 mm，柜体高度为 350 ~ 800 mm。可将柜体上部所需空间减到最小，对于有顶线或饰板的厨柜也是较好的解决方案（图 4-56）。

上翻斜移门不需要铰链与柜体连接，其配件由翻门机械装置、伸缩臂、面板固定件和稳定杆组

图 4-56. 上翻斜移门

成，其中机械装置型号的选择取决于柜体高度和面板重量，机械装置可以借助刻度表针对不同的面板重量进行无级调节。面板固定件的选择依据门板材质不同而不同，有适用于木门和窄边铝框门的配件，面板可实现三维无级调节。

上翻斜移门装配结构为：先在柜体侧板和面板上定位钻孔，机械装置在侧板安装孔定位尺寸如图 4-57 所示，门板孔位加工尺寸如图 4-58。然后把机械装置固定在侧板上，再安装伸缩臂和稳定杆；把门板连接件用螺钉固定在门板上，并把门板连接器的内片与外片连接，安装上门板，安装好后调试门板与柜身使之吻合（图 4-59、60）。

上翻斜移门配件安装所需最小柜体深度为 276 mm；柜体高度大于 500 mm 时柜内可以安装一层

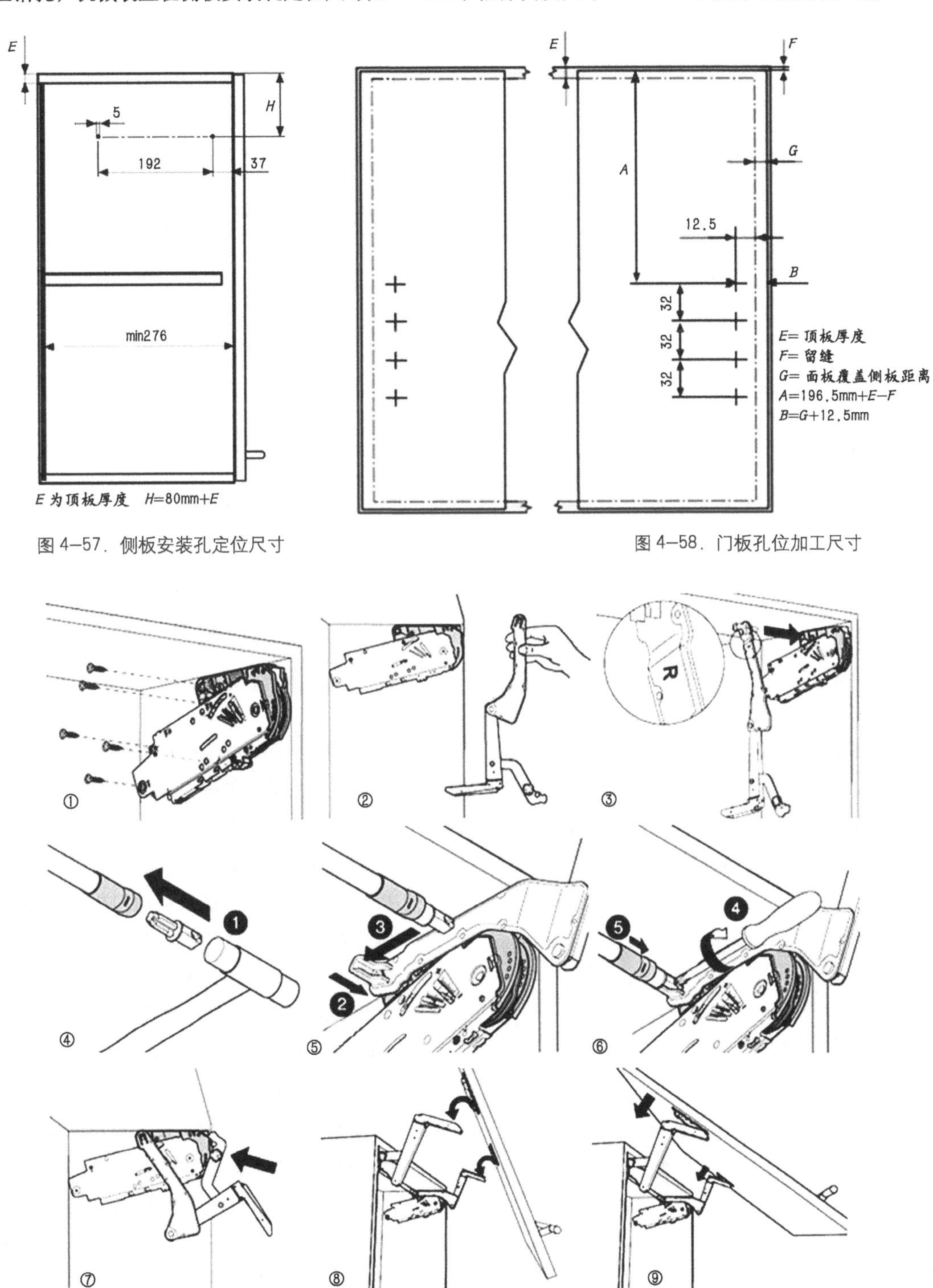

图 4–57. 侧板安装孔定位尺寸

图 4–58. 门板孔位加工尺寸

图 4–59. 上翻斜移门的装配结构

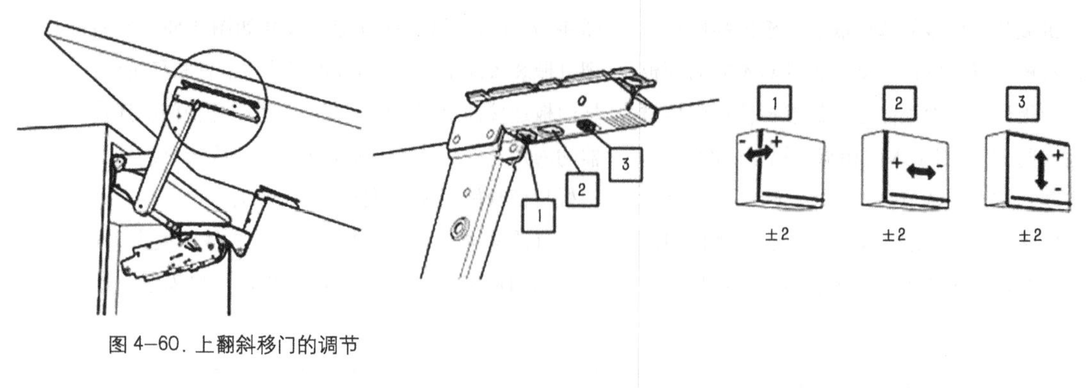

图 4–60. 上翻斜移门的调节

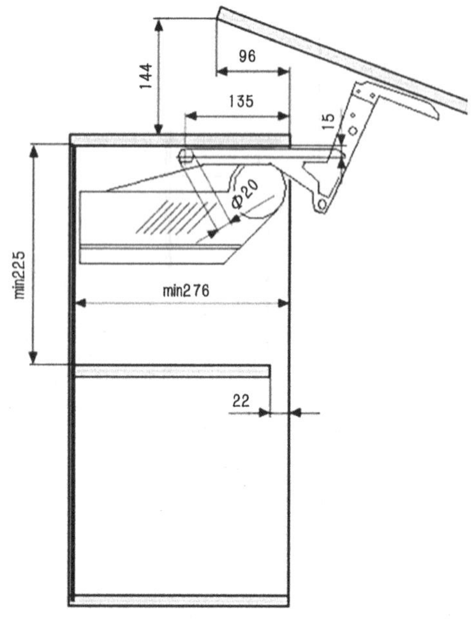

门打开时柜体上方所需空间为：144mm+ 门板厚度

图 4–61. 门打开时柜体上方所需空间

F(mm)	X(mm)	Y (mm)
3	35	101
2	31	101
1.5	28	101

图 4–62. 厨柜顶线安装尺寸

层板，柜体高度大于 740 mm 时可以安装两层层板，需要预留 22 mm 的缩进距离。门打开时柜体上方所需空间为 144mm + 门板厚度，如图 4-61 所示。上翻斜移门可以安装标准的厨柜顶线，顶线最多可以向前突出大约 35 mm，最大高度 101 mm（图 4-62），部分式样的厨柜顶线不能安装。

图 4–63. 上翻折叠门

（4）上翻折叠门

上翻折叠门的两个门板在打开时在中间部位折合起来，折叠系统被活动门板所掩盖，整个柜体可以毫无阻碍地打开（图 4-63）。上翻折叠门适应更宽的柜体，柜体宽度范围为 450 ~ 1800mm，这样的宽度平开门不再适应；柜体高度范围为 480 ~ 1040 mm，从而实现在较高吊柜上使用大幅面上翻门，并且使拉手的安装位置触手可及。

上翻折叠门支撑需要配合铰链使用，整套组件包括翻门机械装置、伸缩臂、面板固定件和铰链。适合于各类木质门板、宽边铝框门板、窄边铝框门板，以及各类门板的任意组合。进行不对称设计时，上层门板必须大于下层门板，以理论柜体高度（上层门板高度的 2 倍）为计算依据。

上翻折叠门装配结构为：先在柜体侧板和门板上定位打孔，机械装置在侧板上的安装定位尺寸如图 4-64 所示，其定位高度（H）由柜体高度决定；面板固定件及铰链在面板上定位尺寸如图 4-65 ～ 67 所示。把机械装置固定在柜侧板内侧，装上塑料盖，连接伸缩臂；将柜的上层门板用铰链与柜体顶板相连，将门板连接件固定在下层门板底部上，用连接铰链把两块门板连接起来；最后把伸

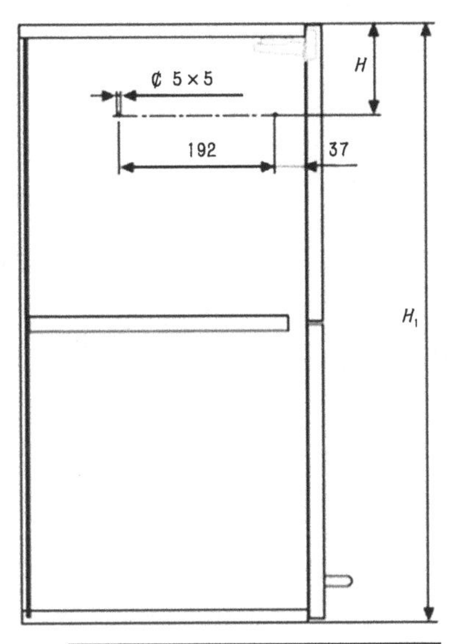

柜体高度（H_1）(mm)	H (mm)
480 ～ 549	H_1×0.3−28
550 ～ 1040	H_1×0.3−57

图 4−64．机械装置侧板安装定位尺寸

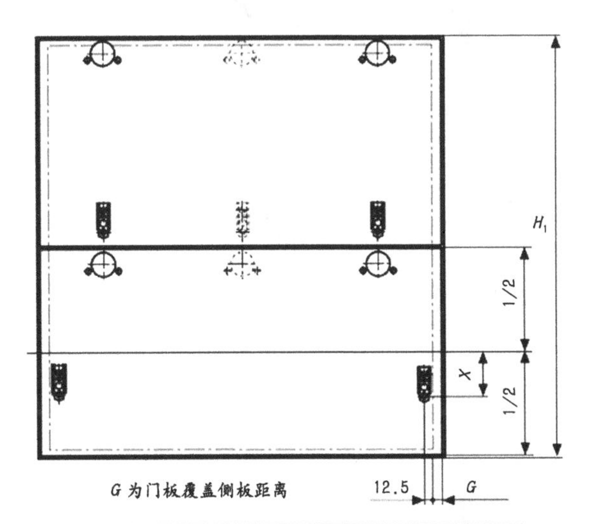

柜体高度（H_1）(mm)	X− 螺丝拧入式预装胀塞式 (mm)	X− 机装压入式 (mm)
480 ～ 549	68	70
550 ～ 1040	45	47

图 4−65．面板固定件定位尺寸

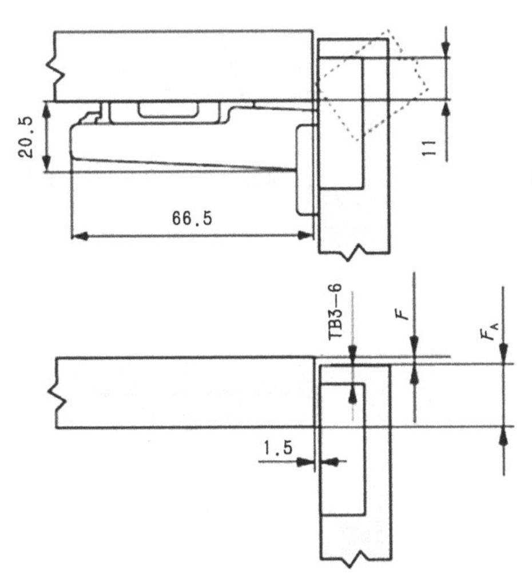

铰杯距离 T_B：

	门板覆盖顶板距离 F_A												
	5	6	7	8	9	10	11	12	13	14	15	16	17
0										3	4	5	6
3							3	4	5	6			
6				3	4	5	6						
9	3	4	5	6									
↑	底座												

图 4−66．上层门板与顶板连接铰链定位尺寸

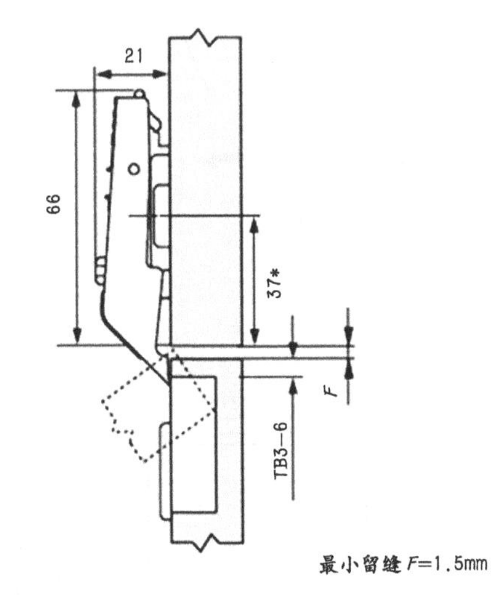

铰杯距离 T_B：

	留缝 F												
										3	4	5	6
0										6	5	4	3
3													
6													
9													
↑	底座												

图 4−67．中央铰链定位尺寸

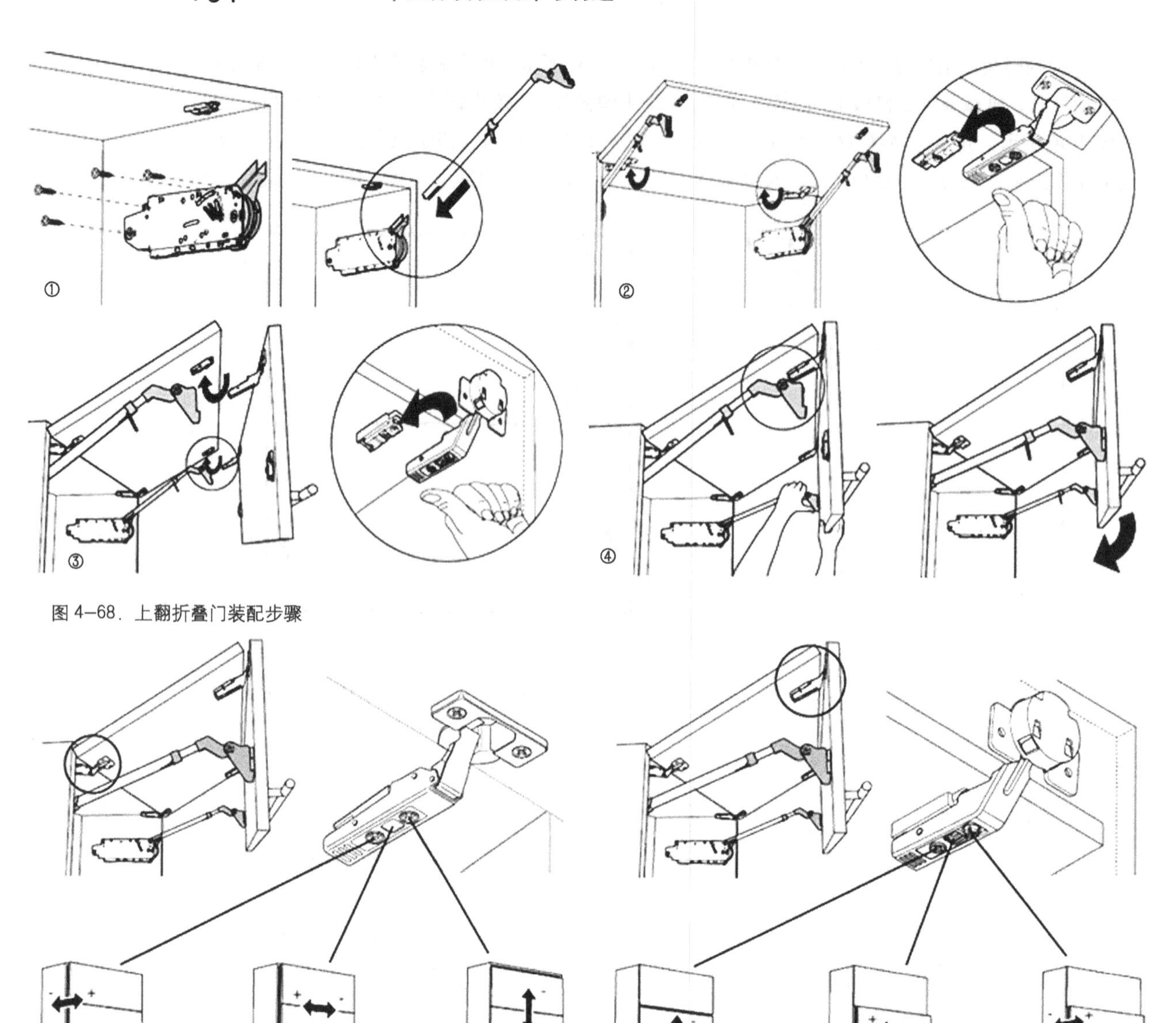

图 4-68．上翻折叠门装配步骤

图 4-69．上翻折叠门的调节方法

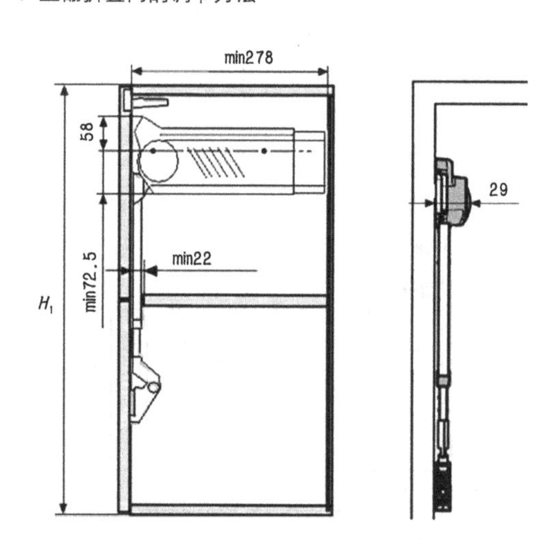

图 4-70．柜体内部所需空间

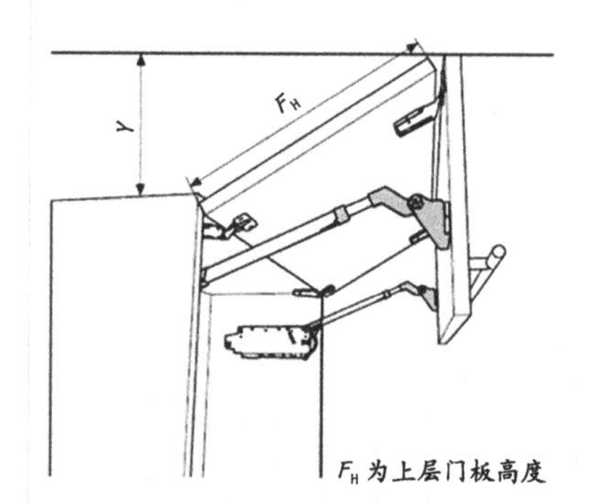

角度限制器	柜门打开时柜体上方所需空间 Y（mm）
无	$F_H \times 0.44+38$
104°	$F_H \times 0.24+38$
83°	0

图 4-71．柜体上方所需空间

缩臂与门板连接件偶合（图 4-68）。完成安装后，调节伸缩臂的长短，并对门铰进行调节（图 4-69），使闭合后的门板下边沿与吊柜底板平齐。

上翻折叠门安装所需铰链数量根据门板重量或柜体宽度而定：一般安装 2 个铰链；面板重量超过 12 kg 或柜体宽度超过 1200 mm 时需要安装 3 个铰链；面板重量等于或者大于 20 kg 或柜体宽度为 1800 mm 时需要安装 4 个铰链。

上翻折叠门配件安装时柜体内部所需空间如图 4-70 所示，根据柜体高度柜内可以安装 1 ~ 2 个层板，相应的层板需内缩进 22 mm；门板打开时柜体上方所需空间如图 4-71 所示。

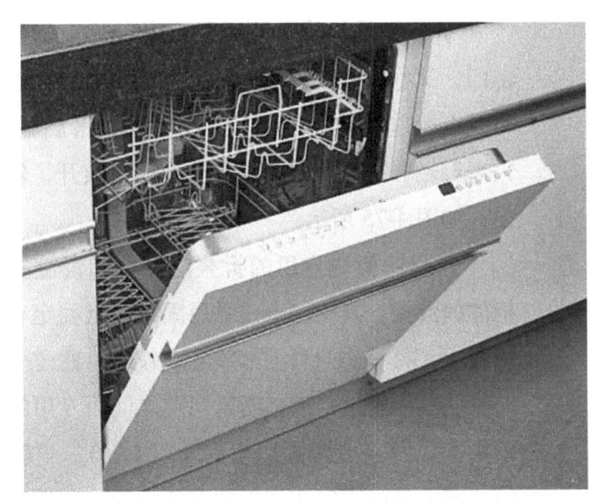

图 4–72. 嵌入式洗碗机下翻门

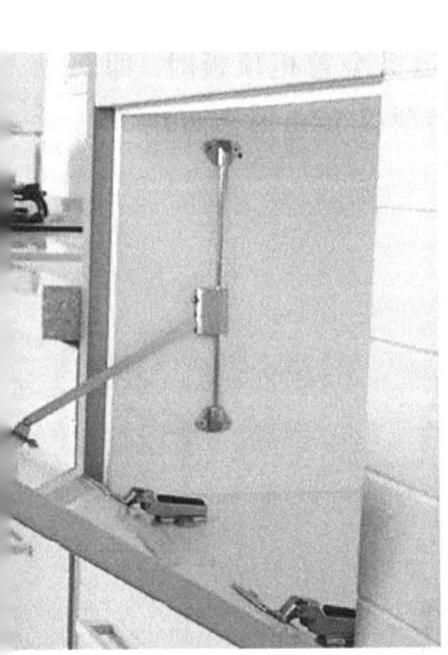

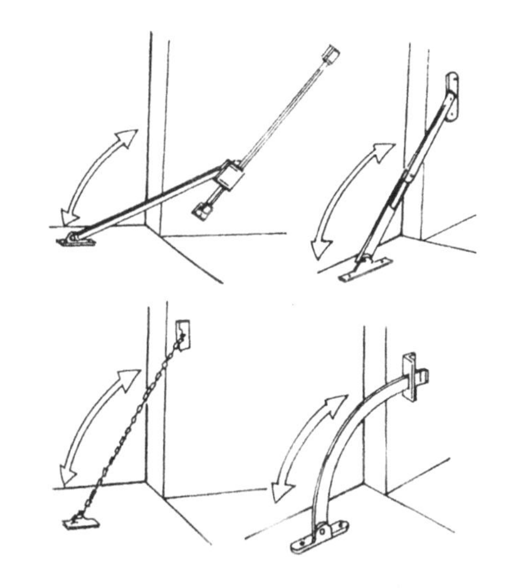

图 4–73. 下翻门连接结构

(5) 下翻门

下翻门在厨柜上用的较少，一些嵌入式洗碗机多是被嵌在操作台的下方，门板以下翻居多（图 4-72）。下翻门的下方板边用铰链与柜体搁板或底板连接，从上端向下转动开启，可开到水平位置上，为防止其突然向下开启，还需要通过拉撑与柜体侧板连接，它们通常一端固定在柜侧板上，另一端固定在翻门里侧（图 4-73）。为使门打开时与相连的搁板保持在同一水平，下翻门的下口要留有足够的间隙，以防碰擦（图 4-74）。由于下翻门打开后会占用操作空间，所以一般情况下设计下翻门时幅面不能太大。

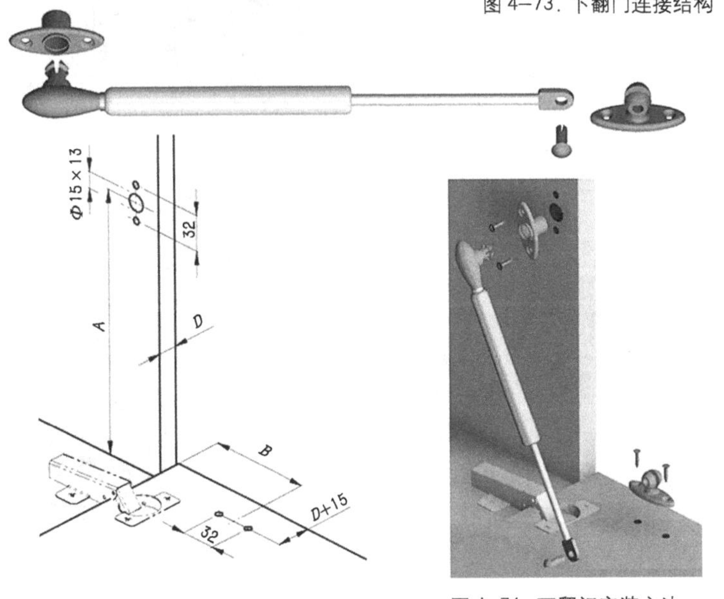

图 4–74. 下翻门安装方法

4.4.3 折叠门结构

折叠门是柜体外部需要门扇存放空间的特殊趟门，又称折叠式趟门。其本身可以转动折叠，又可以在滑道中任意滑动，并且滑动轻，开启幅度大，只需轻轻一拉，柜内的所有空间即可敞开，舒适方便，如图 4-75 所示。

折叠门使用专用的折叠门导轨和铰链实现与柜体的连接，其中一扇门页用固定铰链固定在柜体侧板上，另一扇门页上部装活动铰链，通过一个导向轮使其沿轨道滑动，两扇门页之间用专用的折叠门中间铰链（或合页）相连（图 4-76）。一般门页的全部重量由固定在侧板的铰链承受，顶板不需加厚。当柜体顶板受到折叠门承重时，其弯曲不应超过 1.5mm。这种连接结构的应用，从根本上解决了厨柜死角的问题，使厨柜功能及款式更趋灵活多变。

折叠门具体的装配结构为：先将上面的滑动槽和下面的导向槽根据柜内宽度裁剪，将滑动轮插入槽中，然后用螺丝固定滑动槽和导向槽。在门上安装导向部件，并装上铰链和其它配件，把折叠门的两扇门页连接起来，再将整个折叠门通过铰臂和底座固定在柜子的侧板上，在折叠门处于打开的状态下，通过插销将带导向轮的导向部件固定在导轨中。折叠门分左开和右开（以固定门铰的位置确定），拉手要装在有固定门铰的门页上。柜宽 W 为 600 ～ 1000mm，50 为一级数；门高 $H \leq 1500$；$600 \leq H \leq 900$ 时，配 1 个活动铰，2 个固定铰；$900 \leq H \leq 1500$ 时，配 2 个活动铰，3 个固定铰。柜侧板、顶板和底板的前端平齐；导轨比顶板前端内进 3mm。

折叠门配件根据门板材料的不同会有不同的安装参数，如图 4-77 所示为铝框玻璃门折叠结构适用的配件，当门板全盖柜顶板时，即 L=0，E=68；当门板距柜顶板 5mm 时，即 L=5，E=63。如图 4-78 所示为木门、木框门和宽型铝框门折叠结构适用的配件，当门板全盖柜顶板时，即 L=0，E=132；当门板距柜顶板 5mm 时，即 L=5，E=127。

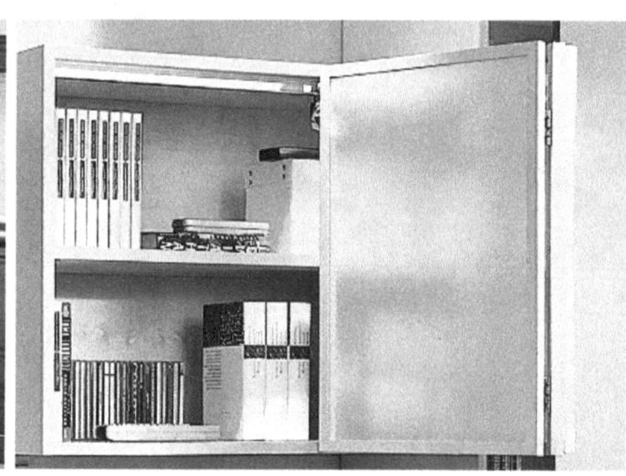

图 4-75．折叠门

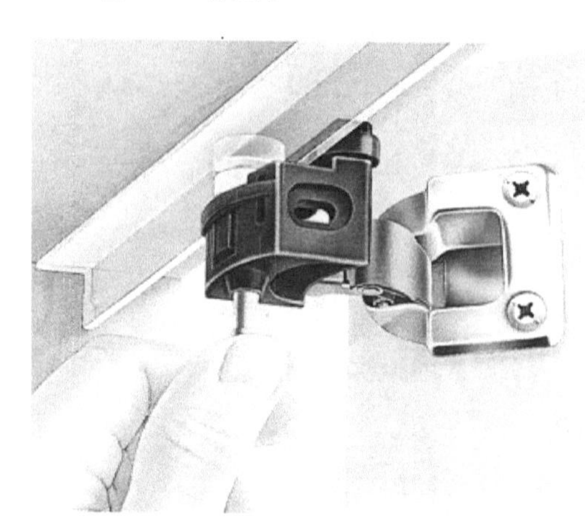

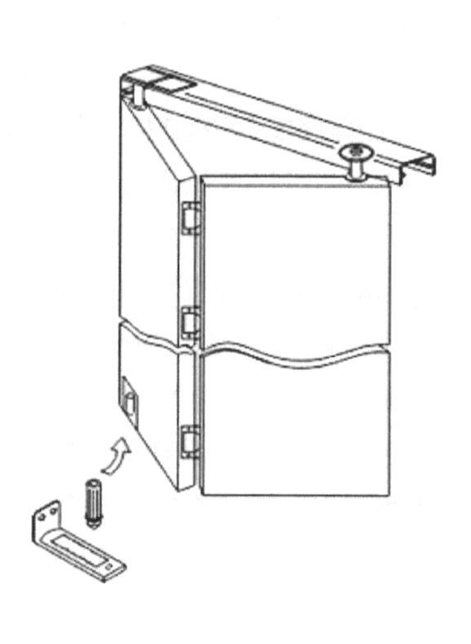

图 4-76．折叠门连接结构

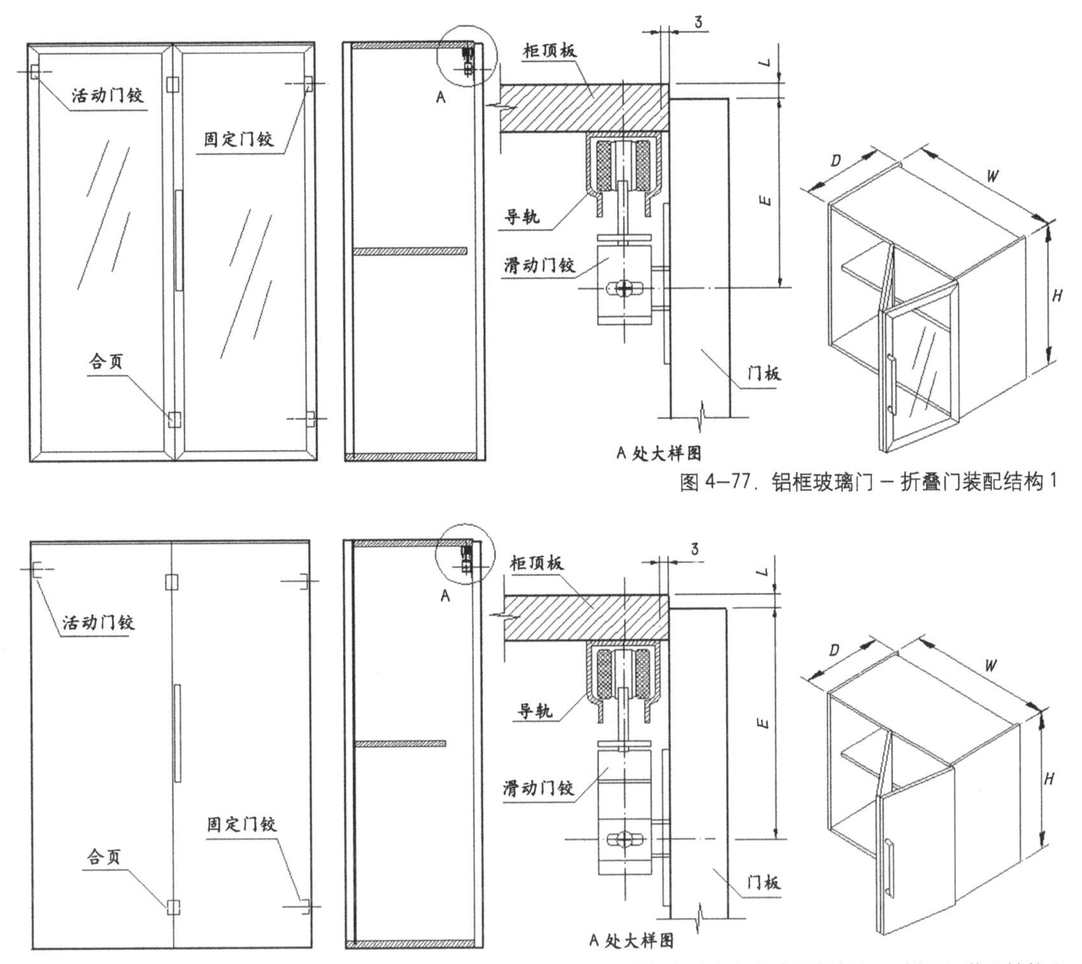

图 4–77. 铝框玻璃门－折叠门装配结构 1

图 4–78. 木门与木框门和宽型铝框门－折叠门装配结构 2

4.4.4 大巴门结构

源于巴士车设计灵感而来的大巴门，不仅在开启时使柜内空间完全展现在眼前，更方便到柜内深处取物，而且由于大巴门开启后紧贴橱柜，不会因为门打开而影响周围空间的使用。专用门撑的缓冲性极强，可以让门板开启和关闭时像大巴门一样轻柔，特别是在关闭时，整个门板缓慢柔和地闭拢，比一般的阻尼效果还要好，因此常用在中、高立柜上大幅面门扇的连接，如图 4-79。

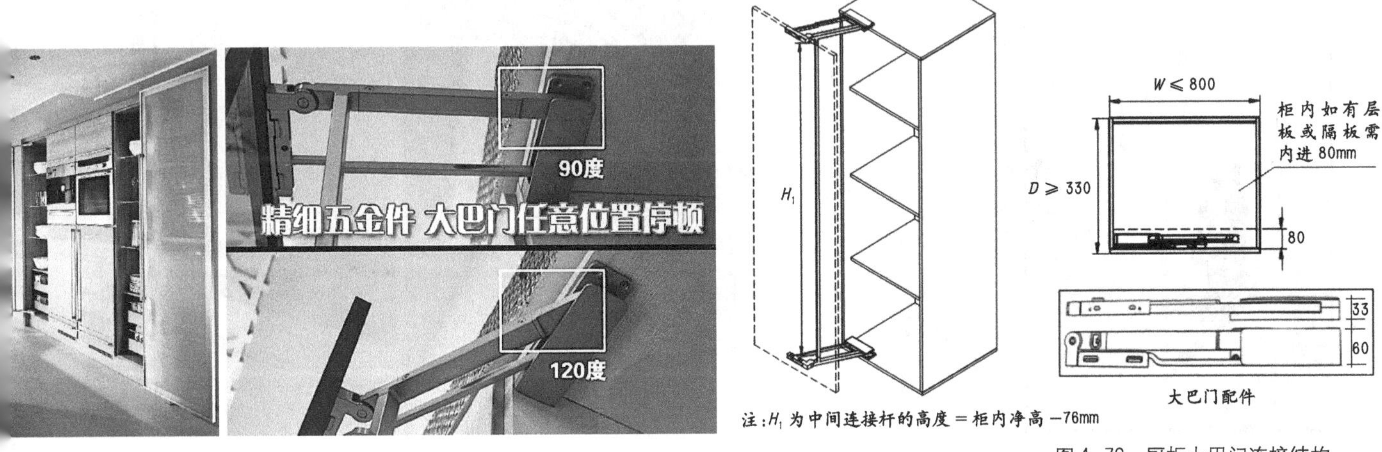

图 4–79. 厨柜大巴门连接结构

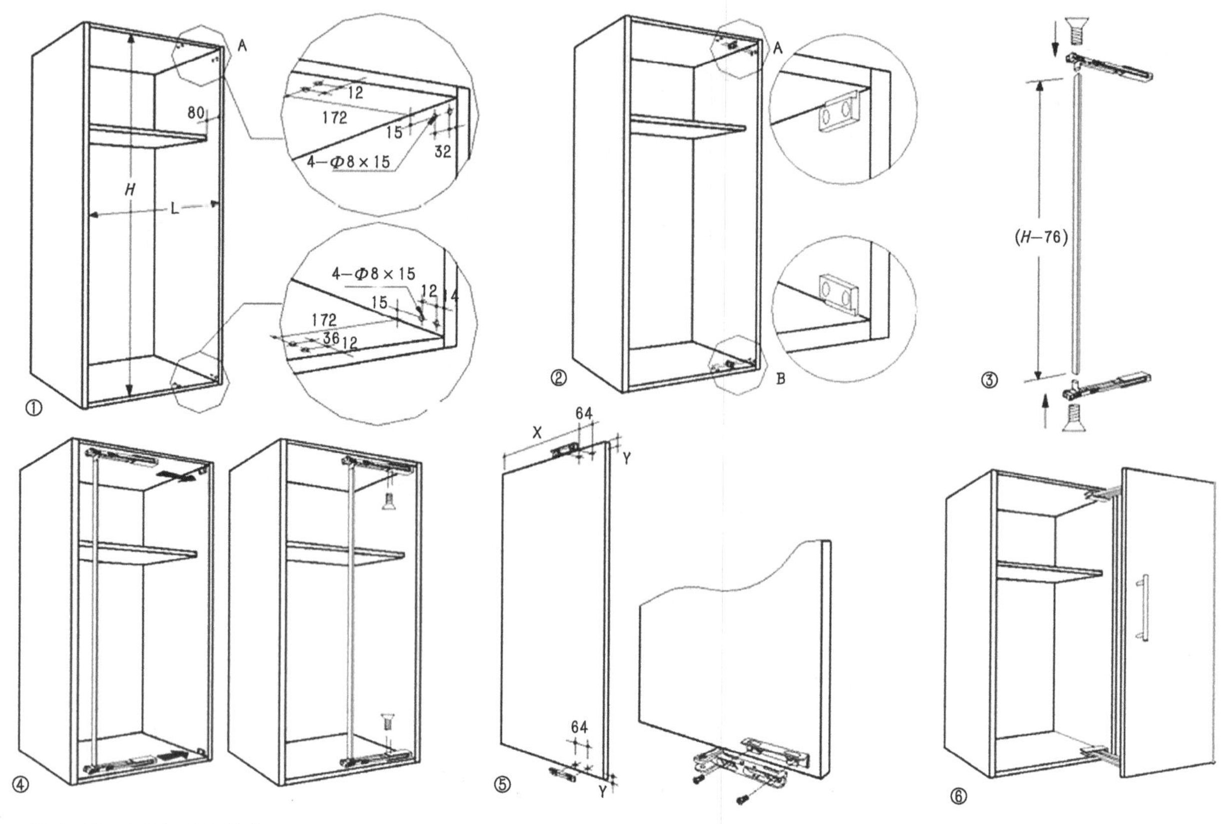

图 4–80. 大巴门装配结构

当柜身 $H \leq 2090$，$W \leq 800$，$D \geq 330$ 时，可以安装大巴门，柜内配有层板和隔板时，需内进 80mm，此门板安装无需装门铰，当柜内净高 H 变化时，配件的高度 H_1 随之变化。

具体装配步骤：①先将预埋螺母装入预先打好的柜体孔内；②然后用螺丝将连接件分别安装在柜体顶部和底部；③根据柜体内空截好连接轴，并用螺丝与转动杆装配；④将组装好的配件连接在柜体上；⑤在门板背面打孔并埋入预埋螺母，再用螺丝安装门板连接件；⑥最后将连接件与门板连接起来。如图 4-80。

4.4.5 拉门结构

门板不需要安装铰链，直接安装到柜内配件上如米桶、拉篮上，此类门板称为拉门。拿取平开门结构形式的厨柜内物品时需要探头寻找，而拉篮

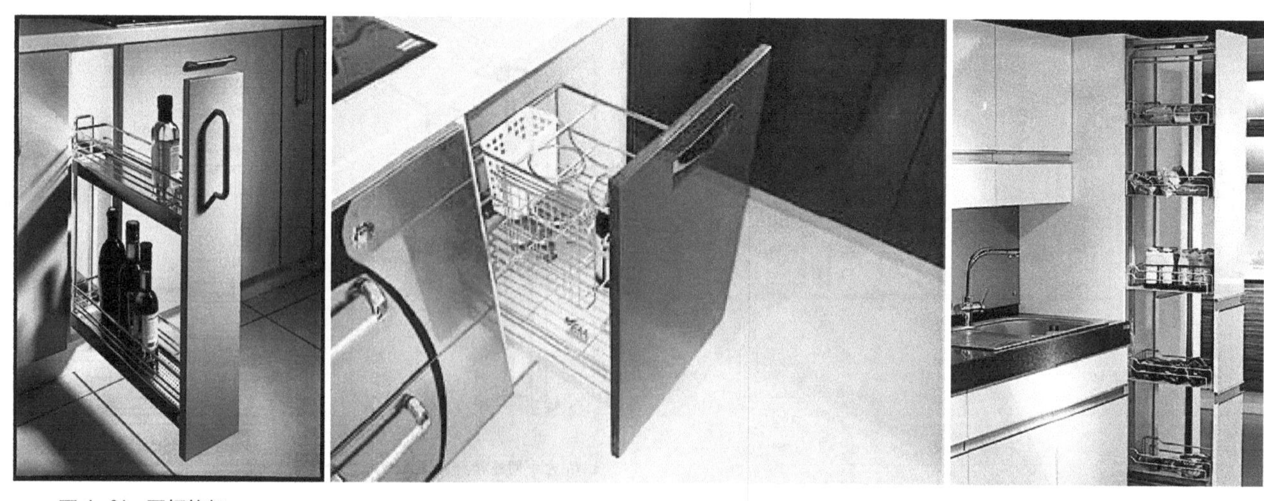

图 4–81. 厨柜拉门

可以像抽屉一样的轻松推拉，使物品尽收眼底，省力好用。拉门的打开方式是运用滑轨减少了力的运用使门开关自如的，承载重力也就全靠滑轨的支撑，质量好的滑轨阻力小、耐磨、寿命长，是拉篮柜的首选(图4-81)。随着厨柜五金技术的发展，还出现了碰触式开启的滑轨和脚踩机械式滑轨，即便手中拿着东西也可以用膝盖碰触门板或脚踩开关实现门的开合，如图4-82。

以多功能拉篮柜为例（图4-83)，拉门的装配结构为：①用螺丝将导轨与底座相连接；②按导轨型号参考图纸尺寸在柜内开好定位孔，然后把导轨安装在柜底板上；③同样导轨型号参考图纸尺寸在门板上按尺寸开孔，用螺丝将门板连接件固定在门板上；④用螺丝连接门板与底座，并调试门板，调试如下：螺丝A用来调节门板的高低差距；螺丝B用来调节门板的垂直平衡度；螺丝C用来紧固底座与门板，调试完成后，紧固所有螺丝（图4-84)。

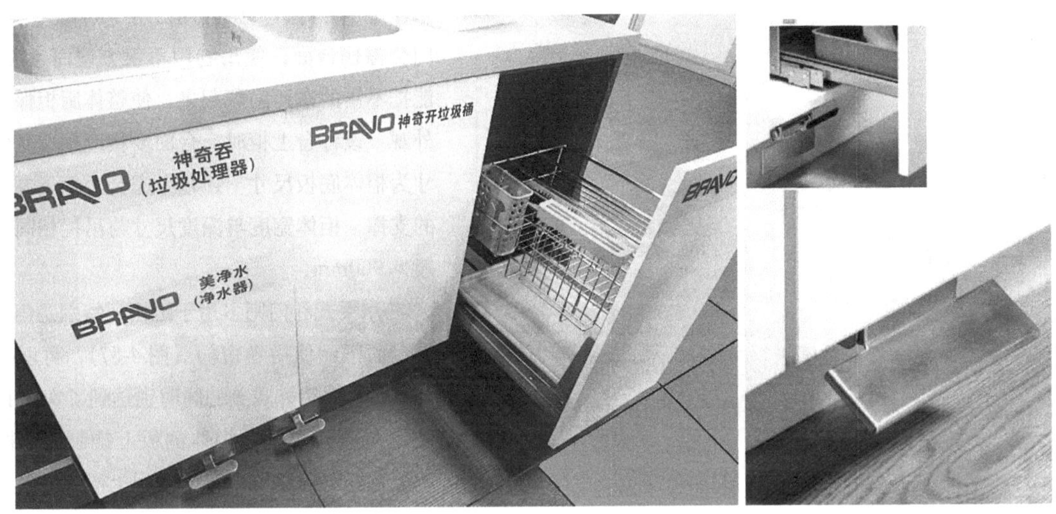

图4–82. 脚踩机械式厨柜拉门

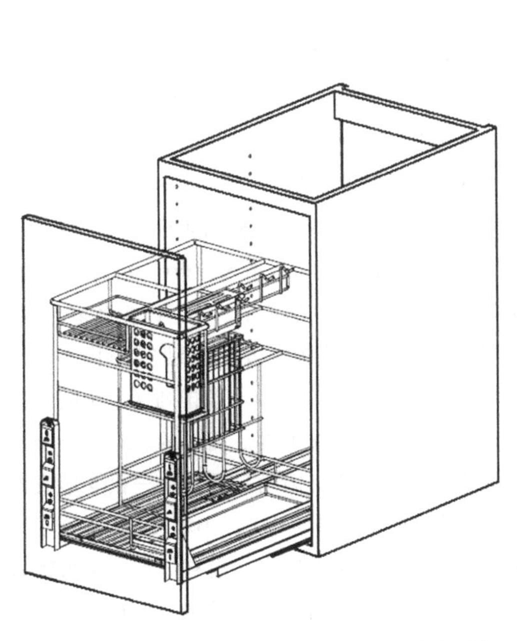

图4–83. 装有拉门的多功能拉篮柜

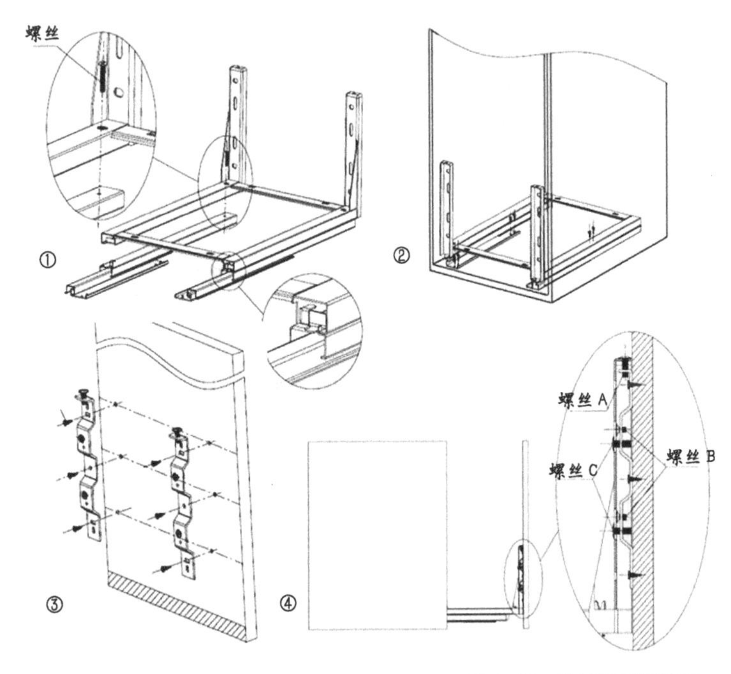

图4–84. 拉门的装配结构

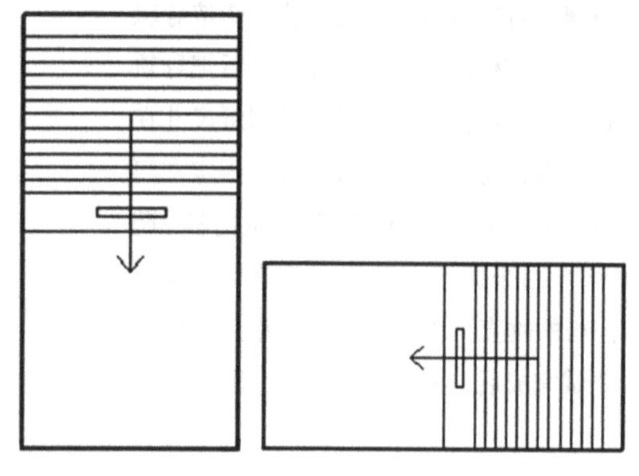

图 4-85. 垂直式卷门和水平式卷门

图 4-86. 台面高柜垂直式卷门

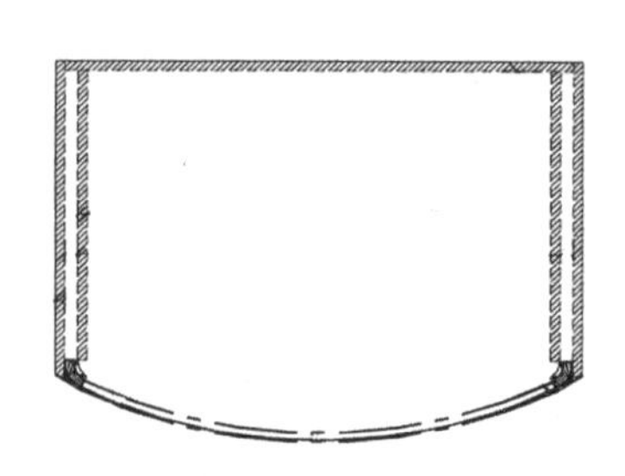

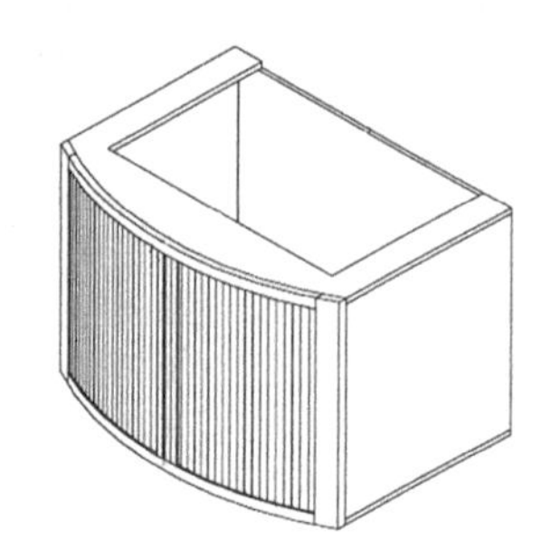

图 4-87. 水平式弧形卷帘门

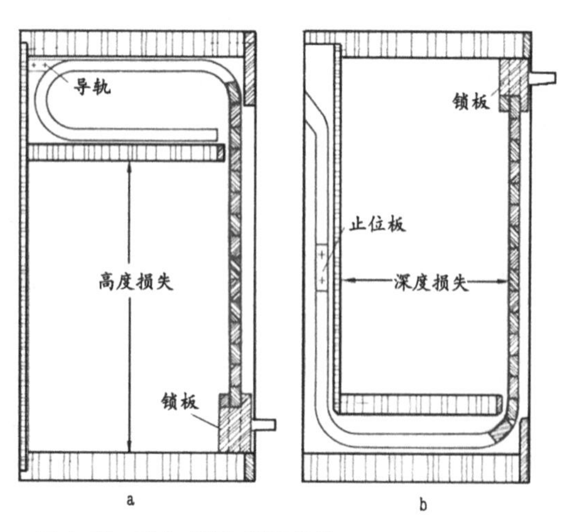

图 4-88. 垂直式卷门装配结构

4.4.6 卷门结构

卷门是能沿着轨道卷入柜体内隐藏起来的帘状门，又称软门，由传动轴和门帘组成。卷门打开时，不影响柜体前侧的使用空间又能使柜体全部敞开。

卷门按活动方向可分为垂直式卷门和水平式卷门（图 4-85）。

垂直式卷门常用于台上柜，水平式卷门则多用于地柜。台面高柜可以用来包藏管道和墙柱，也可以用来存放一些小件厨电（图 4-86），台上柜如果使用平开门，一则开闭占用空间较大，再则平开门会擦伤台面，使用卷门不仅方便而且美观大方，能把不用的东西隐藏起来，使整体厨柜保持整洁的外观。设计台上柜时，台面要相应预留其位置，尺寸为柜体底板尺寸；还须考虑台上柜下方应有足够的支撑；柜体宽度与深度尺寸与吊柜相同，高度一般＞ 900mm。

水平式卷门则多用于地柜，特别是角落处的弧形台面下面使用卷帘门（图 4-87），可以随意抽拉开关，在保持外观美的同时也达到了实用的效果。

垂直式卷门在柜体侧板上铣制的沟槽内滑动或配有专用的路轨，可以采用上滑式或者下滑式开启方法。卷帘在柜体内的存放方式有两种：一种方法是在柜体的上部或者下部造一个卷帘存放室，这种方法会给柜体的高度方向带来损失，并且柜体下部或上部的螺旋形槽道的弯曲半径不宜太小，槽道要光滑，以便卷门能灵活地开关（图 4-88a）；另一种是卷帘在柜体后部沿背板滑动，这种方法会给柜体带来深度的损失（图 4-88b）。由于柜体深度及使用功能限制，台上柜卷门多采用在柜体上部存放卷帘的向上滑动的安装方法（图 4-88a）。

水平式卷门必须在顶板和底板上铣出滑槽或安装路轨，卷帘内沿旁板滑入背板的位置。底板的滑槽将承受卷帘的全部重量。为了减少摩擦阻力，使滑动轻便，应在底板滑槽内加装路轨（图 4-89）。

木制卷帘是把许多小木条排列起来胶贴于帆布或尼龙布、亚麻布上加工而成的。对于小木条有较高的质量要求，因为只要其中一根变形或歪斜，就将妨碍整个门的开关。小木条的厚度通常为 10~14mm，必须纹理通直，没有节疤，含水率为 10%~12%。因此，需用专门挑选的木板裁截，并将表面磨光。塑料卷帘则是用塑料异型条相互联结

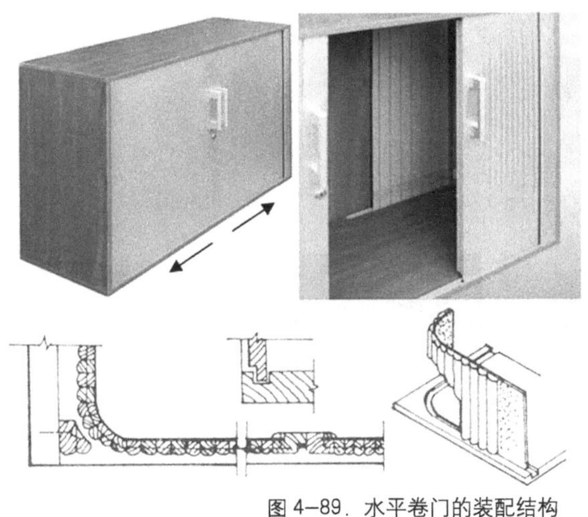

图 4—89．水平卷门的装配结构

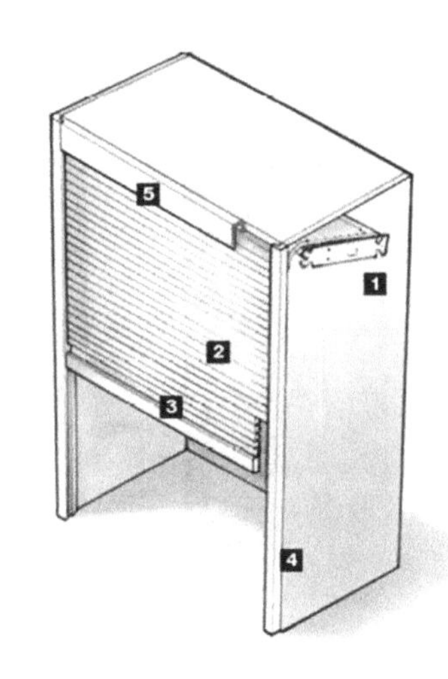

1．平衡装置：包括左右支架、弹簧卷轴和导向轴（轮），左右支架用螺钉固定在侧板上
2．铝合金卷帘门组
3．铝合金门枋：配门枋滑轮 1 对，需安装定位器和缓冲密封条
4．铝合金路轨：配端盖 2 对，可根据柜体高度对路轨下端进行裁切加工
5．遮隙条：根据柜体尺寸裁切至需要的尺寸＝柜体内宽 –25mm

图 4—90．铝合金卷帘门的构成

组成的，有各种色彩可供选择。金属和亚克力也可制作卷帘，且其稳定性要好于木制卷帘，再配以专用的带有止位装置的配件更方便使用，图 4-90 为铝合金卷帘门的构成。

4.4.7 趟门结构

趟门是沿着水平轴线开闭、只能在滑道和导轨内左右滑动，而不能转动的门，又称移门、推拉门。趟门平行于柜体正面安装，侧向运动以实现门的开关。这种门只需要一个很小的活动空间，当平开门受到缺少空间而又需要大幅面的门扇时，这是一个很好的替代解决方法。并且趟门打开或关闭时，柜体的重心不至偏移，能保持稳定。但趟门的缺点是，它的开启程度只能达到柜体空间的一半（图 4-91）。

趟门按门板的存放位置分，有柜体前侧趟门和柜体内侧趟门。按导向类别分，有单轨道趟门和双轨道趟门。单轨道趟门一般采用单行道的滑道系统，适用于半开放柜架类；双轨道趟门一般指两扇门前后错开，分别在平行的两滑道内左右滑动，实现门的开闭。

滑道系统有上滑动和下滑动之分，上滑动系统即在柜的顶板上安装滑动槽，在下面的底板上安装导向槽；而下滑道正好与之相反。滑动槽和导向槽的材料通常为塑料和铝合金，其摩擦力越小越好，以便使门扇能轻便地滑动。通常，可以根据不同的柜体设计、不同门的形式选择相应型号的滑道系统，以便与厨柜的整体造型协调。

柜体前侧单轨道趟门的装配结构如图 4-92 所示。

柜体内单轨道上滑动趟门的装配结构如图 4-93 所示。

柜体内双轨道下滑动趟门的装配结构如图 4-94、95 所示。

安装时根据不同的轨道形式先后将滑轮插入滑动槽中、将导向装置插入到导向槽中，然后调节至滑行顺畅，止动方便即可。

图 4—91．分别应用在吊柜、地柜和高柜的趟门

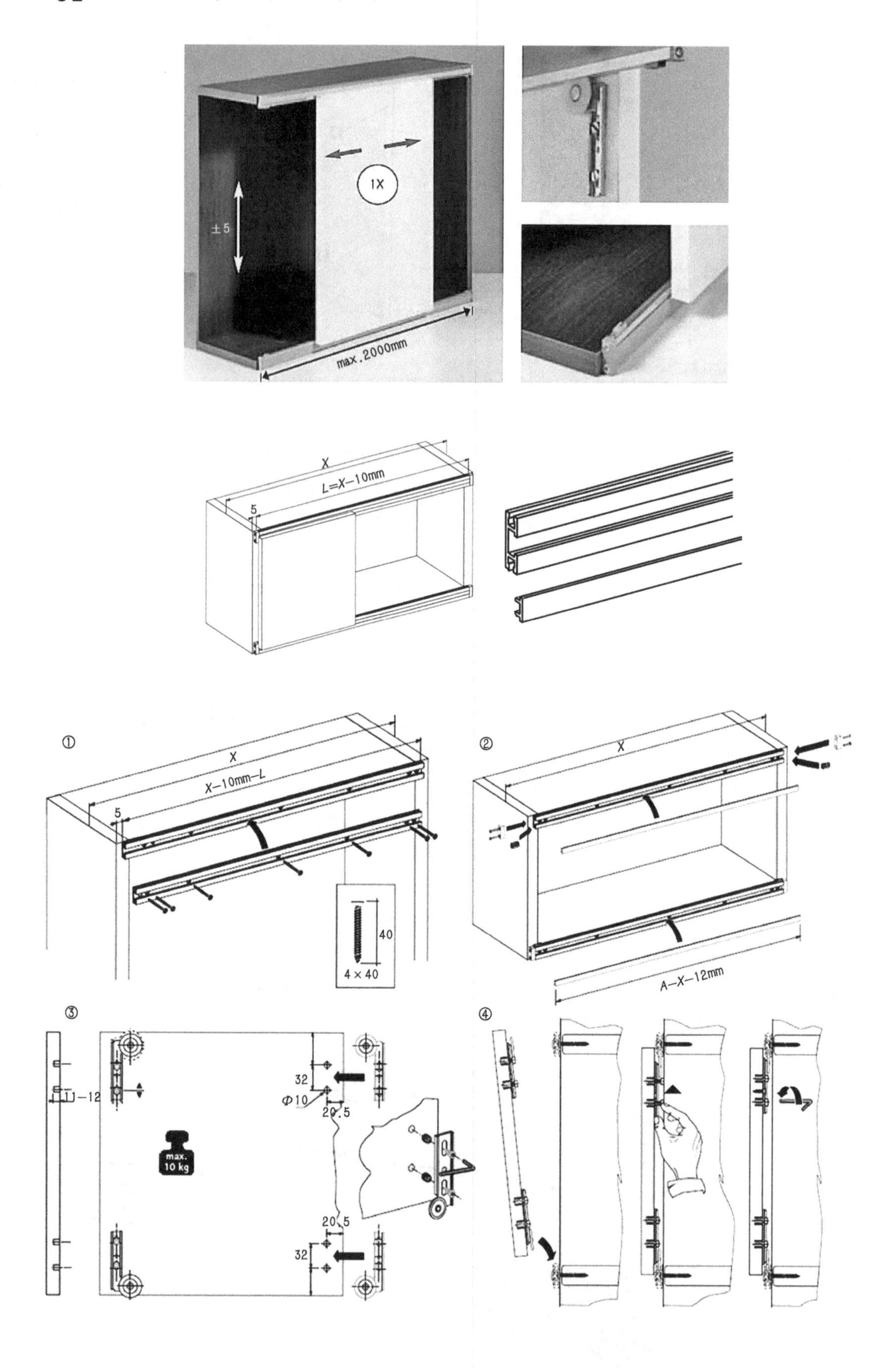

图 4-92. 柜体前侧单轨道趟门的装配结构

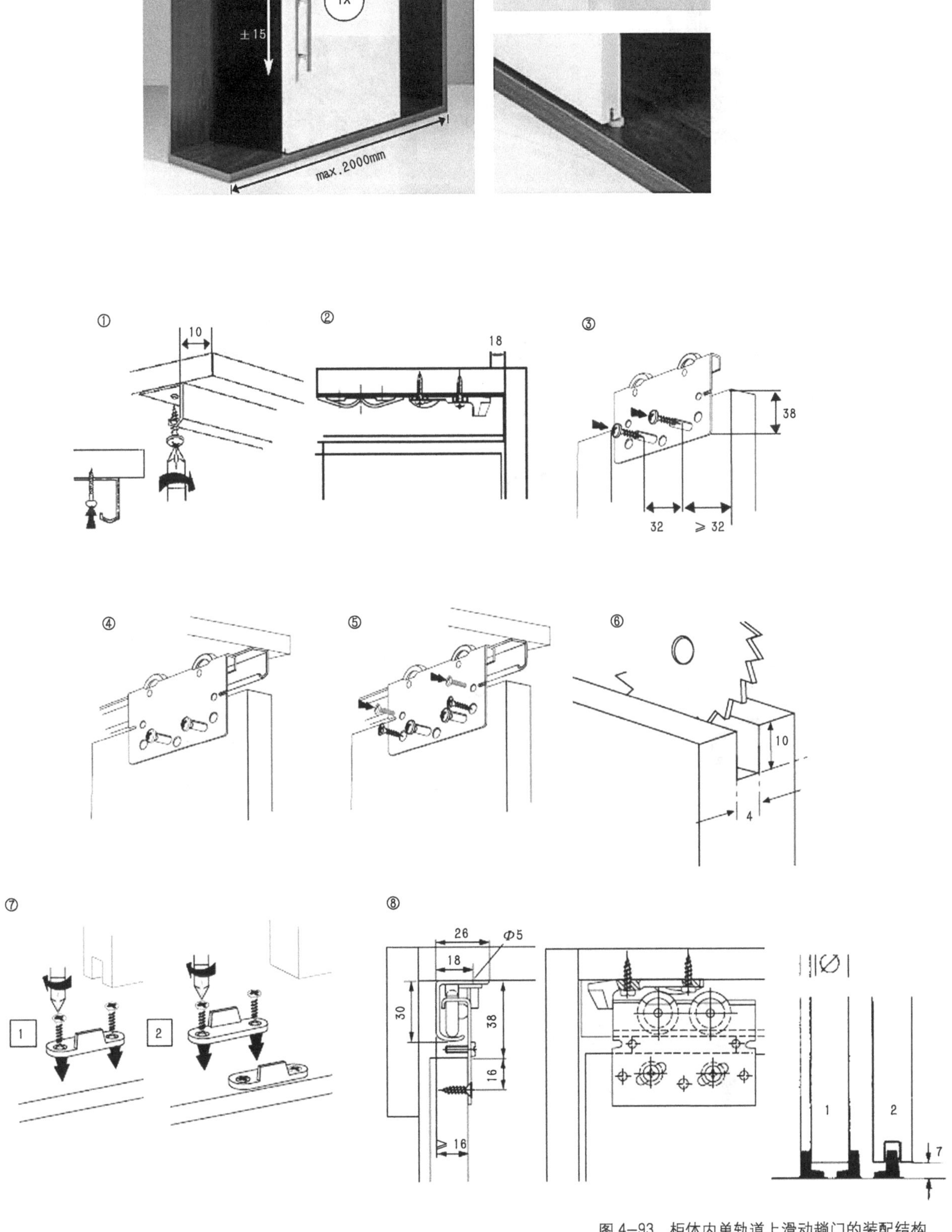

图 4-93. 柜体内单轨道上滑动趟门的装配结构

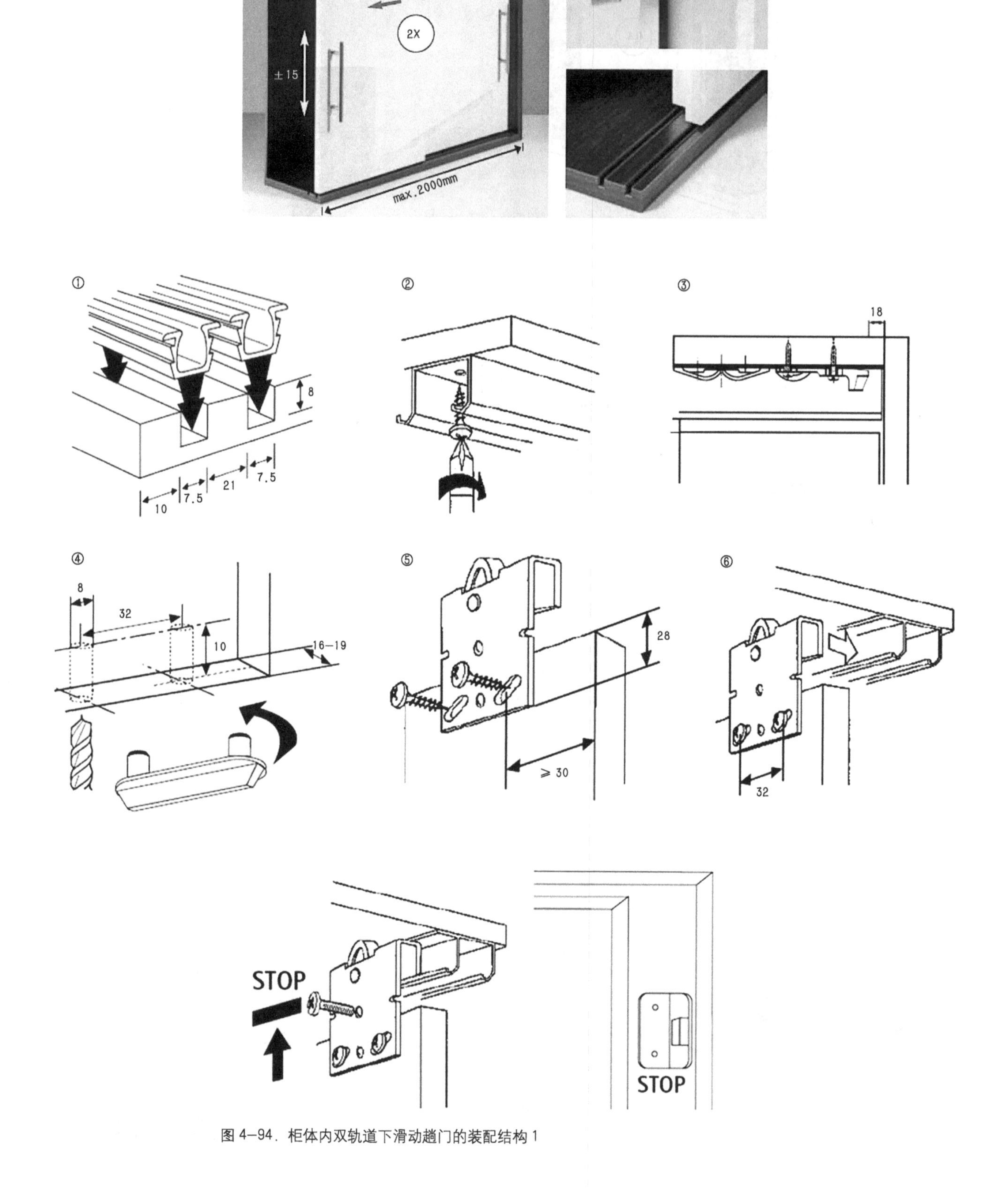

图 4-94．柜体内双轨道下滑动趟门的装配结构 1

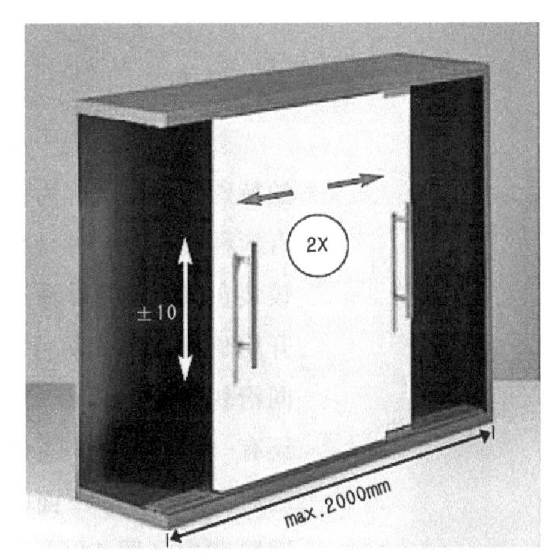

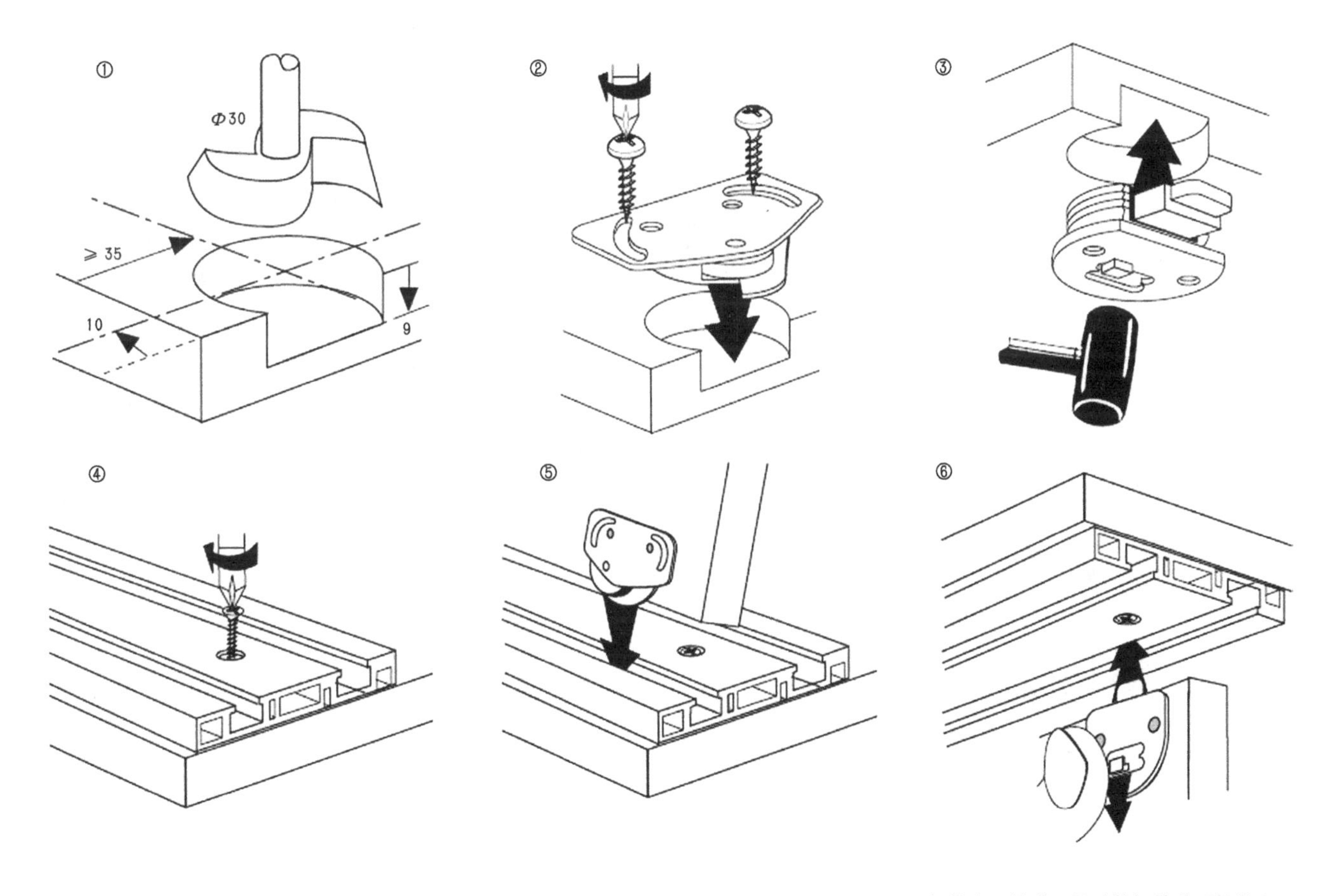

图 4–95．柜体内双轨道下滑动趟门的装配结构 2

4.4.8 隐藏门结构

隐藏门其实是一种类似于卷门结构的特殊趟门，又称为转动趟门。隐藏门有两种形式：一种是将一般平开门的门铰装在专用的滚珠滑道的滑块上，当门开启 90° 之后，便可以通过滑道将门连同滑块推入到柜内，称为侧边隐藏门；还有一种隐藏门，类似于翻门，向上开启后，推入顶板下面的柜体内，称为上翻隐藏门（图 4-96）。隐藏门打开后推入柜体真正地隐蔽起来，可提供最佳的柜内空间，并且不占用柜前空间，不影响人的操作，外观效果也干净利落。隐藏门特别适用于微波炉等厨电柜体，只需用一个手就可以拉出或推入，非常实用方便（图 4-97）。

隐藏门配件主要由滑轨、铰链和滑块组成，其结构形式如图 4-98 所示。

隐藏门的装配结构：先定位画线，连接滑轨和滑块并固定在柜体上，再安装门板铰链，最后把隐藏门的门板对称固定在铰链底座上与滑轨相连，然后调试门板，使门板平整。侧边隐藏门安装定位尺寸如图 4-99 所示，装配步骤如图 4-100 所示。上翻隐藏门安装定位尺寸如图 4-101 所示，装配步骤如图 4-102 所示。

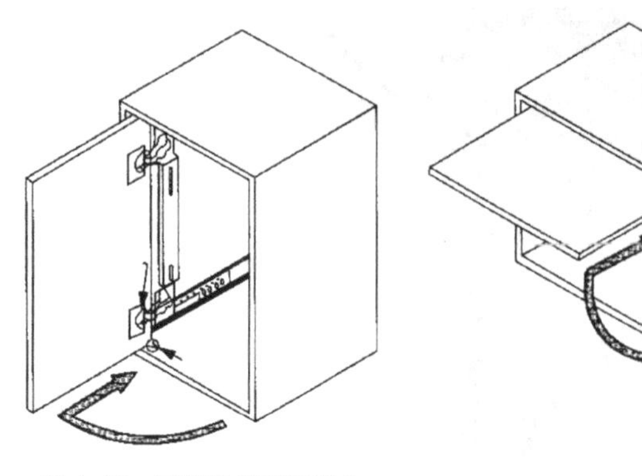

图 4-96．隐藏门的两种形式

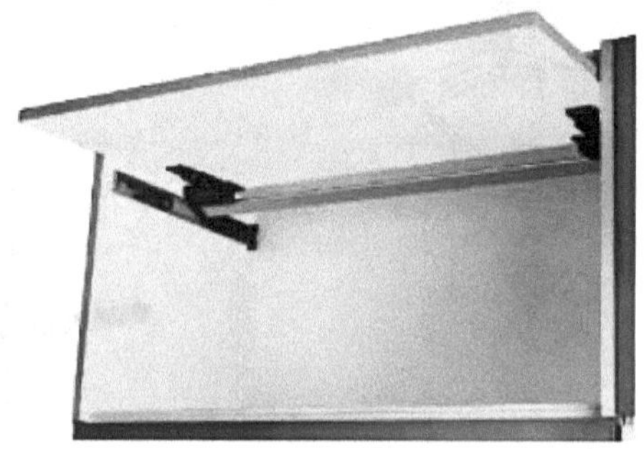

图 4-97．上翻隐藏门

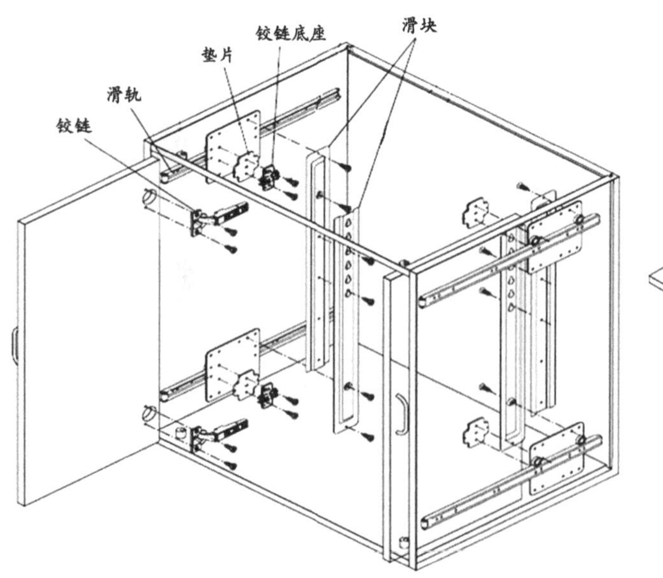

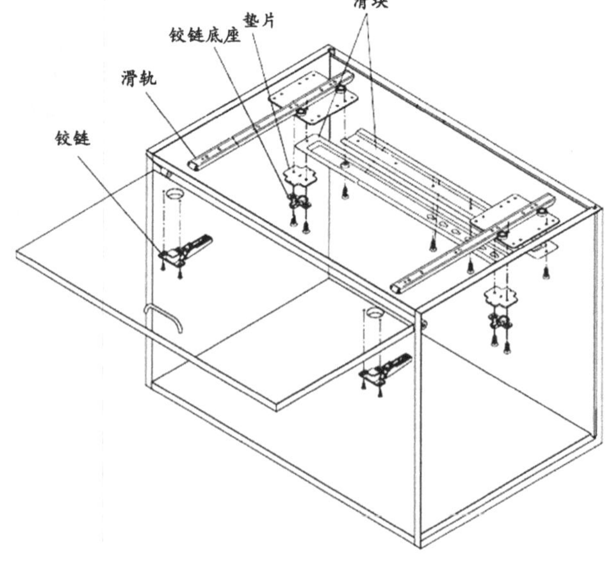

图 4-98．隐藏门结构形式

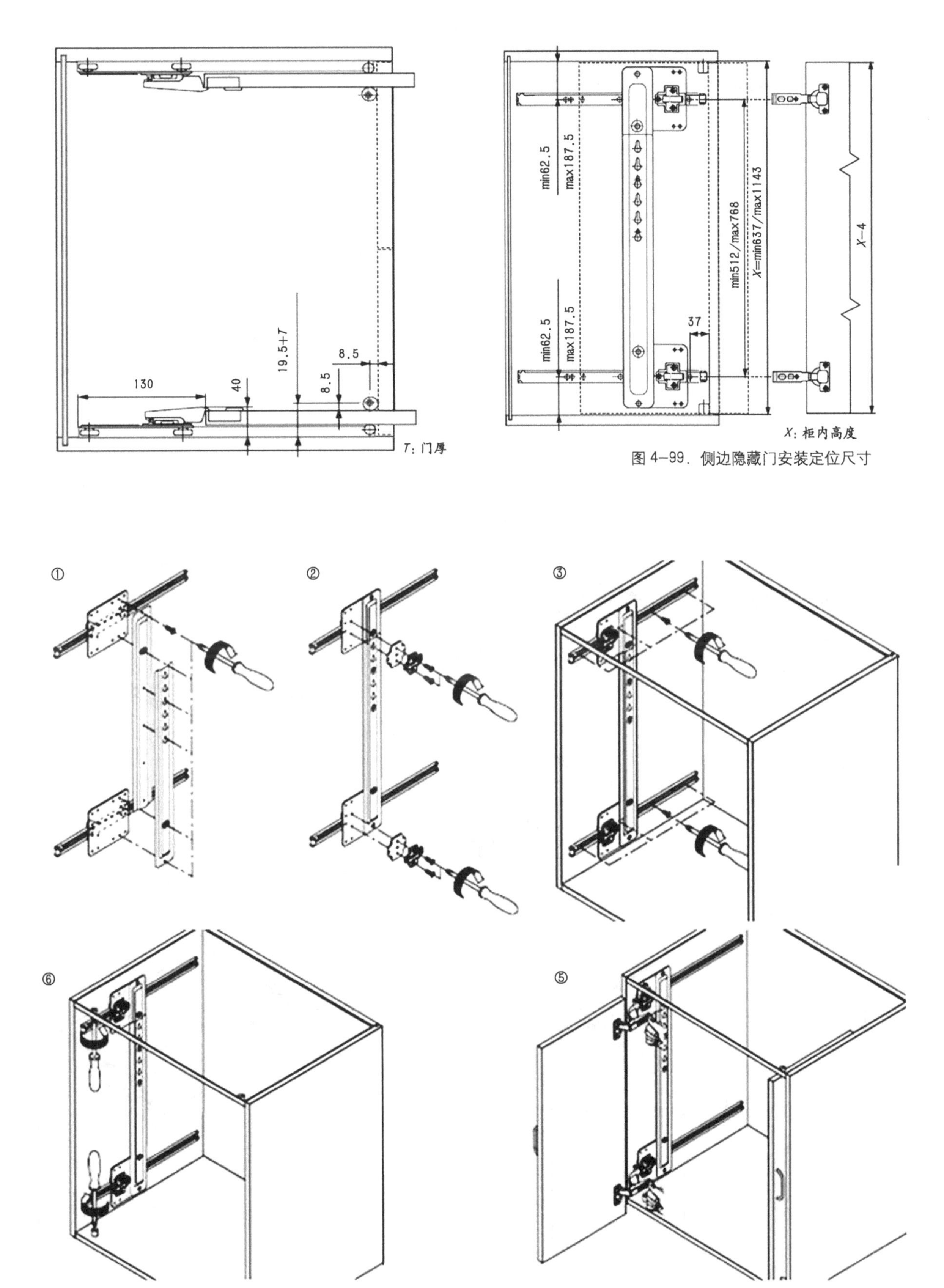

图 4-99. 侧边隐藏门安装定位尺寸

图 4-100. 侧边隐藏门装配步骤

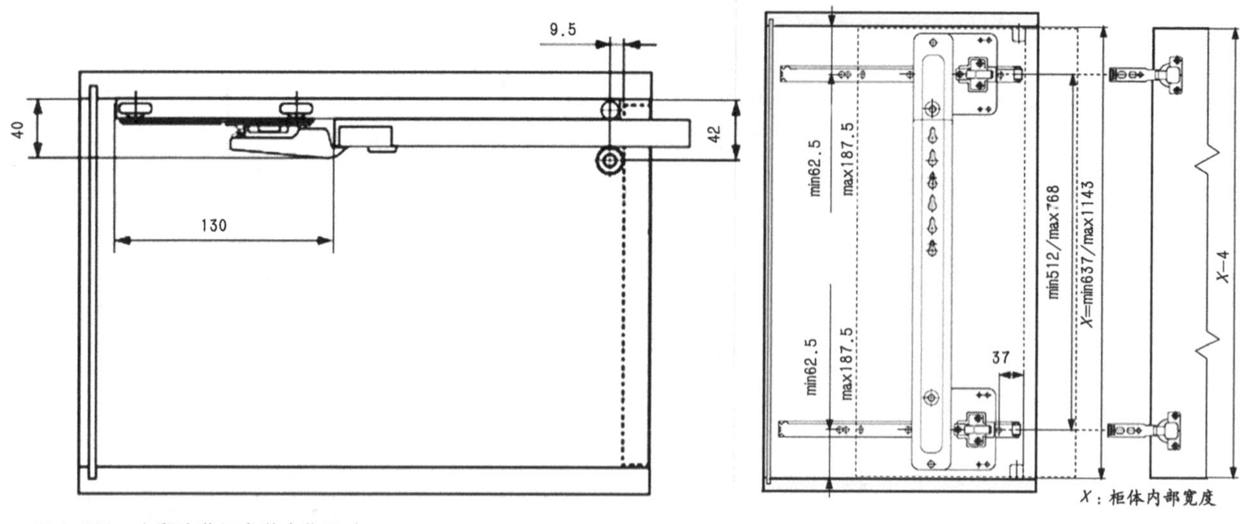

图 4—101．上翻隐藏门安装定位尺寸

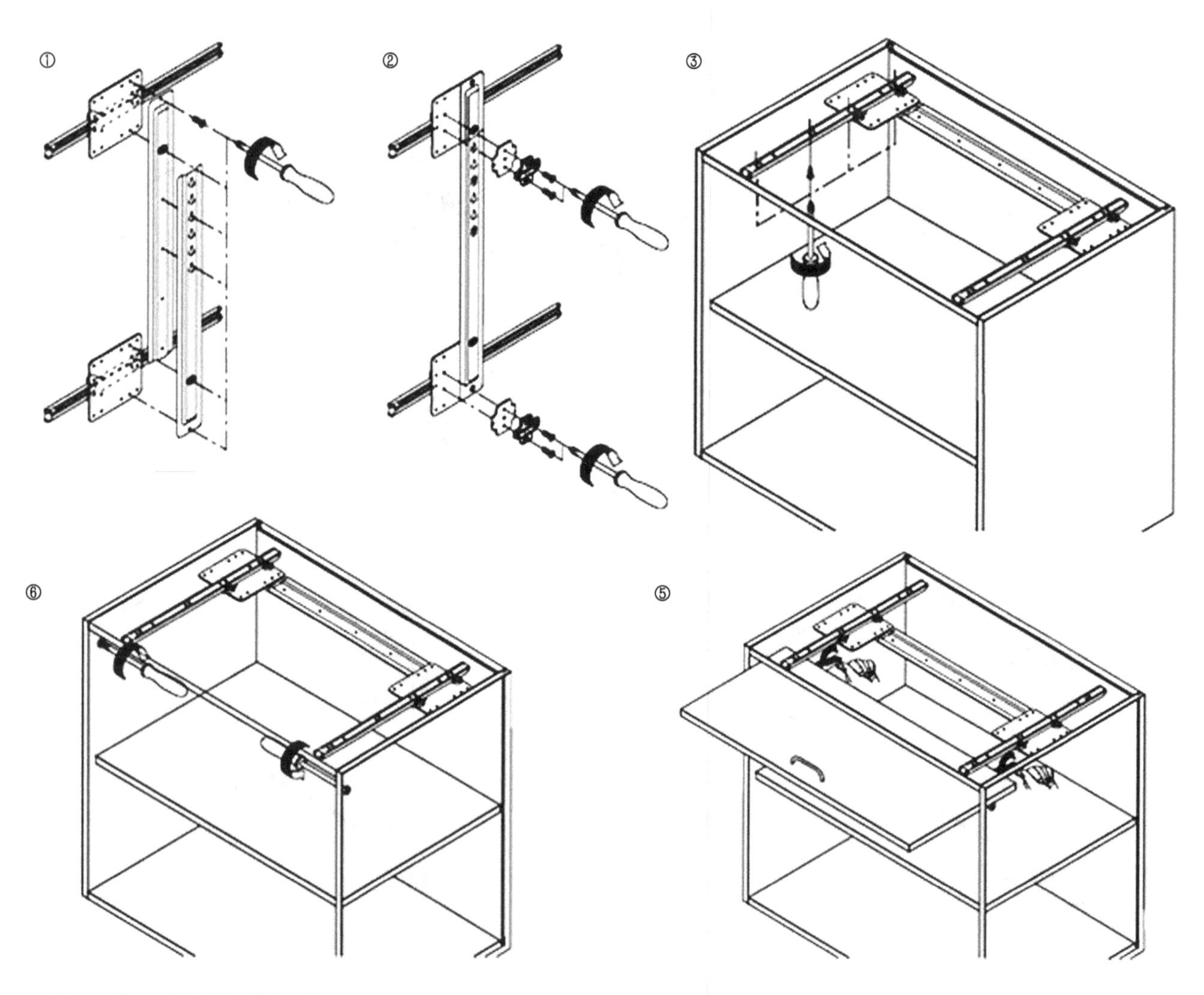

图 4—102．上翻隐藏门装配步骤

4.5 整体厨柜的台面结构

整体厨柜的台面主要用于洗涤及烹饪操作，台面上一般要安装洗盆、灶具等厨房设备，还要留有相应的准备空间。台面的基本性能要求为防水、耐高温、不渗漏、抗冲击。

4.5.1 台面基本形式

常见的台面形式有两类（图 4-103）。

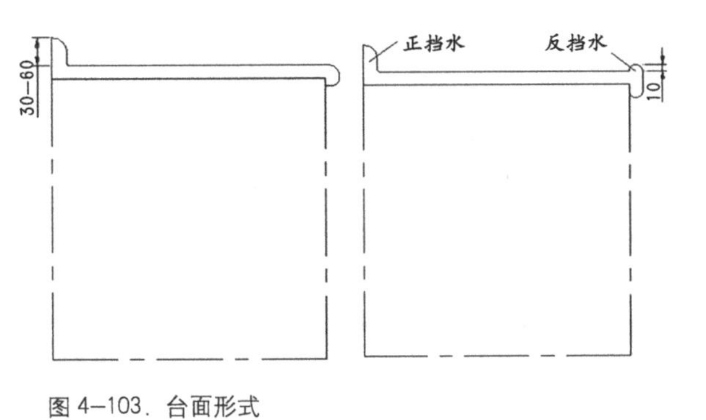

图 4–103．台面形式

考虑到防渗漏的要求，台面后面（靠墙面）设置正挡水（又称后挡水），正挡水的高度一般为 30 ～ 60mm，需和台面本体无缝连接且圆滑过渡。有的厨柜除设置了正挡水外，还在台面前面设置了反挡水。反挡水高度一般为 10mm 左右，这样可使台面上的水不至于流到厨房地面，但要求设置了反挡水的台面，洗盆必须采取嵌入式或台下式安装，使洗盆平面低于台面平面，以便于排除台面积水。考虑到冷热水管的安装，洗盆水龙头到台面后面的距离应不小于 80mm。

4.5.2 台面的支撑结构

图 4-104 系目前常见的高档厨柜台面断面结构。为保证强度及刚性，人造石台面下部需用框架支撑，支撑框架一般用铝型材或塑料型材制作。当台面长度超过人造石板材长度或台面形状为“L”形时，都需进行拼接。虽然人造石台面可无缝拼接，但为防止接缝部位产生裂缝或断裂，其下部应设置

表 4–7．不同边部线型台面断面结构

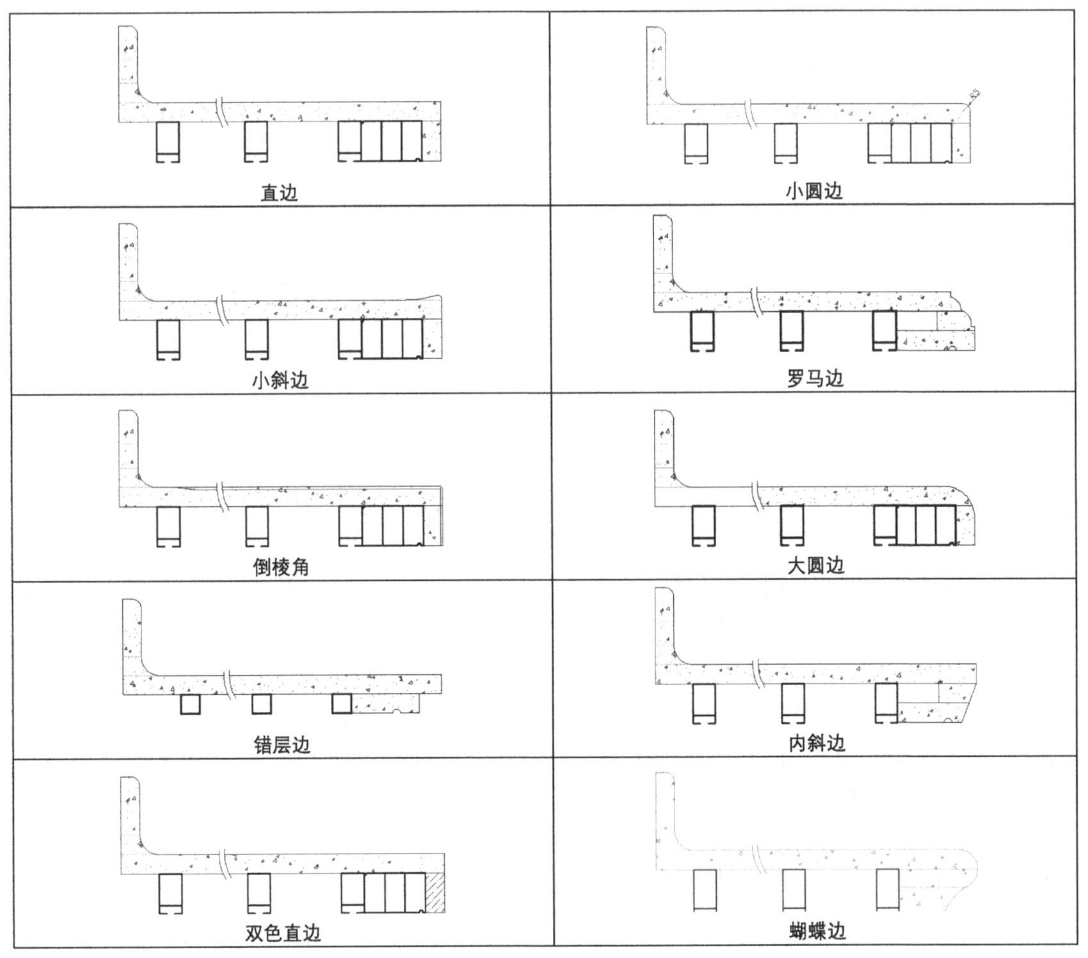

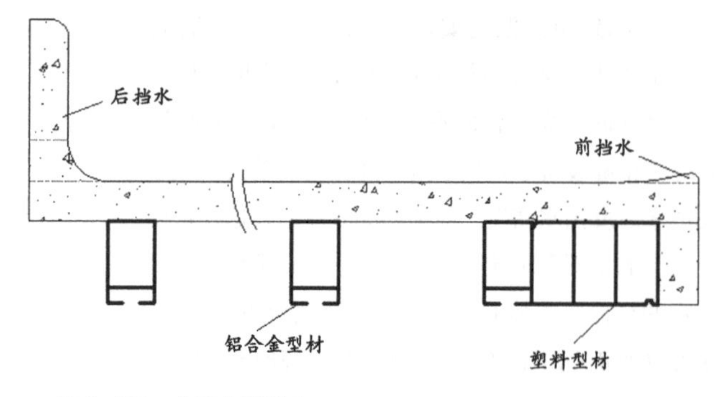

图 4–104. 台面支撑结构

加强筋。加强筋一般用同种人造石制作，胶接在台面接缝部位。

台面前面边部线型系用人造石无缝拼接再经铣型加工而成。边部线型有直边、圆边、带前挡水、不带前挡水等多种，各种台面的断面结构如表 4-7 所示。

人造石板材系有一定塑性的装饰材料，在长期高温下会有小量膨胀变形，所以结构设计时应有所考虑。如三面靠墙的嵌入式厨柜，设计时台面与墙体间应留有 3 ~ 5mm 间隙，以利于其变形；嵌入式灶具安装位置到台面前后边的距离不得小于 100mm（图 4-105），灶具与台面间需加垫隔热材料防止其变形和开裂。

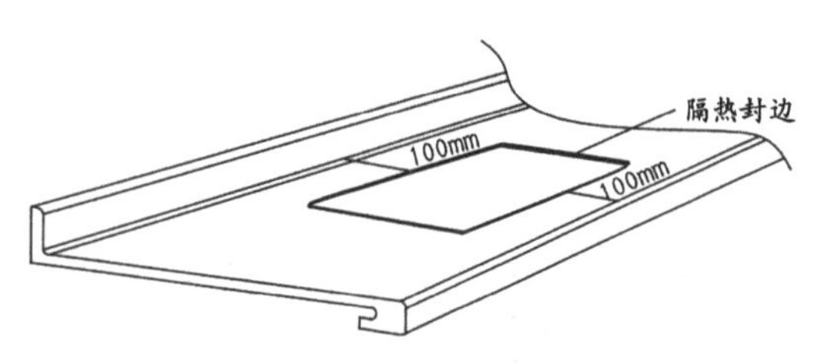

图 4–105. 灶具安装结构

4.6 整体厨柜的标准化设计

整体厨柜标准化是指通过制定一系列的标准和规范，在一定的材料种类、结构形式、生产工艺条件下设计制造一系列单元柜体、门板形式和台面种类，按照客户要求及空间具体条件设计搭配出满足客户个性化需求的厨柜产品。

与其他家具产品相比，整体厨柜本身并不是一个直接可以销售和使用的标准化工业产品，每套厨柜都是一个规模不大，但专业性比较强的工程项目。厨柜企业向消费者的供货过程包括测量、设计、制造、安装、服务等环节，缺一不可。从这些特点来看，厨柜生产是一种个性化定制生产模式。但同时厨柜也是一个比较特殊的行业，它的生产制造过程上是在工厂完成，而不是像目前在家庭装修中常见的现场施工。在整体厨柜行业发展的前期，虽然也是在工厂生产，但由于厨柜款式、材料与厨房空间的多样化，再加上厨柜市场小规模、多品种的需求，使得工厂大规模标准化生产难以实施。但是厨柜生产并非不能实行标准化，而且实行厨柜标准化设计与生产对于厨柜行业有着重大现实意义。

4.6.1 厨柜标准化的主要内容

厨柜设计标准化：标准化设计是指设计师依据相关设计规范和厨柜造型工艺特点而制定的标准化手册来设计厨柜。包括标准化的台面、门板与柜体模数系列及尺寸系列、相关图纸规范。这也是实现厨柜标准化的重点和关键环节。

厨柜生产标准化：采用先进设备以及合理的工艺对厨柜零部件进行加工，制定严格的工艺规范要求。

厨柜企业经营管理标准化：一是通过市场调查和统计分析，适当压缩产品系列和品种范围，以减少材料品种数量及结构工艺种类，为标准化的设计和生产提供基础；二是加强企业信息化建设，销售终端和生产部门实现联网，推行合同图纸电子化传输，最大限度地发挥信息化优势，实现在标准化大规模生产前提下的定制生产。

4.6.2 整体厨柜标准化设计的意义

推行整体厨柜标准化将带来的变化可以从几个方面来看：

从企业角度来看，实施标准化批量生产可以大大提高生产效率、降低成本、缩短交货周期。大量标准件可以使得适当库存成为现实，从而缓解厨柜经营的淡旺季差异。实施标准化对企业由大做强，甚至向国际化发展都有着深远的意义。

从生产一线的技术人员和工人的角度看，标准化设计和加工可以使他们操作更加熟练，大大减少生产过程中的差错，提高产品质量。

从客户角度看，标准化的实施可能开始会对少部分个性化要求很高的客户有一定的影响，但从长期来看，标准化所带来的更低的价格、更高的质量、更短的交货期可以给广大客户带来更多的实惠。而随着《住宅整体厨房》标准的实施，标准化的厨柜能够满足更多不同客户的需求。

另外一个很重要的方面是，提高标准化程度还将有可能使国内厨柜行业普遍采用的计价方式有所改变。目前国内按延长米计价，即按照厨柜柜体的长度来计算，其中台面、吊柜、地柜的长度是分别计价的。这种方式看似简单，但在实际操作中比较模糊。比如说，1米长的空间既可以设计为一个对开门柜或者两个单开门柜，以延米计价的厨柜商在定价时，一定会以两个单开门柜子来进行成本核算，并以此定价。但实际上，当消费者定做一个对开门的柜子时，就会多付给商家两个侧板的价格。反观国际先进厨柜生产厂商采用的计价方式是标准化单元柜计价，而它实施的前提是需要企业具有规模化、标准化的生产模式。

4.6.3 整体厨柜标准化设计的方法

由于整体厨柜的使用功能比较固定，相比于其他的家具产品它更容易制定标准化的尺寸。因此，标准化的切入点就是从源头开始对厨柜柜体和门板的尺寸采用标准化设计，特别对于柜体而言，可以采用标准单元柜加上调整柜的方式来实现标准化设计与制造。这样，一套厨柜就能实现只有很少的部位采用非标准件，同时这些部位还要经过规范的方法处理。这就可以大大减少零部件种类，同时不影响个性化要求的实现。

整体厨柜主要由柜身、柜门、抽屉和台面组成，它的标准化设计与制造也必须基于这些部分的功能尺寸、材料和工艺来制定。其中由柜身、柜门和抽屉组成的柜体部分是标准化的重点，由此获得的标准单元柜是标准化的基础。

标准柜：柜体是由上（顶板）、下（底板）、左右（两个侧板）、前（门板）、后（背板）六块板件所组成的一个箱体，根据功能可以对其尺寸制定标准，完全按此标准设计制作的单元柜体就是标准柜。

调整柜：针对厨房空间实际情况造成的不能完全按照标准尺度设计制造的柜体就是调整柜。

理论上通过大部分的标准柜加上少量的调整柜（或封板）是可以满足几乎所有厨房空间类型的。

4.6.4 标准柜的尺寸模数

作为厨柜标准化重要基础的标准柜，其本身的尺寸制定是一个很关键的标准化步骤。设计中需要统筹考虑厨房的各种设施，配置不同规格尺度和用途的单元柜，并参照模数协调原则，有机地将不同柜体及操作台的外形尺寸、结构与厨房空间和谐统一。为了满足工厂标准化生产的批量，又要顾及多样化的厨柜样式需求，应尽量优化厨柜尺寸模数，精选规格尺寸，以减少板件和加工工艺种类。

单元柜体尺寸的模数化设计主要涉及地柜和吊柜两大类，而它们的尺寸主要是根据人体工程学和厨房常用设备的功能要求来决定的。表4-8、9是一套常用的标准柜体模数系列。

4.6.5 整体厨柜设计中封板的应用

实现标准化设计与制造的技术方法有多种，相对于厨柜产品而言，目前最为适用的技术手段是：针对各类不同的厨房空间，采取“标准单元柜＋调整柜＋封板”的组合，来完成一套整体厨柜的设计与制造。其中封板的合理应用对于简化设计方法、提高加工效率、提升产品质量等都有重要的意义。

(1) 封板的含义

封板（Adjustment board）是指安装在整体厨柜正立面，专门用于调整柜体与墙面（或顶地面）、柜体与柜体之间位置及尺度关系的小规格装饰性板件，又称调整板、收口板。它具有完善整体装饰效果、实现活动部件顺利开合、提高单元柜体标准化

表4–8．吊柜标准尺寸（模数）系列（单位mm）

尺寸种类	尺寸系列
进深	300、350
高度	600、700、800
宽度	300、350、400、500、600、700、750、800

注1：由于厨房空间充分利用以及开门方式等因素，吊柜宽度可选尺寸较多；
注2：吊柜种类包括了普通吊柜、抽油烟机吊柜等。

表4–9．地柜标准尺寸（模数）系列（单位mm）

尺寸种类	尺寸系列
进深	500、550、600
高度	650、700（不含灶具）；800、850（嵌入式灶具）
宽度	200、300、400、500、600、700、800

注1：由于厨房空间充分利用以及开门方式等因素，宽度可选尺寸较多；
注2：地柜种类包括了灶台、洗涤台、操作台等；
注3：如需要变化模数也可使用50mm，以适应更多情况，但尽量少用。

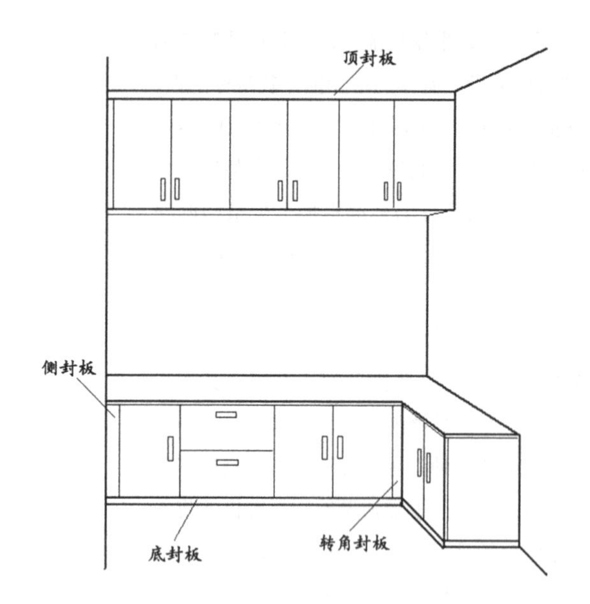

图 4–106．封板类型

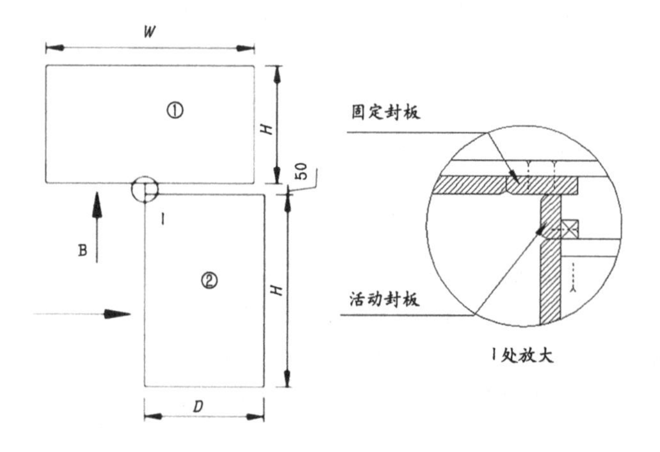

图 4–107．固定封板与活动封板

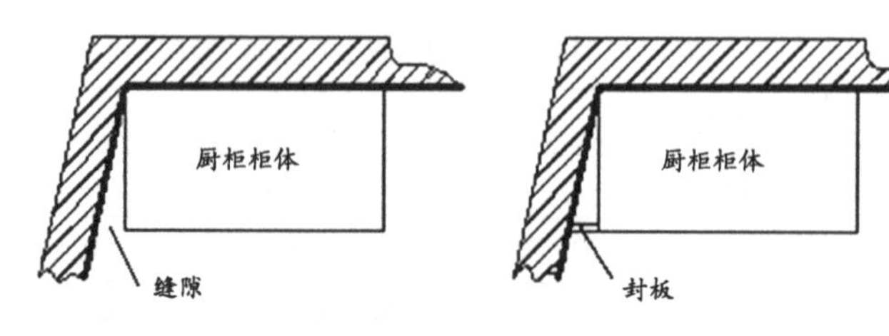

图 4–108．利用封板遮挡缝隙

程度等诸多作用。

(2) 封板的类型

不同情况下，封板应用的目的和应用的场合都不同，所以整体厨柜封板有多种类型。

①按安装位置分类

按安装位置不同，封板有侧封板、顶封板及底封板、转角封板等（图 4-106）。

侧封板又叫靠墙封板，装于柜体与墙面之间，用于调整柜体与墙面间的位置关系，起遮挡缝隙、保障活动部件顺利开合的作用。

顶封板又叫顶线，装于吊柜顶部，用于调整厨柜与厨房顶棚的位置，并作为厨柜顶部的收口装饰线。

底封板又叫踢脚板，装于地柜下部，用于厨柜下部的收口装饰，并遮挡地柜的可调地脚。

转角封板装于转角柜处，它既简化了转角柜的生产工艺，又能保证转角柜内的活动部件顺利开合，还便于厨柜安装。

②按安装方式分类

按安装方式不同，封板有固定封板和活动封板（图 4-107）。固定封板是在柜体组装时安装于柜体上；活动封板则是组装好柜体并摆放在厨房相关位置后再与柜体连接安装。

封板与柜体的连接一般采用木螺钉接合，固定封板可直接用木螺钉安装在柜体上；活动封板则需先装于木方上，再将木方与柜体固定连接。

(3) 封板材料及色彩选择

由于整体厨柜的装饰要求，侧封板和转角封板大都采用与厨柜门板相同的材料制造，表面装饰方式和装饰色彩也与门板一致。而底封板要求防水，往往采用一些耐水性好的材料制造，如 PVC、ABS、铝合金等，其色彩常常选择深色，以实现厨柜造型的视觉稳定。顶封板材料及色彩则可根据生产和造型需要自由选择。

(4) 封板在整体厨柜设计中的应用

设计中，封板主要应用在以下几个方面：

①遮挡缝隙，完善整体装饰效果

由于现有施工技术的局限性，往往使建筑墙体与顶棚、墙体与墙体之间存在着尺寸及角度误差，这种误差使厨柜柜体安装后与墙面间会出现较大缝隙，影响厨柜的整体装饰性，利用封板则可调整这类缝隙，从而提升厨柜的装饰效果（图 4-108）。

②调整位置，实现活动部件的顺利开合

整体厨柜中装有许多活动部件如门、抽屉、拉篮等，由于墙体或柜体的误差，常常会影响这些活动部件的使用，利用封板可以很地好解决这个问题。

如图 4-109 所示，拉篮柜靠墙布置，墙面如果不平则拉篮拉出时易受阻，加装靠墙封板是合理的设计解决方法。

图 4-110 为转角柜，当一边柜体中装有抽屉时，另一边柜体门及拉手则会妨碍抽屉拉出，在抽屉旁边装上封板，则可保障抽屉顺利开合。

③减少异形，提高单元柜体标准化程度

厨房中有许多管道、柱子，设计者常常将厨柜的某个单元柜设计成切角柜等异形柜以包覆管道。这种切角柜看似充分利用了空间，实际上增加的空间很有限，意义并不大，但却使柜体标准化程度受到影响，增大了制造及安装难度。设计中可以将切角柜设计成标准柜，其余部分则使用封板来解决（图 4-111）。

封板作为一个不太起眼的小装饰板件，却影响着整体厨柜设计和制造的诸多方面，厨柜设计中通过灵活、合理地使用封板，才能设计出既整体美观又易于制造加工的厨柜产品。

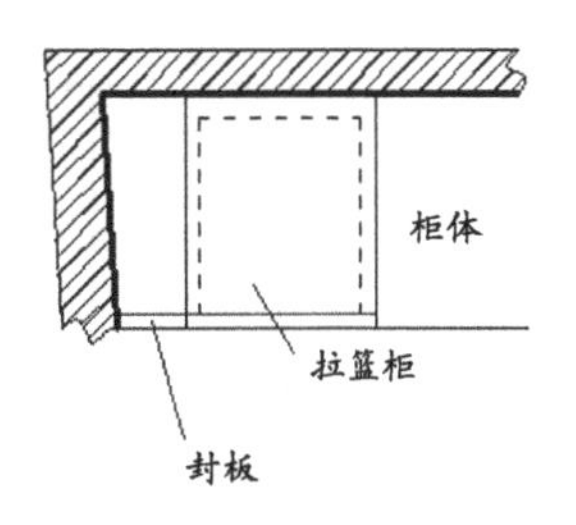

图 4–109．利用封板调整位置

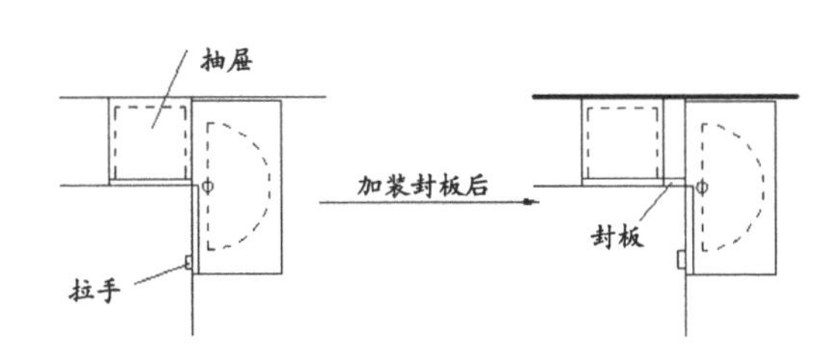

图 4–110．利用封板实现活动部件的顺利开合

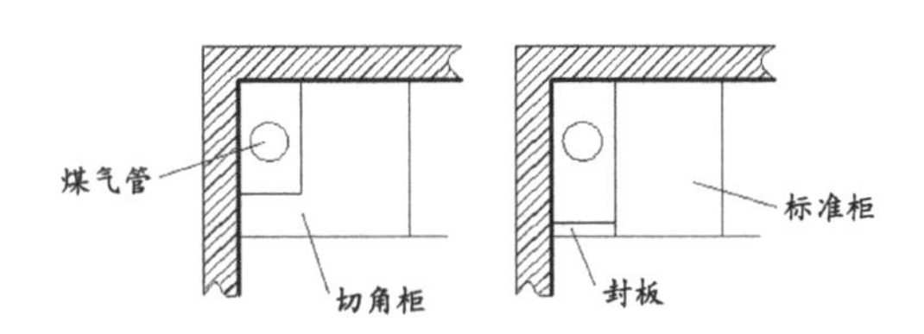

图 4–111．利用封板实现单元柜体标准化

4.6.6 整体厨柜设计中标准化处理实例

整体厨柜的标准化设计的重点是要处理好调整柜（或调整板）等非标部件。调整柜（或调整板）类型主要有：障碍物切角柜类、柜体尺寸等分柜类、特殊柜

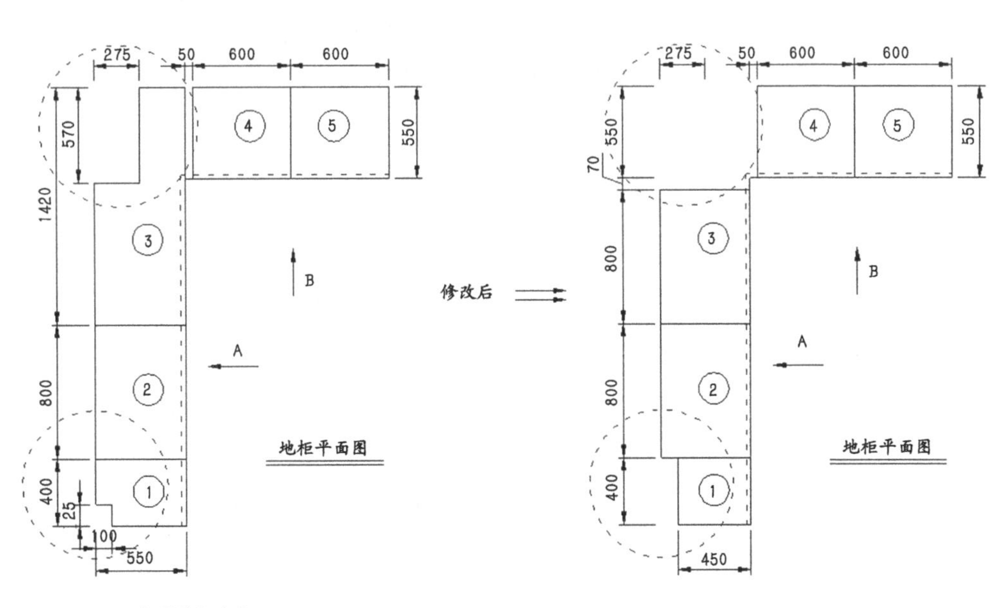

图 4–112．障碍物切角柜

说明：1 号柜深度从 550mm 改为 450mm，取消切角。3 号柜取消切角，改为 800mm，剩余 70mm 做封板，550mm 留空。

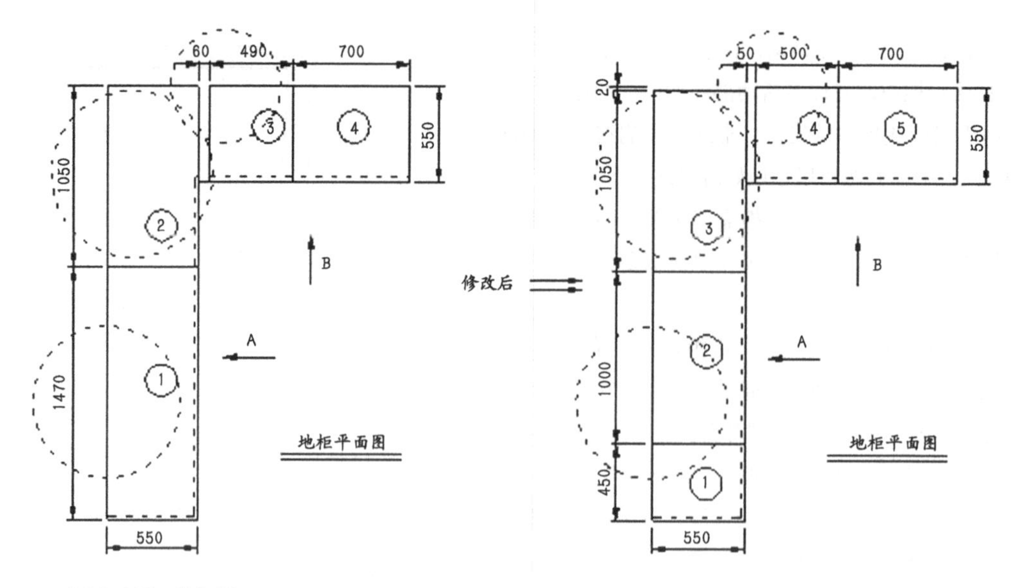

图 4–113. 等分柜

说明：1 号柜原尺寸 1470mm 为非标尺寸，现分成 2 个标准柜，分别为 450mm、1000mm。原 2 号柜改为 3 号，尺寸 1050mm，安装时侧边离墙 20mm；原 3 号柜改为 500mm，左侧做 50mm 封板。

类等。

（1）障碍物切角柜类

此类型中包含几种具体障碍物，如柱子位、横梁柱位、水管和煤气管位以及窗台位。当遇到此类障碍时，设计人员以往考虑更多的是将柜子设计成带有切角。这样做的好处是可以充分利用空间，缺点则是造成了工厂加工生产的困难和安装难度。针对此类情况，标准化设计中可以把切角柜设计成标准柜，其余尺寸可以考虑做成靠墙封板。这虽然会损失一些空间，但是由于大大减少了非标准件的生产和安装，对提高工厂生产效率是非常有益的，同时也能降低生产成本及售价。图 4-112 就是在这种情况下的厨柜标准化设计范例。

（2）柜体尺寸等分柜类

此类情况是因为设计人员在设计时忽略了柜身尺寸是否符合标准，仅考虑到造型的要求，或者是为了尺寸平均分布将柜身和门板均设计为非标尺寸。遇到这种情况时应该考虑设计成标准尺寸，多余的部分留到转角位，还可作封板处理（图 4-113）。

（3）特殊柜类

主要有几种：非标长方体异形类、整体转角柜类等。其中异形类主要是由于厨房呈多边形，设计时只考虑空间使用率。解决方法主要是转角留空（图 4-114）。

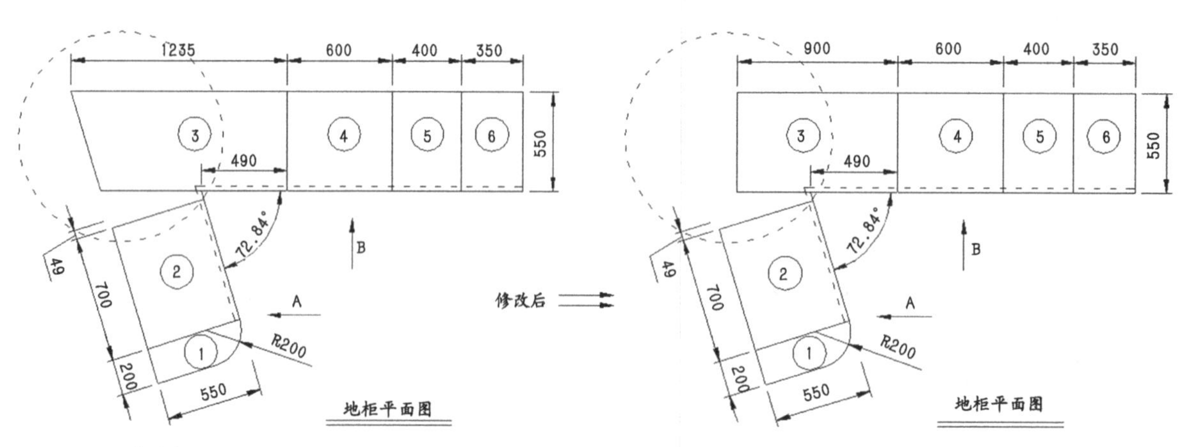

图 4–114. 特殊柜

说明：3 号柜的原异形转角柜改为 900mm 的标准柜。

5 整体厨柜设计实务

从广义上来说，整体厨柜设计包括对造型、功能、尺寸、材料、结构、生产工艺及展示营销等全方位的设计。从狭义上来说，整体厨柜设计是针对具体的厨房空间，按照客户的个性化需求，完成满足客户使用要求的具体设计方案。整体厨柜作为定制产品，除了样品开发设计以外，还包含更为具体的销售设计，这涉及到科学精准的测量、完美的方案展示、准确的图纸表达、明确的合同签订、大规模定制生产、人性化的安装服务等一系列业务过程。

5.1 整体厨柜的设计内容

根据设计程序、设计要求及设计目的等方面的不同，整体厨柜的设计可分为样品设计和销售设计两种。

5.1.1 样品设计

样品设计通常由企业的研发部门负责，其任务是开发出满足市场需求的并适应本企业生产状况的各类厨柜样品。

样品设计的具体内容是：通过设计确定某套厨柜的整体造型风格、色彩、所用材料及配件，同时制定各个单元柜结构及尺寸、零部件的形状和规格、相关定形和定位尺寸等等。

样品设计在整体厨柜生产企业运作中具有非常重要的意义，它决定了企业产品的市场占有率和利润，还决定了企业下一步的生产、质量检测以及营销管理等各个方面的运行。通常厨柜企业每年都会根据市场需求变化开发新产品，一般包括多个系列。

样品设计的流程为：

设计调查→初步设计 →方案评审 →结构设计 →样品制作 →样品评审 →样品确认 →工厂试产→设计培训。

(1) 设计调查

设计新样品之前，应针对不同的市场进行设计调查，其工作内容有调查和资料整理与分析两方面。

调查：包括消费者调查、技术状况调查、市场环境调查、市场专题调查、相关产品调查等。

资料整理与分析：调查所得的相关资料应进行整理和分析，消费者调查、市场专题调查结果等应进行定量分析；技术状况调查、市场环境调查、相关产品调查结果应进行定性分析。

(2) 产品初步设计

研发部门设计人员依据已掌握的市场调查信息、设计意向，并参考相应产品的性能、功能及有关标准、设计资料或顾客要求等，构思出整套厨柜的外观造型、色彩、主体尺寸、所用材料等，形成设计方案并绘制相应的效果图。

(3) 方案评审

方案评审是对厨柜设计方案按一定方式方法进行相关要素的逐一分析、比较和评价。其主要内容有：功能评估、创新评估、生产工艺评估、产品竞争力评估、经济效益评估等。参与部门通常包括生产、质量检验、营销以及审价员、专卖店店长、销售设计人员、展示设计人员等。

(4) 结构设计

方案通过评审后，研发部门设计人员应根据样品进行具体的结构设计，结构设计的工作内容主要有：绘制全套生产图纸、编制零部件明细表和外加工件与五金配件明细表、进行包装设计等，完整的结构设计还应包括产品生产的工艺设计。

(5) 样品制作

研发部门依据生产图纸，并综合多方面的信息，对评审通过的方案样品进行制作，并随时对生产图纸进行修正。

(6) 样品评审

针对具体的样品实物进行再次分析和评价，主要评价样品与图纸之间是否存在差异、整个设计是否适合企业目前的生产条件和生产状况等。

(7) 样品确认

根据样品评审结果，确认新样品开发的款式、尺寸、工艺及结构等相关参数，确认产品生产图纸和相关生产工艺。

(8) 工厂试产

对最后确认的样品进行小批量试产，检测其工艺可行性，并对设计中的不合理部分及不适应实际生产过程的设计缺陷进行修正，完善设计及生产图纸。

(9) 设计培训

新样品确认以后，研发部应对销售设计人员、商场导购员、审价员、质量检验人员以及生产部门人员进行产品介绍和相关培训，培训内容包括样品风格特点、尺寸规格、生产工艺及关键技术、质量控制方法等。

5.1.2 销售设计

为适应各类不同形式的厨房和满足客户的个性化需求，整体厨柜的设计、生产、销售都是采取客户参与的定制模式，一对一服务。销售设计即是直接面对具体客户的设计，它是连接企业与客户的桥梁，也是实现从样品到商品的关键环节。

销售设计采取现场测量、量身定做的方式来进行，工作内容主要有：根据客户看样情况及客户的具体要求提供设计咨询、现场测量、并结合企业的厨柜样品与客户厨房进行具体设计，最终将客户喜欢的样品风格落实到他家的厨房之中。其工作程序为：

客户展厅看样→设计咨询→初步量房→设计方案→厨房水电施工及装修→二次量房→精确设计→厨柜生产→厨柜安装→售后服务。

客户进行厨房装修前，大都会到相关企业展厅选择喜欢的厨柜样品。当客户进入展厅了解厨柜情况时，导购人员或销售设计人员可向客户介绍厨柜的款式、材料、功能五金配件以及大概价格等，并根据客户的喜好及具体厨房形式推荐相关的厨柜样品，以促成其购买。一旦客户确认购买，销售设计人员就可进行测量和设计了，销售设计人员设计时，一般需要进行两次测量和两次设计。

第一次测量和设计应在客户家厨房还未搞任何装修及水电施工前进行，首次设计主要是厨柜配置方案设计，以确定厨柜的基本布局、上下水管及电器插座的位置尺度，给后续进行的厨房水电施工提供依据。

第二次测量和设计则是在厨房水电施工和墙面、地面、顶面装修完工后进行，此次测量和设计，要求在第一次的基础上进行精确测量和准确设计，此次设计的厨柜方案为最终方案，企业将根据此方案安排加工生产。

5.2 整体厨柜的设计图纸

国家对整体厨柜设计图纸，并没有统一的标准和要求，各厨柜企业大都是根据自己企业的情况，确定图纸形式和要求。目前厨柜企业使用的图纸主要有两类，一类用于厨柜销售时与客户交流，另一类用于企业内部指导生产。

各企业面对客户进行销售时，大都采用类似于室内设计的图纸来表达，它包括厨柜平面布置图、各方向立面图等，图 5-1 为某企业与客户交流的厨柜设计图。

这类图纸主要是表达整套厨柜的布局形式、风格样式、各部分的精确尺寸，而对于厨房墙面、地面及顶面的装修则不做表达（或简单表达），立面图中虚线表示门铰链位置和门开启方向。

而生产企业内部采用的则是家具产品的相关图纸，包括结构装配图（带局部详图）、零部件图、大样图、开料图等（图 5-2）。由于是指导生产用，所以必须精准的表达出构成整套厨柜的全部零部件的尺寸和材料、零部件加工要求、各零部件之间的接合方式等内容，其绘制方法也必须符合国家制图标准《QB1338—1991 家具制图》的相关规定和要求。

与柜体分体结构不同，厨柜台面系整张结构，其尺度、形状、色彩对整套厨柜的功能和装饰效果都有较大影响，所以台面必须有独立且详细的加工图纸来专门表达。图 5-3 为某厨柜企业的台面加工图，它包括一个平面图和一个断面图，平面图表达了台面的平面形式、各部分的尺寸、灶具及洗盆的开孔位置、台面接驳位置等；断面图则表示台面断面形式及尺寸、边部线型及尺寸等。

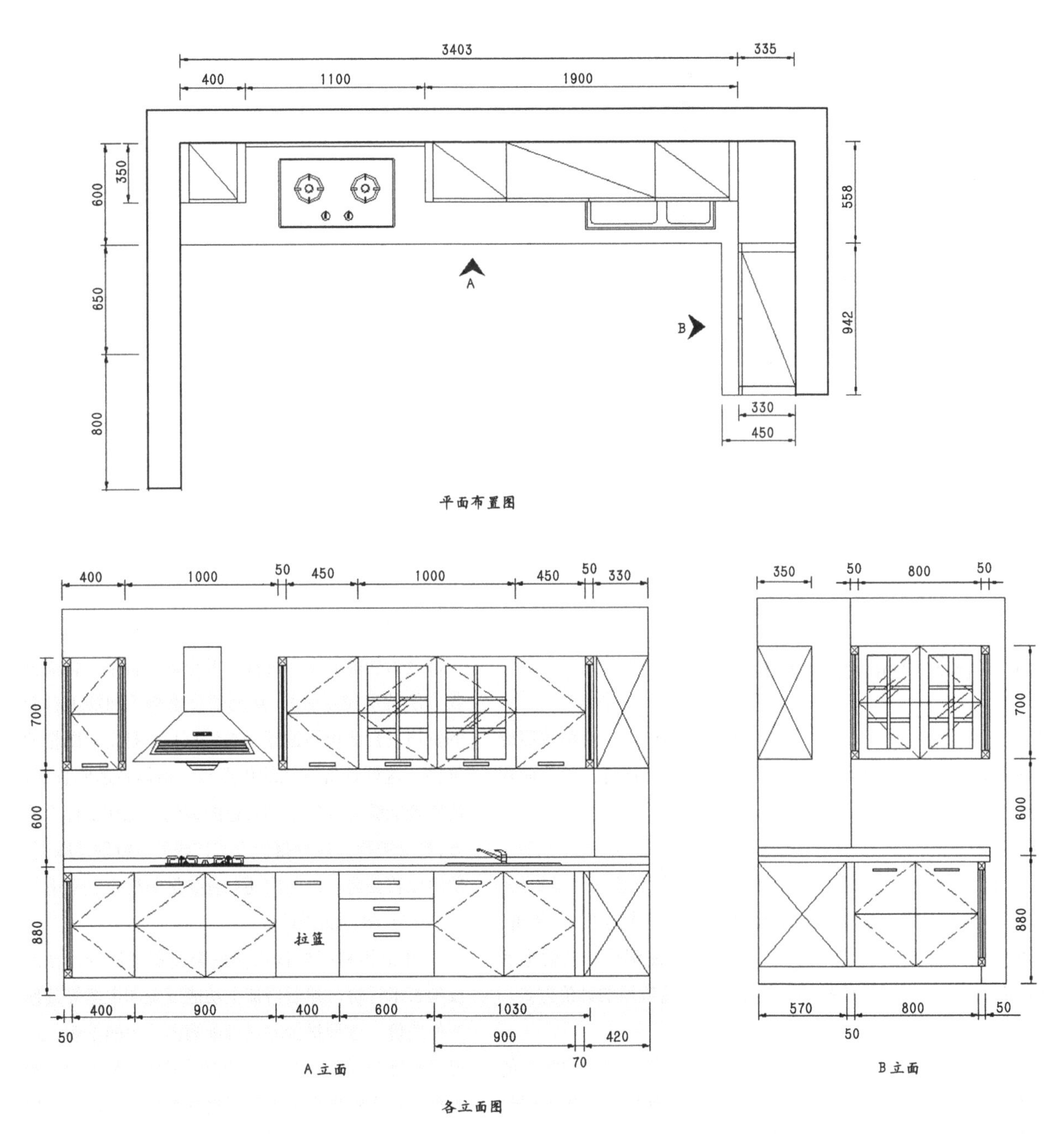

图 5-1. 厨柜销售设计图

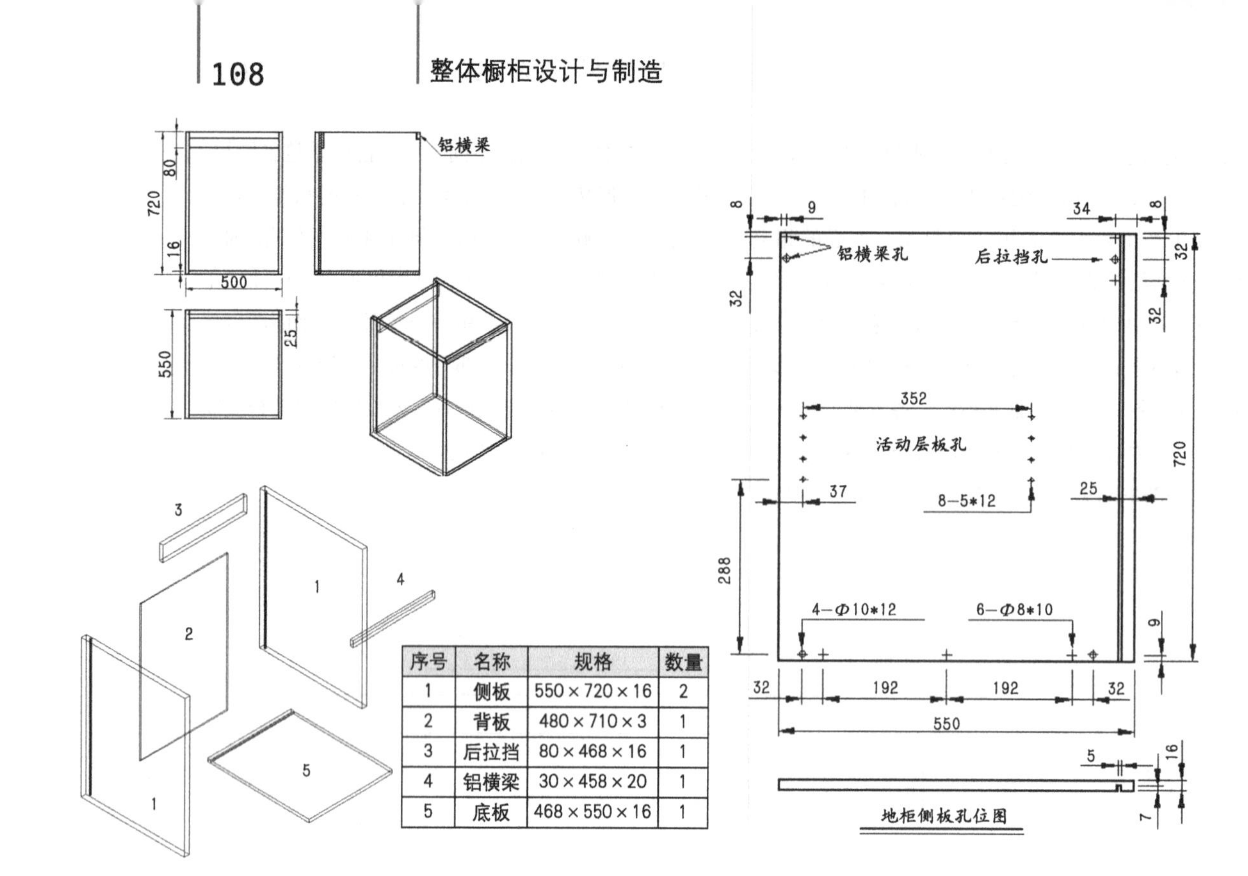

序号	名称	规格	数量
1	侧板	550 × 720 × 16	2
2	背板	480 × 710 × 3	1
3	后拉挡	80 × 468 × 16	1
4	铝横梁	30 × 458 × 20	1
5	底板	468 × 550 × 16	1

图 5–2. 地柜结构装配图及旁板零件图

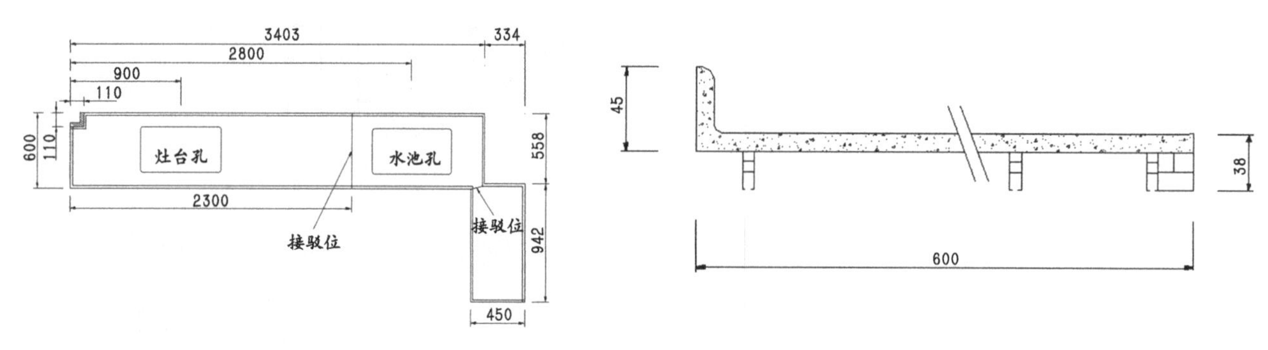

图 5–3. 台面加工图

5.3 整体厨柜的报价方式

报价是厨柜销售设计工作中至关重要的一项内容，目前按照厨柜行业内的计算方式，大概分为延米计价、单元柜计价、单位面积计价三种。

（1）延米计价

这种计价方式不管厨柜深度为多少，均按厨柜长度来计算价格，其计价单位为：元 / 米。整套厨柜的总价格包括：吊柜长度 × 单价、地柜长度 × 单价、台面长度 × 单价、再加上功能配件和其他电器配件的价格。这是中国整体厨柜的一种特殊但普遍应用的计价方式。

（2）单元柜计价

这种计价方式是由企业先定好每个标准单元柜（包括门板）的单价，然后按此价格来计算整套厨柜的价格。这种报价方式主要包括三个部分：一部分为单元柜体的价格（含标准配置的拉手和门铰）、一部分为功能五金和配件以及电器的价格（含需另收费的特殊拉手等），这两部分价格总和加上台面的价格（台面价格按延米来计算）就是整套厨柜的价格。这种计价方式的优点是价格体系透明直观，消费者能够充分的了解自己的钱到底花在了什么地方，易于把握。这种报价方式在国外（特别是欧洲）使用比较普遍，但国内还只有少量厨柜企业采用。

（3）单位面积计价

即柜体和门板按正面投影面积来计价，台面按延长米计价，然后再加上功能五金和电器等其他配件造价。这种报价方式目前国内采用的不多，主要是装饰公司在现场制作厨柜时采用。另外国内厨柜企业在个别项目中也采用这种报价方式，如单独订购门板、订购装饰板、非标准台面等。

5.4 整体厨柜的销售设计

整体厨柜销售设计是厨柜设计、生产、销售中最为关键的环节，其工作好坏直接影响企业的销售量和利润率。销售设计工作内容包括现场测量、方案设计及其他具体的设计等。

5.4.1 现场测量

在整体厨柜销售设计的工作中，厨房测量直接影响到设计的后续工作，现场测量的基本要求是精准、完整。精准是指测量的所有尺寸必须达到一定的精度;完整则是指全面了解与厨柜设计、生产、安装相关的信息。厨房的测量一般有两种情况，毛坯房测量和装修房测量。毛坯房是指地面、墙面及顶面等都未进行任何装修的厨房;装修房是指地面、墙面、顶面装饰及水电布置已完成装修施工的厨房。

（1）测量前的沟通与观察

上门测量是设计师跟客户进行有效沟通的第一步，一个出色的销售设计师，首先就必须具备有测量厨房和熟悉厨房结构的能力；同时还要有较强的观察和与用户沟通的能力，要通过上门测量了解所有与厨柜设计、生产、安装相关的信息。

用户在确定要上门测量时，应该已经跟厨柜商场导购或销售人员达成了初步的购买意向，并对企业产品有初步的了解和认可。销售设计师上门测量前应与导购（或销售人员）沟通，从导购那里得到客户的一些基本情况，如用户喜欢什么样风格的厨柜、用户住宅的楼盘档次和户型大小、用户所预定的厨柜材料等，以确定用户购买厨柜的消费档位和设计风格，避免在后续的工作中产生与客户观点相左的冲突。

上门测量时应注意与用户沟通，与用户的沟通是整个设计过程中非常重要的一个阶段。设计师怎样引导用户，怎样让用户相信我们的产品质量，怎样展现我们的产品优势，都是作为一个合格的销售设计师应该仔细考虑的，与用户沟通到位与否直接影响设计的效果和合理性。如：通过沟通了解用户家庭人口的数量、大概年龄状况以及家庭生活习惯，主厨人身高、年龄、烹饪习惯、喜欢的色调等信息，以便设计的厨柜符合主厨人的操作习惯和喜好。

测量前还应注意观察用户住宅的相关情况，如电梯口、室内走廊、厨房门等通道尺寸大小（通道尺寸大小直接影响台面、大型柜体的搬运）；排烟方式及管线的布局；厨房门与客餐厅的连接关系（移门还是开门）等等。

（2）厨房尺寸测量

测量前应根据厨房具体情况和用户选定的厨柜样品进行基本的厨柜布局设计，然后再根据所要设计的厨柜布局绘制出厨房的测量工况图，并测量出设计需要的所有尺寸。

大多数厨房墙面及地面都会存在倾斜现象，它直接影响到尺寸测量的精度和厨柜安装效果，所以必须进行多点测量，一般测点布局如图 5-4 所示。

另外，还必须测量墙柱、上下水管、水龙头、出烟口、煤气表、热水器等各种障碍物的大小体积和离墙离地的位置尺寸；墙面及地面的倾斜角度和倾斜方向等。

（3）毛坯房测量

毛坯房测量的精度要求不高，但要注重沟通与交流，不仅仅要跟用户沟通，还要与装修人员沟通，了解厨房水、电、气的装修方案，并根据厨柜设计方案提出装修要求（如开关、插座、上下水管、气管位置等）。另外，毛坯房测量时还需要注意考虑预留地砖的高度，预留天花的高度，以及窗台高度，烟管排烟方式，烟机位的横梁，冰箱的摆放位置等。

（4）装修房测量

装修房由于其开关、上下水管、气管的位置都已固定，不易更改，所以需要进行全面精确测量，最后根据测量情况再进行具体设计。装修房测量包

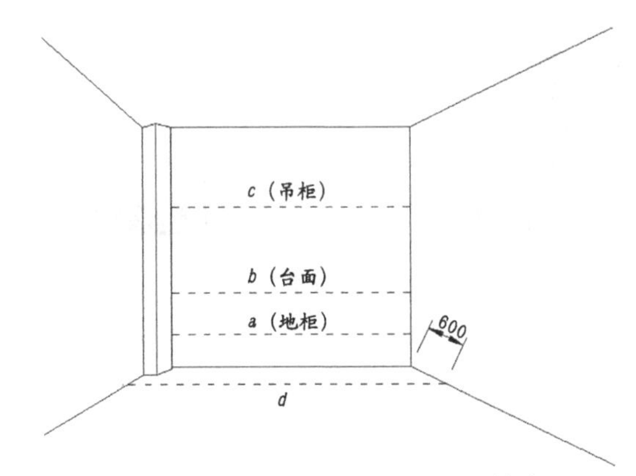

图 5-4. 测点布局

a 测点为地柜调整脚高度位置，离地高度约 100 ～ 150mm；b 测点为台面高度位置，离地高度约 800 ～ 890 mm；c 测点为吊柜安装位置，离地高度约 1550 ～ 2200 mm。d 为测点到墙面的距离，地柜处以台面深度为准，一般 500 ～ 600 mm；吊柜处以吊柜深度为准，一般 300 ～ 400 mm。

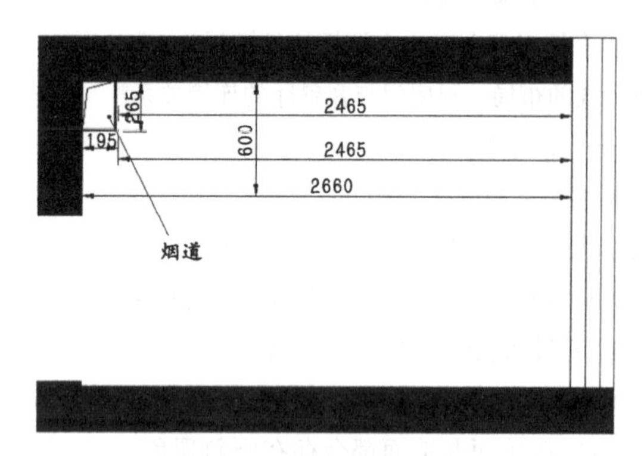

图 5-5."一字型"布局厨柜测量工况图

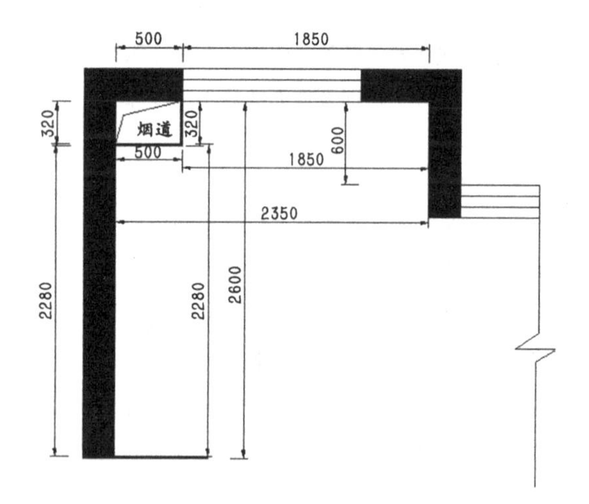

图 5-6."L 型"布局厨柜测量工况图

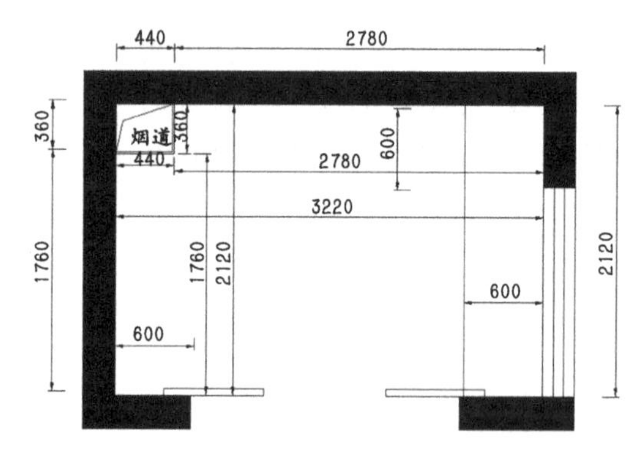

图 5-7."U 型"布局厨柜测量工况图

括预定厨柜摆放位置的厨房尺度测量；障碍物尺度及位置测量；用户自备电器及配件尺寸测量等。

厨房尺度测量除要求精确测量外，测量中还应注意定位尺寸和定形尺寸的把握，定位尺寸是指确定台面及柜体的切角位置、洗盆孔、炉灶孔等开孔位置的尺寸；定形尺寸是指确定台面及柜体的长宽高、洗盆孔和炉灶孔的开孔大小尺寸等加工项目的实际尺寸，这两方面尺寸都是工厂确保厨柜加工准确性的关键尺寸。而其中定位尺寸更为重要，其精准程度直接影响厨柜的安装，同时对厨柜设计和加工质量的影响也大于定形尺寸。

图 5-5 为"一字型"布局厨柜的测量工况图，厨柜左右两边分别系墙和窗，烟道位置也不可改动，所以定位尺寸为烟道长宽（195mm×265mm）和台面总长（2660mm），定形尺寸主要有台面宽度 600mm 以及 2465mm 两个。

图 5-6 为"L 型"布局厨柜的测量工况图，厨柜左右两边靠墙，下部则不靠墙，所以定位尺寸为烟道长宽（500mm×320mm）和台面一个方向的长度（2660mm），其他则为定形尺寸（600mm、1850mm、2280mm）。

图 5-7 为"U 型"布局厨柜的测量工况图，厨柜左右两边靠墙，下部因厨房门开关不能靠墙，所以定位尺寸为烟道长宽（440mm×360mm）和台面一个方向的长度（3220mm），其他则为定形尺寸（600mm、2780mm、1760mm、2120mm）。

障碍物尺度及位置测量包括墙柱大小及位置尺度、煤气表大小及位置尺度、进排水口位、插座位等。

当厨房电器或其他配件由用户自己选配时，销售设计师还需掌握电器的相关尺寸。目前我国厨房电器配置的说明书大都是一个系列产品的说明书，而到某款具体产品其尺寸往往与说明书上的尺寸有差异，所以应注意直接测量用户提供的电器和配件的安装尺寸和其他相关尺寸。

（5）复杂结构厨房的测量

除了简单的厨房和厨房墙面倾斜不平的情况外，还存在很多复杂结构的厨房，比如多边形、带弧面的厨房等。在遇到这样结构的厨房时，常规的测量方法就难以达到测量目的，则需要借用其他的测量方法来获取设计需要的准确数据。

辅助法：在测量时，可以采用添加辅助线的

方式来进行相关测量。如图 5-8 阶梯状厨房，可以添加一条辅助线来作为测量基准面，就很容易准确的测量出墙面与基准面的偏差值。另外利用直角三角板、矩形图板、木板等辅助测量工具的一个直角边靠好基准墙面，就可以测出墙面或柱子的倾斜数值。

三边法：对于由多边形构成的较复杂的形状的厨房（图 5-9），可以用“三边定义一个角”的方法来测量，即在同一高度水平下（一般是 800 ~ 850 mm 的台面高度位置）测量三个边长度，再由三角函数计算出角度，为了达到测量的精确度，最好进行多点测量后再进行计算。

放样法：此方法一般用于不规则的厨房墙体，做的时候可以用铁丝弯出墙面的结构，然后再放到样板上画线裁切；或用纸板、小木条拼接放出墙面的结构，然后放到样板上画线裁切。用这种方法时，要注意放出的样板一定要写上哪面为正面，且要写上客户名称、合同编号等信息（图 5-10）。

（6）测量数据的复核

因为测量的时候数据比较多，很多时候由于其他的原因，数据有可能有遗漏，或者出现错误。所以在完成第一次的测量后，必须要对关键的尺寸进行第二次复测，要求所测关键数据必须准确、完整。

（7）测量注意事项

①为了便于测量，保证所测尺寸的准确性，设计师上门测量之前应要求用户尽量将厨房腾空。

②对于装修好的厨房，设计师上门测量时，用户厨房的所有墙面、地面及天花应已完成装饰施工，水电位齐全，排烟管道预埋，并保证不再改动。

③用户自备电器和配件时，应要求用户将所有电器和配件备齐并运抵现场，以便设计师测量。

④设计师上门测量时，应尽量要求用户本人能到现场，以便于沟通，及时了解用户需求，确保设计效果。

5.4.2 方案设计

测量完成之后，设计人员按照测量尺寸及用户要求进行方案设计，设计过程中，可能会因尺寸、障碍物、水管、材料等限制，不能完全符合原先与用户约定的设计方案要求，此时设计人员要及时跟用户进行沟通，提出设计更改意见，使设计方案更趋于完美。

方案设计的工作流程是：方案初步设计→修改方案→造价预算→确定方案→水电布置设计→复测→方案精确设计。

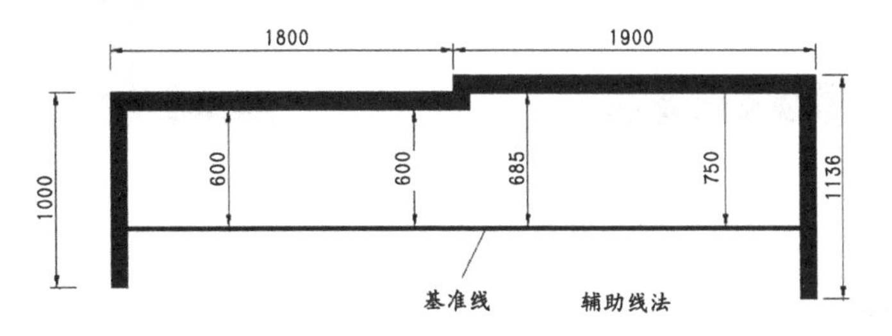

图 5-8. 阶梯状厨房测量

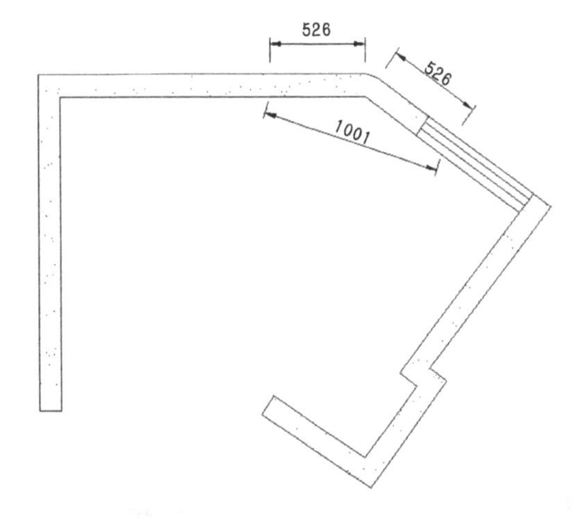

图 5-9. 多边形复杂形状厨房的三边法测量

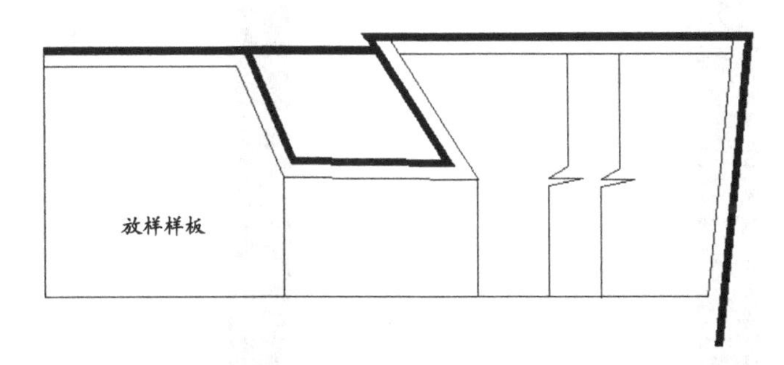

图 5-10. 不规则墙体放样法测量

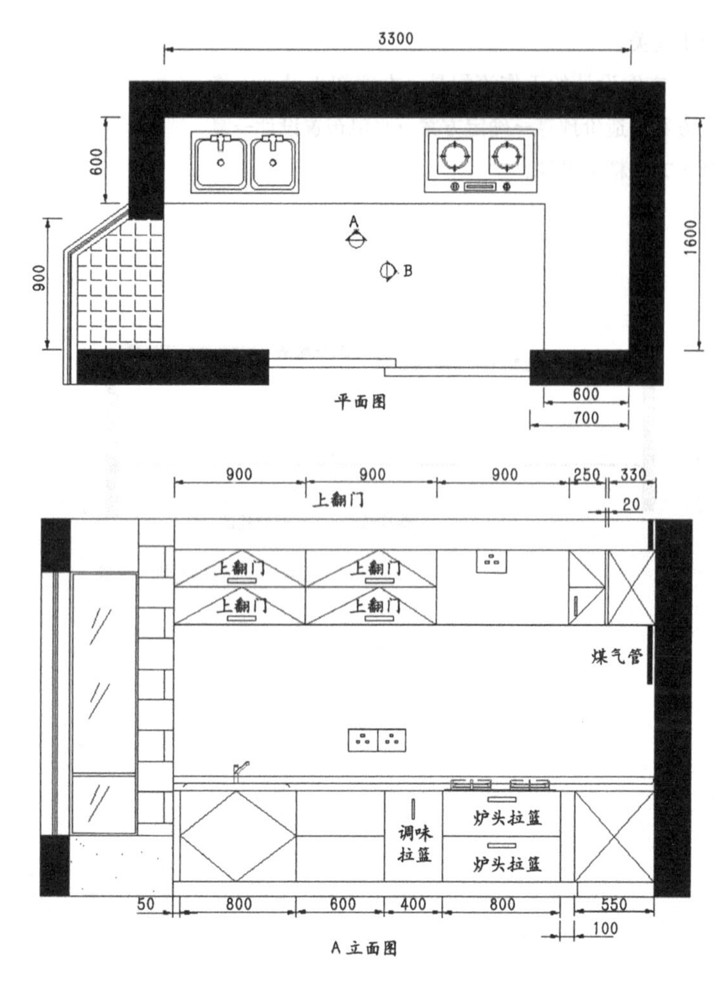

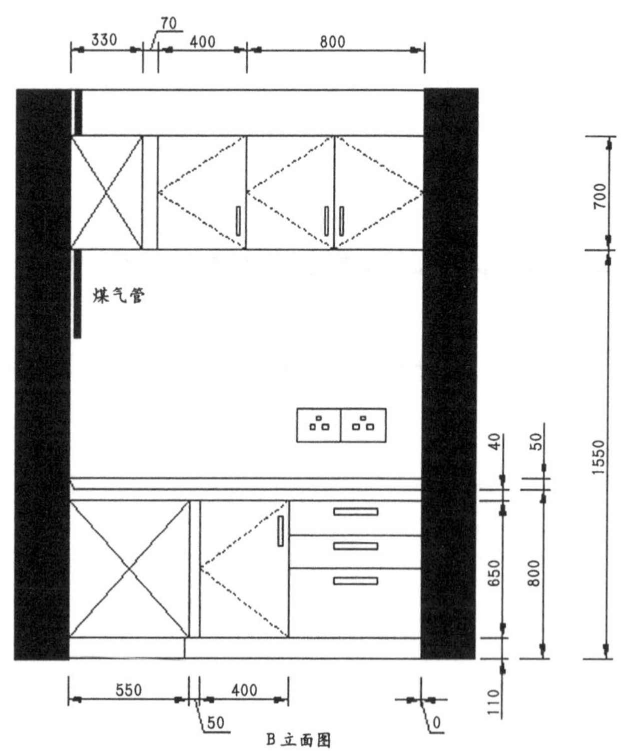

图 5–11．初步设计方案图

（1）方案初步设计

方案初步设计应结合厨房测量情况，以及与客户沟通达成的初步意向，并结合本企业的相关标准来进行。图 5-11 为某客户家厨柜的初步设计方案。

（2）修改方案

初步方案做好后，即可联系客户，跟客户约定适当的时间到商场看设计方案图，或者通过电子邮箱、传真（这两种方式不提倡）等方式把初步设计方案传给客户审阅，及时跟进给客户解释并说明所设计的方案思路，记录好客户修改的反馈意见，及时对初步方案的细节进行调整和修改。

（3）造价预算

经过与客户沟通并确定修改方案后，就可以按照确定的材料和其他配件等，给客户做出一份全面的造价预算，让客户对所定制的厨柜成本有个准备。这时的预算价位较为关键，最初客户到展厅看样时，导购员可能已经按照客户提供的厨房平面图，给客户做了份预算，这份预算大都会与初步设计方案的预算有出入，所以一定要结合图纸和厨房中的情况与客户沟通并引导客户，争取让客户能够接受所设计的方案。预算结果最好以详细的表格来体现，把方案中用到的功能配件和电器与其他所有项目明细给客户看，让客户知道自己的钱花在了什么地方。表 5-1 为某厨柜企业使用的造价预算表。

（4）确定方案

把修改好的方案和预算书做好后，就可以跟客户确定方案。确定方案有两种情况，一是客户的厨房是毛坯房，这种厨房确定方案后还有水电图交给客户，等客户装修完了还要进行复测；二是客户的厨房是已经装修好了的厨房，这种厨房只要客户确定了方案就可以直接确定价格和签合同。

（5）水电布置设计

当客户的厨房是毛坯房时，最好给客户做一个水电布置设计。在进行厨房水电位设计时，首先要弄清楚客户家所配置的电器和配件有哪些，其次要弄清楚这些电器和配件的具体安装尺寸等等，具体设计要求有：

①进出水位设计

洗盆的进水位一般布置在洗盆柜所在的背墙上，左右位置在盆的中间位为好，离地高度 400 ~ 500 mm；洗盆的下水口最好位于洗盆柜之下的地面上，离墙距离在 150 ~ 250 mm。

表 5–1. 厨柜造价预算表

项　目	名　称	材料或型号	单　位	数　量	单　价	金　额
柜体及门板	地　柜		米		元 / 米	
	吊　柜		米		元 / 米	
	高立柜		米		元 / 米	
	假　门		平方米		元 /	
	非标柜		米		元 / 米	
台　面	标准台面		米		元 / 米	
	非标台面		米		元 / 米	
功能配件	洗　盆		个		元 / 个	
	拉　篮		个		元 / 个	
	扫脚封板		米		元 / 米	
	顶饰线		米		元 / 米	
	见光面装饰板		平方米		元 /	
	垃圾桶		个		元 / 个	
	米　箱		个		元 / 个	
	其他配件					
电　器	抽油烟机		个		元 / 个	
	煤气灶		个		元 / 个	
	消毒柜		个		元 / 个	
	烤　箱		个		元 / 个	
	微波炉		个		元 / 个	
	其他电器					
合　计						

洗碗机的进水位一般布置在相邻柜体的背墙上，离地高度 400 ～ 500mm；排水口则布置在相邻柜下的地面上，离墙 200 ～ 300 mm。

②电位（插座位）设计

油烟机电位一般离地高度为 2100 ～ 2200 mm。深吸型油烟机电位应该布置在烟机位背墙上，且位置最好定在烟机位右上侧；欧式吸油烟机电位则应该布置在烟机罩里中线偏左或偏右位置。

壁挂式消毒柜电位应该布置在该消毒柜悬挂位上方（如上面有吊柜，电位可设计在吊柜里面）。

嵌入式消毒碗柜和烤箱电位应位于所在电器柜的背墙上或相邻地柜（烤箱只能在相邻柜中）的背墙上，离地高度为 400 ～ 500 mm。

微波炉电位应布置于所在电器柜背墙上，如微波炉放置在吊柜中，电位离地高度一般为 1900 ～ 2000 mm；放置在地柜中则离地高度为 400 ～ 500 mm。

洗碗机电位一般位于相邻柜背墙上，离地高度为 400 ～ 500 mm。冰箱电位应放置在冰箱后方，如果冰箱左右两侧留有的空间足够的话，也可以放置在冰箱的侧面，离地高度 500 ～ 1300 mm 之间。

电位设计还应考虑有两个以上备用电位，主要用于电饭煲、电热水壶、豆浆机等小型家电。备用电位一般位于吊柜与台面之间的墙面上，离地高度 1100 ～ 1300 mm 距离。

③煤气出口位置应该布置于炉灶柜的背后，

离地高度 400 ～ 500 mm。

当水电设计完成之后，应给客户提供详细的水电位图（图 5-12）。

客户拿水电图让装修公司去布置水、电位，进行厨房室内装修。厨房装修期间，设计人员要保持与客户的联系，跟进厨房的装修进度，如厨房中有些装修项目达不到预期目标，要及时与客户进行沟通，或调整厨柜设计方案。

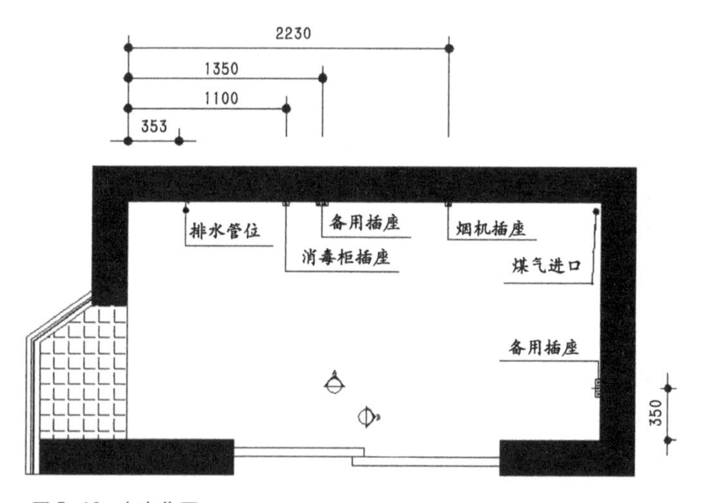

图 5-12. 水电位图

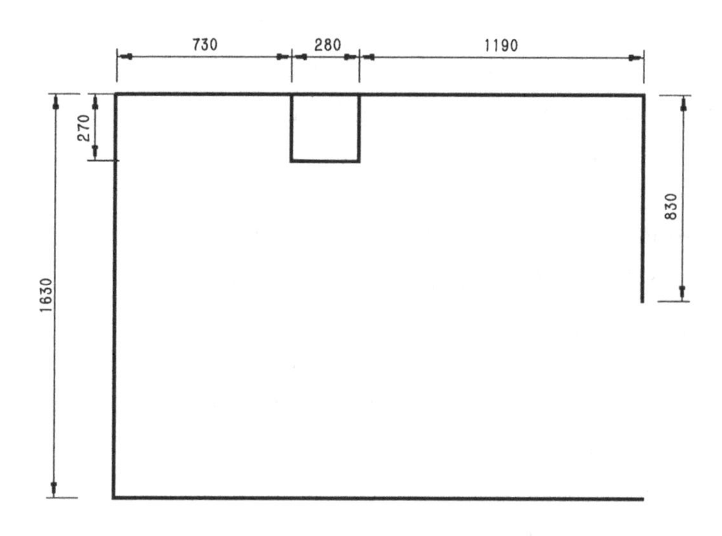

图 5-13. 厨房情况

（6）复测和精确设计

客户的厨房装修完成后，设计人员可以上门对装修后的厨房尺寸进行复测。复测时要求精确测量与厨柜相关的一切尺寸（包括：长、宽、高、角度、柱墙倾斜度、水电精确位置等）。

并根据复测后的相关数据和厨房的实际工况，对厨柜方案进行精确设计，因初步设计方案已经客户确认，所以精确设计一般不要对方案进行大的修改，主要是对局部尺度或不符合公司相关标准的尺寸进行调整，精确设计的内容包括台面设计、柜体与门板设计、厨电一体化设计等。进行整体厨柜精确设计时其形体尺寸应小于实际测量尺寸，其中：

地柜设计尺寸应小 10 ～ 15 mm；

吊柜设计尺寸小 5 ～ 10 mm；

台面设计尺寸小 5 ～ 8 mm；

电器收纳空间设计尺寸应大于实际测量尺寸 3 ～ 5 mm。

5.4.3 台面设计

整体厨柜台面设计除了要精确测量厨柜台面安装位置的相关尺寸外，还要考虑台面尺寸设计的预留、台面接驳位设计等几个重点环节。

（1）台面尺寸设计预留

由于测量工具精度、加工误差以及台面材料发热变形等因素的影响，设计人员在设计台面的相关尺寸（尤其是定位尺寸）时，必须要预留一定加工和安装的间隙尺寸，这样做的目的是避免测量和生产的误差而影响安装和使用。间隙尺寸的预留要根据厨房墙面的长短、平直、角度的偏差以及瓷砖的粘贴质量来灵活掌握，装修质量比较好的厨房，尺寸预留可以少一点，装修质量较差的厨房，则要多预留一点。间隙尺寸预留量应适当，过小有可能还是会影响安装而达不到预留的效果，过大则台面安装后易产生较大空隙影响美观，一般情况下，尺寸预留 5 ～ 8mm 较为合适。因墙柱、管道等原因造成的台面切角位，也必须预留间隙尺寸，一般 2 ～ 3mm 就足够了，如果预留尺寸大了，再加上整个台面的预留尺寸，那么空隙就很大，客户是不能接受的。

台面尺寸设计预留还需根据台面具体形状来

综合考虑。如图 5-13 所示厨房，厨柜布局为“L”形，上墙面中间有一个 280mm 的柱子。大部分初次进行厨柜设计的设计人员几乎都是按图 5-14 来设计台面尺寸和预留这个切角尺寸，上墙面长为 2200mm，台面设计长 2195mm，留有 5 mm 的间隙，看起来好像没有问题，但是仔细想想，就会发现设计不合理的地方，这个图预留间隙尺寸都在墙柱的左边，这样预留的结果是在墙柱左边可能产生 5 mm 或更大空隙，而右边台面（1190mm 处）就可能装不进或要在现场打磨后才能安装。

正确的设计如图 5-15 所示，它是以墙柱的中心线为基准，向两边均布预留尺寸，所以两边都不会影响台面安装，空隙也不大。

（2）台面接驳位设计

当台面形式为“L”形、“U”形以及其他非直线形，或台面长度超过 2440 mm 时，都需要进行无缝拼接（接驳）加工，有的还需在客户厨房现场进行接驳。接驳位置设计是否合适对台面运输、接驳效果、以及厨柜的使用都会造成一定影响。

接驳位设计应注意如下问题：一是现场接驳时接驳位尽量少，最好只有一个；二是当“L”型厨柜或“U”型厨柜转角有圆弧过渡时，接驳位应避开圆弧段，最好放在圆弧和直线的切点上，如接驳位在圆弧段，则现场接驳极易出现拼接痕迹；三是接驳位选择还应有利于搬运（如单块台面尺寸不要超过电梯尺寸等）；四是当台面材料有纹理时，接驳位应注意装饰效果（纹理应能对接）。

图 5-16 所示台面较为简单，接驳位可选在圆弧和直线的切点上。

图 5-17 台面，因为有个很大的墙柱切角，如

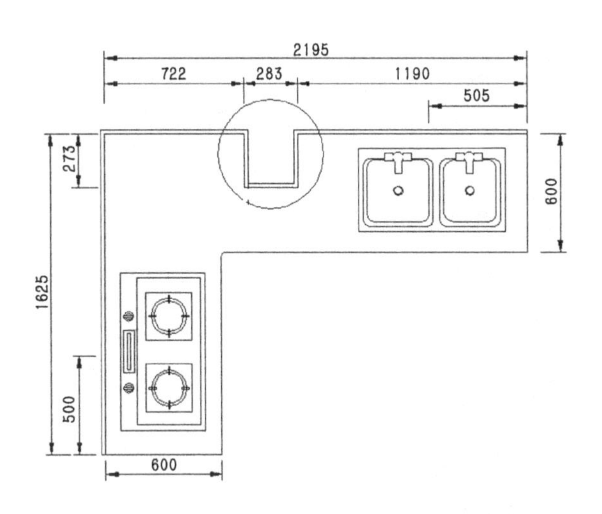

图 5-14. 不合理的设计方案

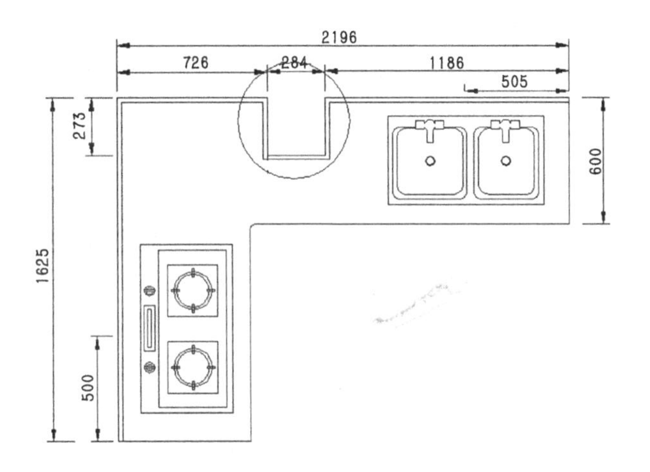

图 5-15. 正确设计方案

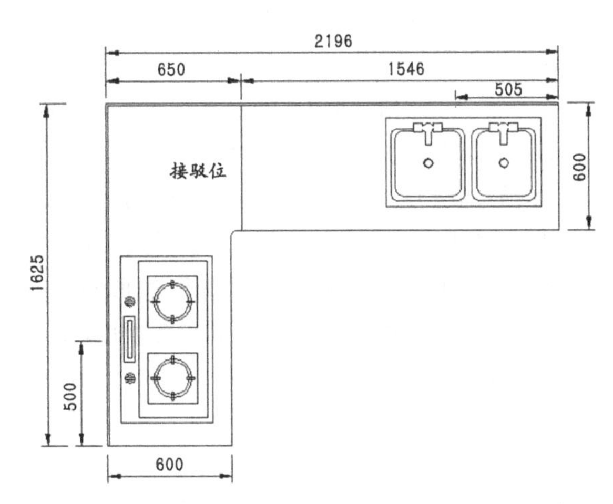

图 5-16. 台面接驳位设计 I

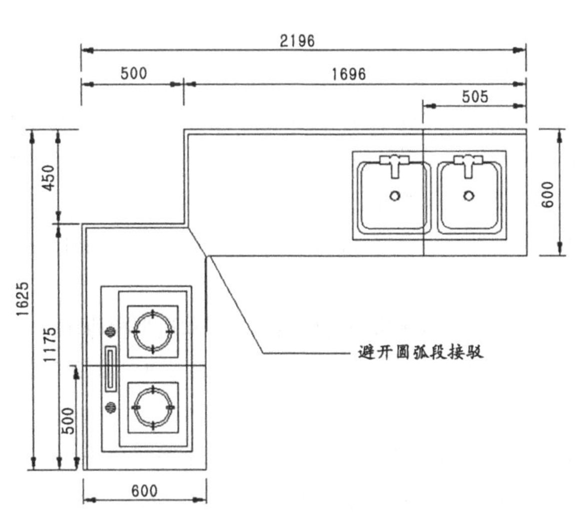

图 5-17. 台面接驳位设计 II

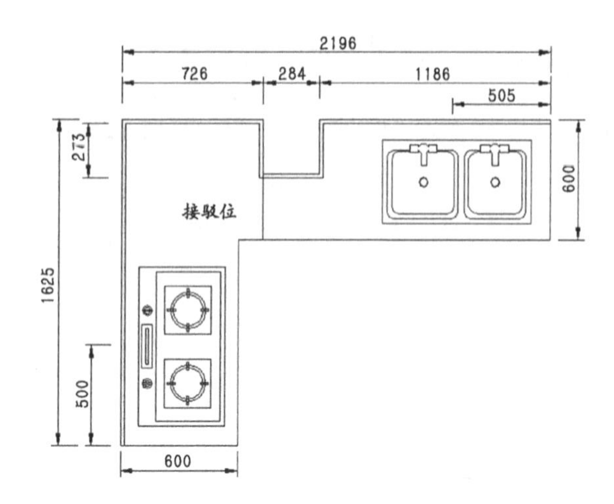

图 5–18. 台面接驳位设计 Ⅲ

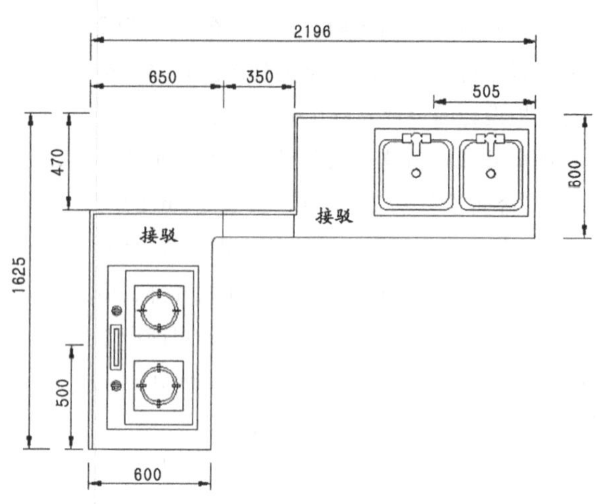

图 5–19. 台面接驳位设计 Ⅳ

按正常的方式将接驳位放在圆弧和直线的切点上，就会在一边出现一个很窄的小边条，这个小边条在加工、运输和安装过程中容易断裂，根据这种情况可以按图中的方式接驳。

图 5-18 台面中，因中间的切角处在离正常接驳口不远的地方，如果将接驳位放在 L 形直角转角处，就在切角左边留下一个 126 mm 宽的小边条，所以，接驳位可直接放在切角左边，这样就避免上述问题。

图 5-19 台面在转角处有个 1000 mm × 470 mm 的大切角，如接驳位按正常方式放在圆弧和直线的切点上，接驳后就会出现一 350 mm 长的小窄条，这个小条在运输和安装中很容易断裂，所以，可设计两个接驳位，以便单独把这小边条分开现场接驳。

5.4.4 柜体与门板设计

对于大多数厨柜生产企业而言，单元柜体及门板的尺寸及结构都已定型，销售设计人员则要根据客户厨房的具体情况，选择不同的单元柜体组合成一套完整的厨柜，并确定调整柜和封板的相关尺度。进行销售设计时应注意如下几点。

(1) 拉手设计

拉手位选择一般应遵循吊柜拉手靠下、地柜拉手靠上的原则。

靠墙处平开门拉手设计时要在靠墙处设计一定尺寸的靠墙封板，以避免开门时拉手碰撞墙体，造成门不能完全打开的现象；转角位置设计时要注意设计相应尺寸的转角封板，避免拉手相碰或抽拉受阻。

拉手尺度、形式及色彩应与门板的尺度和造型相协调。长条形拉手横向布置时其长度应小于门宽度 100 mm 以上（即每边最少留 50 mm）。

如图 5-20 灶台柜（或洗盆柜）设计地柜隐藏拉手（拉手藏于门板平面内）时，应注意柜体净深够不够，是否能放下炉灶或者星盆，设计要求为：$W \geq B + 80$ mm (B 为台面开孔宽度)。

设计吊柜上翻折叠门隐藏拉手时应注意，下面的翻门可以设计隐藏拉手，上面的翻门要另外设计明拉手（图 5-21）。

(2) 功能配件柜

功能配件包括拉篮、米箱、洗盆（水槽）及垃圾桶等，销售设计都需将这些配件嵌入在相应柜体中。

普通拉篮柜主要注意柜体尺度与拉篮尺寸相协调，可以从企业的标准单元柜系列中选择相应的柜体作为拉篮柜。一般单层拉篮布置在灶台下方，用于存放炊具和餐具；多层调味品拉篮主要用于收纳调味品，为方便使用，常常布置在灶台柜旁边。

高深拉篮其高度尺寸较大，如门板为整块形式则容易产生变形，所以门板最好设计成上下两块。

小怪物转篮、飞碟转篮、180 度转篮的柜体宽度应大于 900 mm，门宽大于 450 mm。

米箱柜宽度可考虑选择 300 mm 宽的标准单元柜，宽度太小拉手不好布置，其位置也常常布置在洗盆柜旁边。

洗盆（水槽）用于洗菜和清洗碗碟等，需通过台面安装在相应柜体内。为保证顺利安装，洗盆（水槽）柜宽度一般为 800 mm；为防止水汽侵蚀柜体，高档厨柜洗盆柜柜体板件（柜侧板、底板等）采用硬 PVC 发泡板材制造，柜底板上面还需贴一层防水铝箔。台面在安放洗盆的位置需开出安装孔，台面与洗盆的连接方式有台上盆、台下盆、台面盆三种（图 5-22）。

台上盆接驳方式的加工和安装都较为简单，但洗盆边缘高出台面影响美观和使用；台面盆接驳方式美观度和使用性都较好，但加工及安装要求较高；这两种方式适用于不锈钢、陶瓷、人造石等各种材料的洗盆与台面接驳，为防止盆边与台面之间产生渗漏，需在此处用密封胶密封（常用玻璃胶密封）；台下盆选用人造石洗盆时可以用专门胶黏剂将洗盆直接粘接在台面下面，其加工和安装也没有什么难度，不锈钢洗盆则可以用专用连接件固定在台面下面，洗盆周边还可用人造石边条进行加固。另外，不管是哪种安装方式，都应注意台面盆孔边部到台面前后边缘距离应≥ 70 mm。

垃圾桶用于收纳厨房的垃圾杂物，设计时常常把它放在洗盆（水槽）柜里面或直接安装在门板上，打开门时垃圾桶随之转出存装垃圾（图 5-23）。一般要求洗盆（水槽）柜宽度尺寸≥ 800 mm，门宽大于桶直径，否则门打不开，最常见的门板标准宽度为 400mm、450 mm。

我国许多用户家中还使用的是液化气，为便于更换气罐，所以用于收纳液化气罐的单元柜需进行特殊设计。如图 5-24 所示，一般液化气罐柜下部底板系装有四个万向轮的可移动底板，圆形气罐置于底板中间圆孔上以利于固定，将底板拖出柜体就可方便的更换气罐。

5.4.5 厨电一体化设计

厨房电器包括燃气灶、冰箱、抽油烟机、消毒柜、微波炉、烤箱等。这些电器也大都要装在相应柜体内，这类柜体设计时一是注意根据电器性能及尺度选择安放位置；同时柜体尺度应适当增大，并设置散热结构。

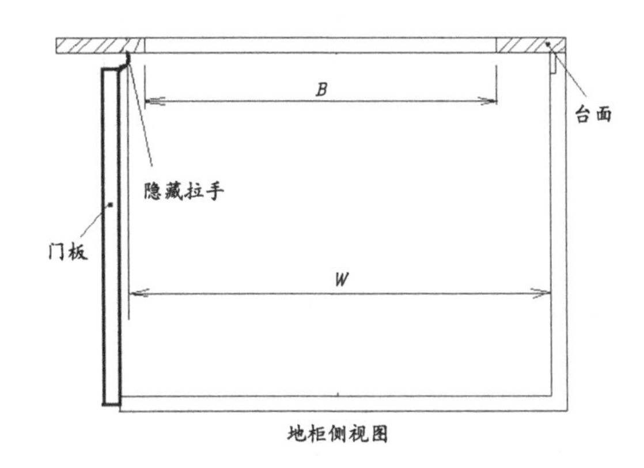

图 5–20. 灶台柜（或洗盆柜）地柜隐藏拉手设计

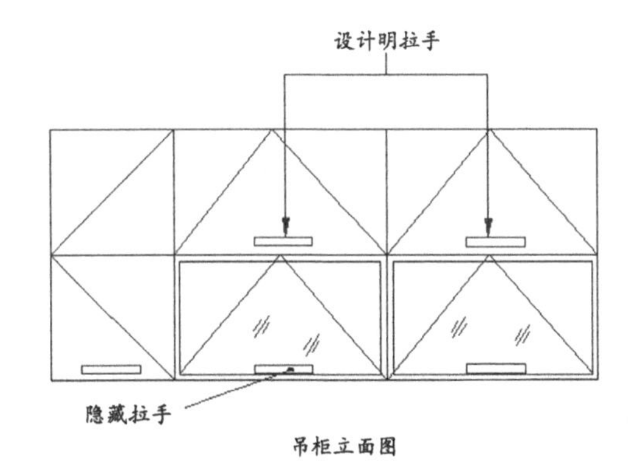

图 5–21. 吊柜上翻折叠门拉手设计

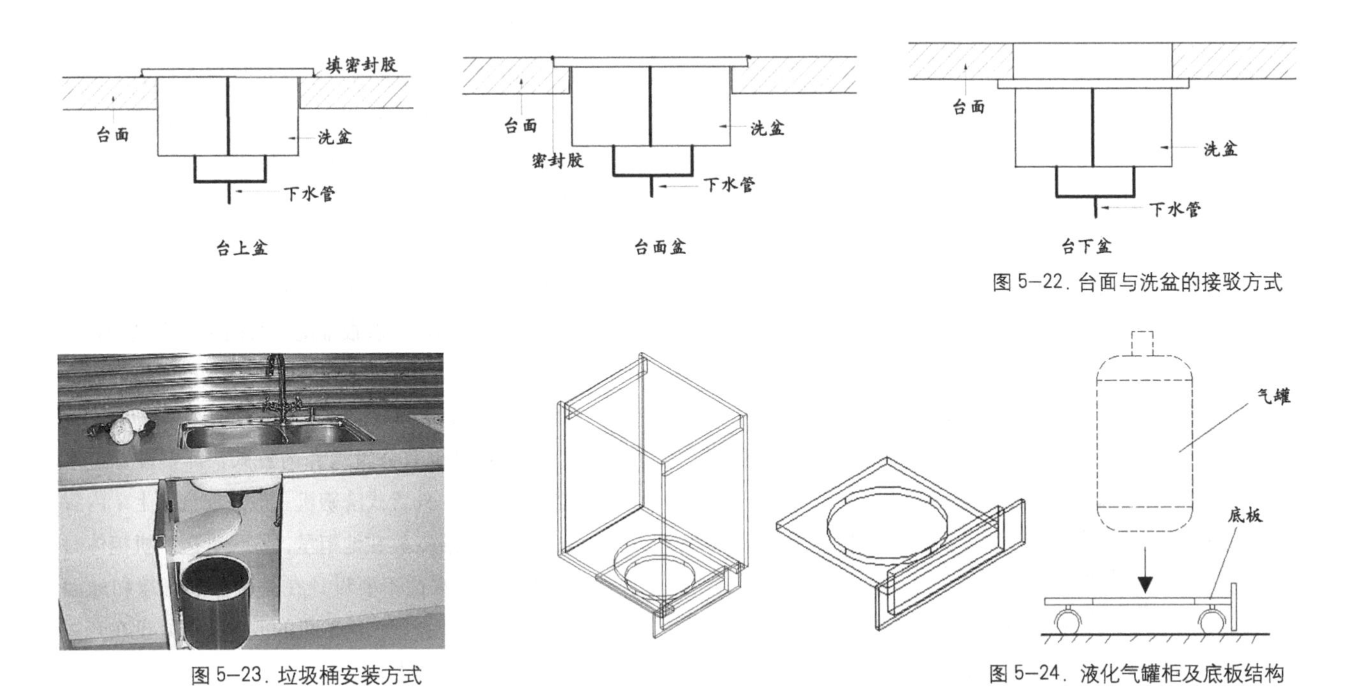

图 5–22. 台面与洗盆的接驳方式

图 5–23. 垃圾桶安装方式

图 5–24. 液化气罐柜及底板结构

（1）冰箱

冰箱有外置式冰箱和内置式冰箱。外置式冰箱可放置在厨房任何位置，但需考虑与厨房“工作三角”相协调，外置式冰箱占用的空间宽度一般单开门式 700 ～ 750 mm、双开门式 1050 ～ 1100 mm。

内置式冰箱需装在柜体内，所以冰箱柜设计时重点应考虑的就是散热方式，常见的散热方式一是在柜体的底板和顶板上开散热孔，二是不做背板。单门内置式冰箱柜体宽一般为 600 mm，双门内置冰箱的柜体宽一般为 1200 mm，具体尺寸参照冰箱型号尺寸确定。

（2）燃气灶

燃气灶柜设计要考虑使用安全，一般电气设备及线路与燃气设施（灶具、管道等）距离不得小于 300 mm。在设计水电布置图时应注意燃气管口的位置，燃气管口与燃气灶的连接胶管长度不得超过 2m；当热水器设计在厨房时，不得使用直排式热水器。

嵌入式燃气灶因嵌入柜体，为保证燃烧顺利，需在柜体或门板上设计透气结构；台置式燃气灶是直接放置在台面上的，如果按正常的台面高度设计，则会使烹饪操作高度太高，通常的做法是做成凹位来放置燃气灶（图 5-25）。

（3）抽油烟机

抽油烟机大多布置在燃气灶正上方，其安装高度较为重要，如安装过高不容易形成负压，排油烟效果变差；安装过低，排油效果虽然很好，但会影响使用者的操作。一般抽油烟机安装高度可考虑使烟机与台面之间垂直距离控制在 650 ～ 750 mm 为佳。另外高档厨柜大都会设置烟机罩，所以设计吊柜时还应考虑怎样隐藏排烟软管。

（4）消毒柜

消毒柜有壁挂式和嵌入式两种。设计消毒柜时要注意消毒柜外型尺寸和嵌入尺寸，另外还要注意消毒柜的散热。

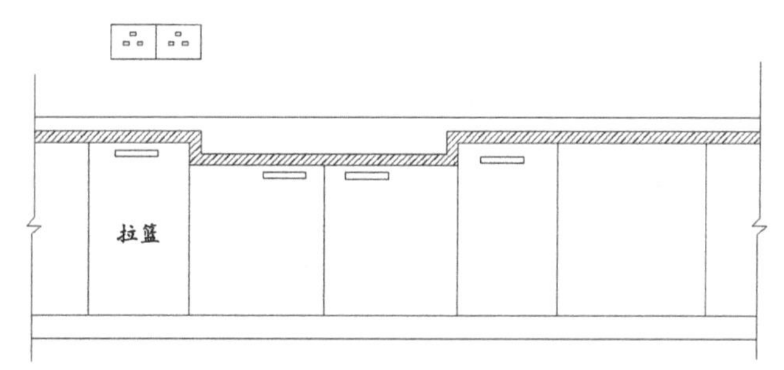

图 5-25．台式灶凹位设计

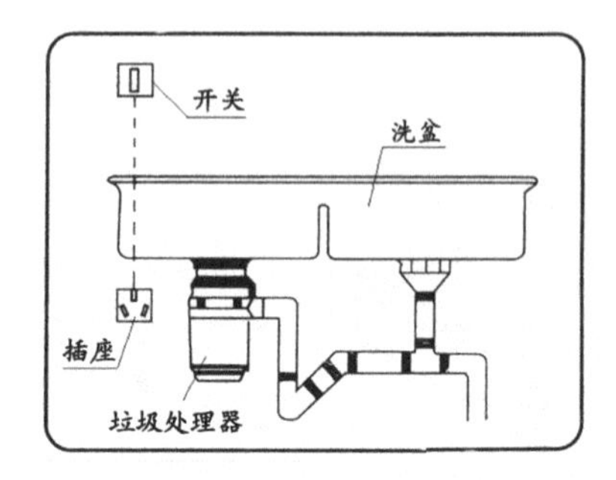

图 5-26．垃圾处理器布置

壁挂式消毒柜直接吊挂在墙上，其吊挂位置一般离地高 1400 ～ 1500 mm；上翻门式的壁挂式消毒柜，其与上面的吊柜之间应留 5 mm 的间隙；对开门式的壁挂式消毒柜在其两边应留 30 ～ 50 mm 的空隙，以方便消毒柜门的打开。

嵌入式消毒柜装在厨柜柜体中，设计时一定要注意厨柜柜体净空尺寸的计算，一般厨柜柜体净空高度应大于消毒柜外形高度 20 mm 左右，以方便消毒碗柜的安放。当嵌入式消毒柜外形高度超过一定尺寸时，可考虑将厨柜柜体底板下移适当距离；嵌入式消毒柜如布置在转角处，活动封板的宽度最好≥ 50 mm。

（5）电烤箱

烤箱有外置式和嵌入式，外置式烤箱一般容量很小，直接放置在台面上，设计没有特别的要求，只要不影响使用就可以了。

嵌入式烤箱布置在柜体内，柜体设计时除注意净空尺寸的计算外（柜体净空高度应大于烤箱外形高度 20 mm 左右），还要考虑其散热，一般烤箱位柜体不做背板，另外嵌入式烤箱深度一般为 510 ～ 550 mm，如果在其背墙上设计电位就会影响烤箱的放置，所以嵌入式烤箱电位应设计在旁边相邻的柜体内。

（6）其他厨房电器

其他厨房电器主要有微波炉、洗碗机、食物垃圾处理器等。

微波炉较为简单，它既可放置在台面上，亦可放置到吊柜和地柜当中，如放置在柜体中，只要根据微波炉外型尺寸来选择合适的标准单元柜体即可。

食物垃圾处理器一般安装在洗盆柜里，设置了食物垃圾处理器的洗盆柜就不能再放置柜内垃圾桶了。洗盆柜内一般很潮湿，其插座位应设计在旁边的柜体内，为方便使用，最好在水槽附近的台面上方墙面设计相应的电源开关，如图 5-26 所示。

洗碗机也有外置式和内置式，都要设置进水位和排水位，外置式洗碗机一般放在台面上；内置式洗碗机一般安放在地柜里，在设计洗碗机柜体时其进水和排水位不要设计在其位置的背墙和地面上，这样设计会影响洗碗机的放置，最好设在旁边相邻柜体的背墙上。

6 整体厨柜的加工与制造

整体厨柜的结构系分体组合结构，即整套厨柜由台面、各个单元柜、门板三大部分组合而成。对于绝大多数厨柜生产企业而言，这三部分都是分开加工，再在现场进行装配。由于各部分所用材料不同，其加工方法也有较大差异。

6.1 整体厨柜柜体的加工工艺

单元柜体的制造加工根据材料不同大致有如下几种方式：一是直接采用 16 mm、18 mm 厚三聚氰胺浸渍纸饰面防潮刨花板或 15mm、18 mm 厚饰面中纤板制造；二是采用 15 mm 厚细木工板（或胶合板），表面粘贴防火板制造。

由于单元柜体的结构及材料与板式家具基本相同，所以其加工工艺类似于板式家具。

饰面刨花板（或饰面中纤板）柜体：裁板→封边→钻孔→安装连接件。

细木工板（或胶合板）柜体：裁板→贴面→封边→钻孔→安装连接件。

6.1.1 裁板

裁板是指将各种大张人造板材，根据柜体板件的尺寸，开解为所需尺寸的过程。不同的人造板其裁板采用的方法也不尽相同，有的采用锯解方式（如细木工板、中纤板、刨花板等）；有的则采用手工划折方式（如防火板、背板用薄板等）。

锯制的板件通常要求尺寸准确、锯口光滑平整、没有崩口等锯切缺陷，不需再进行精加工就可进入后续工序。目前对于大多数企业来说，人造板锯解裁板较为常见的设备有精密裁板锯和电子开料锯。

（1）精密裁板锯（推台锯）：如图 6-1 所示。

这种锯机系手工推送进给，操作方便、使用灵活、锯制的板件能够满足要求，对于绝大多数厨柜企业都较为适用。精密裁板锯使用时，应注意如下几个方面：一是板件进给速度应根据主锯片转速，锯片使用时间及人造板种类进行调整，一般控制在 5 ～ 15m / min 之间，如：锯中纤板可选高限，锯解刨花板则应选低限；二是锯机安装使用时，应通过微调装置调整好移动工作台靠山和固定工作台靠山，并注意靠山位置变化，随时调整；三是台面保持整洁。

（2）电子开料锯：如图 6-2 所示。

这种锯机加工能力强、效率高、加工精度及

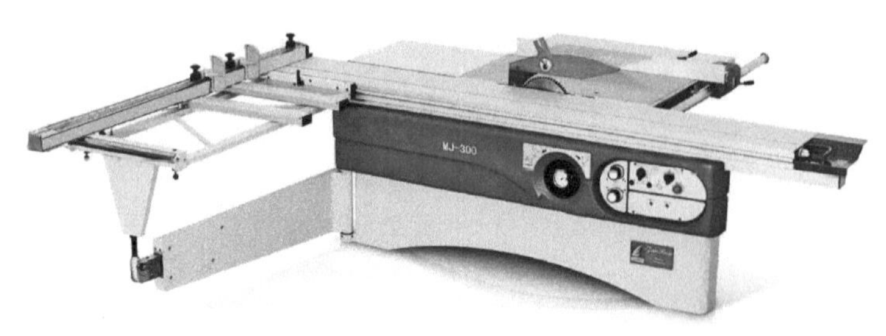

图 6–1．精密裁板锯

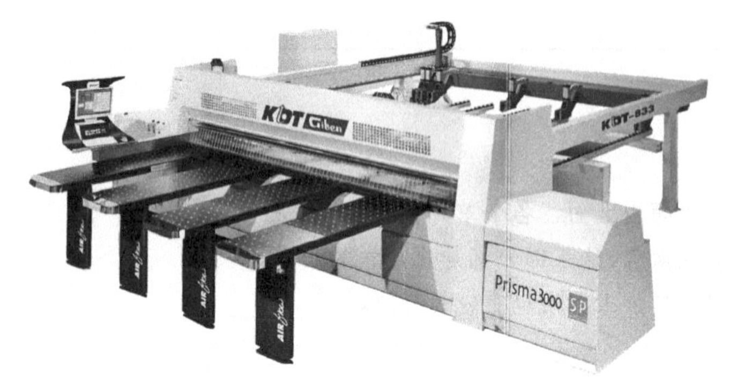

图 6–2．电子开料锯

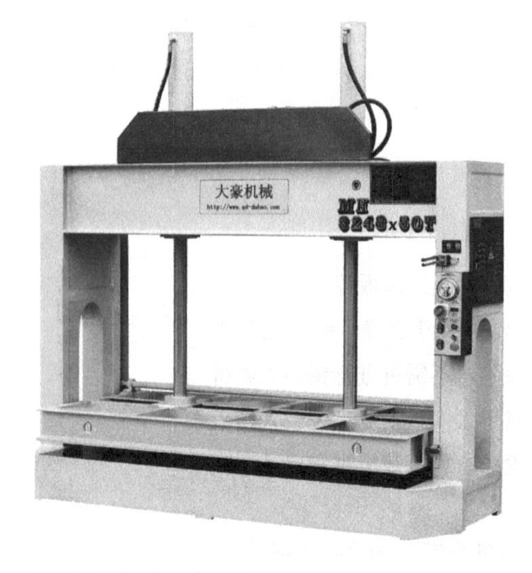

图 6–3．机械式冷压机

图 6–4．热压机

质量很好，较为适合产品批量大的大型厨柜企业。

不管是用精密载板锯还是电子开料锯裁板，对大张人造板来说，都必须作开料图。开料图即是将柜体所需板件，按其尺寸排布在大张人造板上，以获得最佳利用率和最佳开料线路，它是企业规范化生产及正规化管理所必需的技术文件。设计开料图时应注意如下几点：

①注意提高生产效率：设计开料图时，不要过分追求板材利用率而忽略了生产效率，使开料图上开料尺寸规格繁多，这是不可取的，它既造成了效率下降，又使操作者容易出错。所以一张大板的开料图开料尺寸应尽量少，这样可减少锯机调整次数，以保证提高效率，稳定质量。

②考虑封边条厚度及纹理方向：对于厨柜柜体而言，因板件最后要进行封边处理，所以设计开料尺寸时应抛除封边条厚度；另外如果用木纹板，还应考虑纹理方向。

③锯路宽度一般设定为 5 mm。

④余料应尽量成整张留取，以便于以后再利用。

6.1.2 贴面

细木工板（或胶合板）柜体板表面需贴普通防火板进行装饰，普通防火板只能进行平面贴面，贴面工艺一般为：工件清净→涂胶组坯→压贴。

压贴时可采用冷压或热压的方式。由于防火板与板材的热膨胀系数相差较大，热压贴面易造成内部应力而产生变形，所以采用冷压贴面易于保证质量，但冷压的效率大大低于热压。

冷压贴面设备为冷压机，冷压机加压方式可以是机械式或液压式，由于冷压加压时间较长，保压要求高，常用机械式冷压机。其形式如图 6-3。

冷压所用胶黏剂为乳白胶或冷压脲醛树脂，涂胶量为 150~200g/m²，加压压力为 0.5 ～ 1.0MPa，加压时间视环境温度而定，气温越低则加压时间越长，一般为 4 ～ 24h。

热压贴面设备为热压机（图 6-4），大都为液压式。所用胶黏剂为热固化脲醛树脂，涂胶量为 150~200g/m²，热压压力为 0.5 ～ 1MPa，热压温度为 90 ～ 100℃，热压时间 5 ～ 10min。

防火板贴面组坯最好是对称进行，即板件的两面都粘贴同一工厂生产、同一厚度的防火板，这样可有效的防止装饰好的工件产生变形。

防火板生产厂一般在防火板的背面进行了拉毛处理,以提高其与基材之间的胶合强度。贴面时,不要将防火板背面的拉毛槽砂平，这样会出现脱胶等缺陷。

6.1.3 封边

单元柜体板件封边一般采用 0.3 ~ 2 mm 厚 PVC 封边条在机械进给直线封边机（或手工进给曲直线封边机）上进行胶接封边。各类封边机形式如图 6-5。

机械进给直线封边机封边效率高、质量好，是目前厨柜企业最常用的，其工作原理如图 6-6 所示。

工作时，需封边的工件由输送装置连续向前输送，在输送过程中机床的相关机构自动完成封边条贴合、封边条前后剪齐、封边条上下铣削和修磨等加工过程。

机械进给直线封边机操作时应注意如下问题：

①胶黏剂：封边质量与所用胶黏剂密切相关，如果胶选用不当会导致封边缺陷。目前机械封边常用的胶黏剂为乙烯醋酸乙烯（E V A）共聚树脂，俗称热熔胶，在常温下为固体状，加热到一定温度（200 ~ 250℃）后开始熔化。其特点是固化快，胶合强度高。由于各胶厂生产的热熔胶性能上有所差异，所以使用时应参考胶厂的产品说明书确定其相关参数。

②涂胶装置：直线封边机涂胶装置一般由胶箱、加热器、涂胶辊组成，涂胶辊直接把胶涂在封边带或板件边部，胶箱则输送胶液给胶辊。在应用

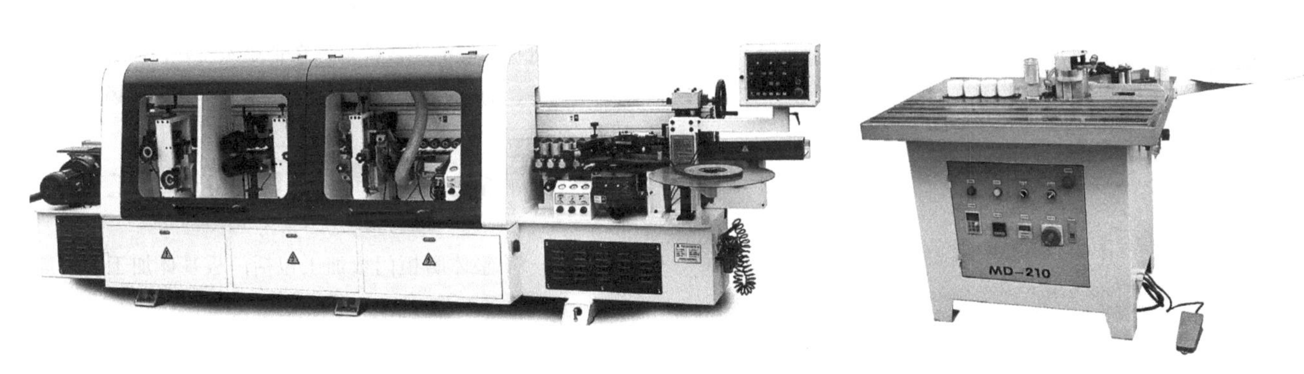

机械进给直线封边机　　手工进给曲直线封边机

图 6–5．各类封边机

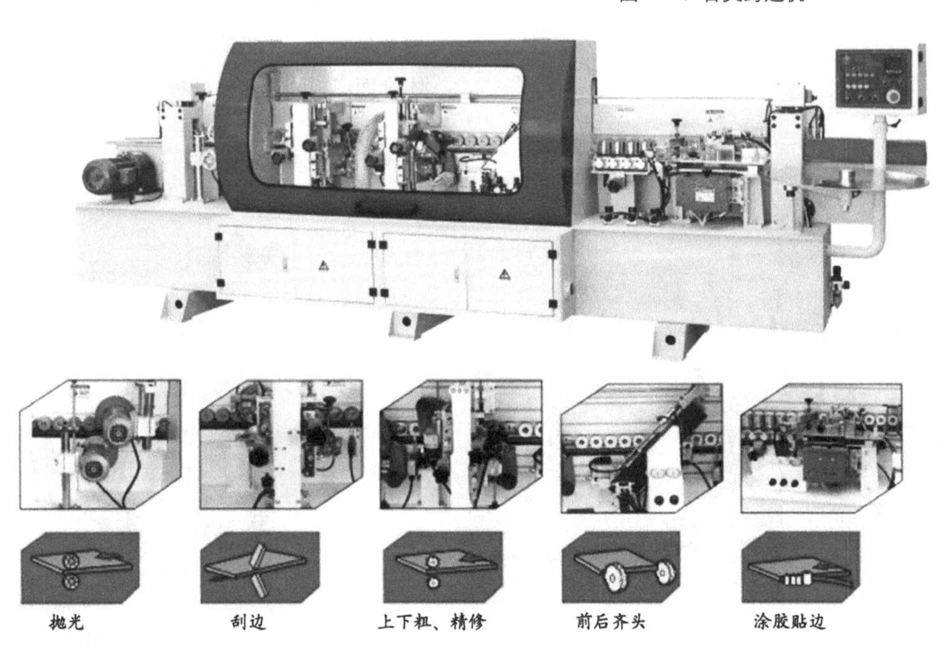

图 6–6．机械进给直线封边机工作原理

中，胶箱与胶辊的温度应调节好，通常胶箱温度比胶辊温度低 15 ～ 20℃，如果胶箱温度过高，持续时间过长，会导致胶液氧化和炭化而表面结皮，影响使用性能和温度显示器的准确度。所以胶箱中盛胶量不宜多，做到勤装勤用，并经常清洗胶箱。

③封边带宽度：封边带宽度规格很多，需根据板件厚度正确选择，一般封边带宽度应大于工件厚度 1 ～ 2mm，上下各多出 0.5 ～ 1 mm 的修磨量。

④待封边工件长度控制：直线封边机对工件最大封边长度没有限制，但对最小封边长度有要求，一般其技术参数表中都列有最小封边长度。当工件封边长度小于机床最小封边长度时，容易导致工件跑偏而影响封边质量，甚至使封边失败。对于一些尺寸较小的工件（如抽屉面板等）封边时可采用先封边再开料的工艺，或者采用手工封边。

6.1.4 钻孔

板式结构要求板式零部件采用各种连接件进行接合，而目前各类连接件的接口都为圆形接口形式。所以必须在板件表面和端面上精确加工出各种贯通或不贯通的圆孔，用于连接件的安装和连接。

钻孔可用单轴木工钻床（图 6-7）或多轴木工钻床（图 6-8）进行，多轴钻床加工圆孔，生产效率高，精度能保证，被广泛应用，目前大多数厨柜企业普遍采用的是多轴钻床。其钻轴间距为 32mm 的整数倍，为便于定位及提高工效，孔位应对称布置，实际孔距最好选择 32 mm 的双数倍，如 64、128、192、320mm 等。

6.1.5 安装连接件

连接件安装可在企业进行，也可在安装现场进行，有的连接件最好在企业先装好，如倒刺螺母等，而偏心件、铰链、抽屉导轨等可在现场安装。

6.2 整体厨柜门板的加工工艺

整体厨柜门板加工包括门板基体加工和表面装饰加工。

6.2.1 实木门板加工

整体厨柜所指的实木门板，其制造材料并非完全是实木，一般有三类：全实木门板、中纤板薄木饰面门板和指接材门板。

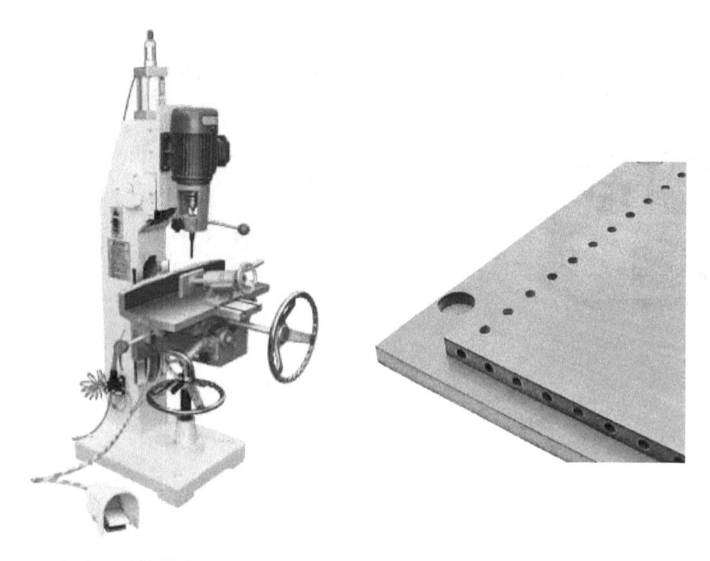

图 6-7．单轴钻床

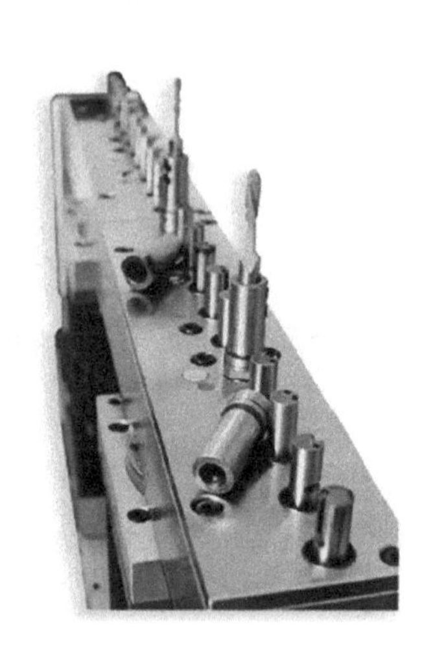

图 6-8．多轴钻床

(1) 全实木门板

这种门板全部采用高档实木加工，主要用于少数极高档的实木厨柜。这类门板结构大都为木框嵌板结构，其完整的加工工艺如图 6-9。

加工全实木门的主要设备有：带锯、圆锯、各类刨床、开榫机及榫槽机、铣床、砂光机等。

(2) 中纤板薄木饰面门

这类门板以中密度纤维板为基材，表面粘贴高档薄木，其加工工艺为：

裁板→铣型→表面洁净→涂胶→薄木压贴。

裁板工序与单元柜体完全相同，铣型则包括表面雕刻铣型和边部铣线型，一般表面雕刻铣型可用上轴式立铣、数控铣床（CNC 机床）、数控加工中心（图 6-10）等进行；而铣线型则可采用下轴式立铣或手提式镂铣机进行。薄木贴面可手工进行，也可用专门压机进行贴面。

由于这类门板表面大都会雕刻一些凹凸装饰图案，所以薄木压贴最好采用异形真空薄膜气垫压机进行，如图 6-11 所示。这种压机带有一用于密封和传热的薄膜气垫，其工作原理如图 6-12 所示。

表面已涂胶工件摆放在下工作腔 8 的孔板上，薄木再覆盖在工件上，压贴时先通过换气通道 6 在中间工作腔中通入热空气，使薄膜气垫向上紧贴上热压板加热；加热一定时间后，换气通道 4 通入热空气，通道 6 及 9 则抽真空，这样在上部热空气和下部真空压力共同作用下，气垫将装饰薄木压贴在

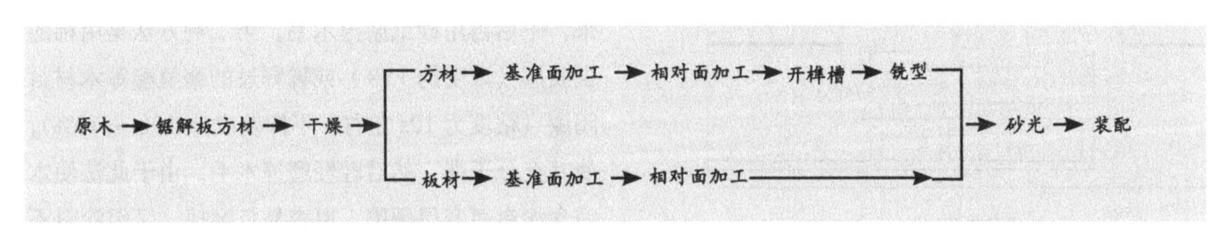

图 6-9. 全实木门板加工工艺

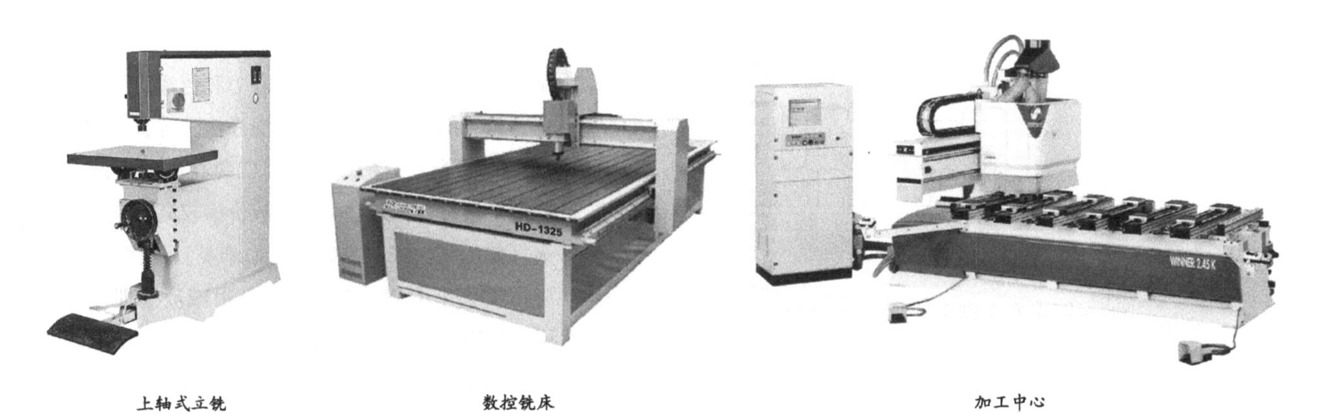

图 6-10. 各类铣型设备

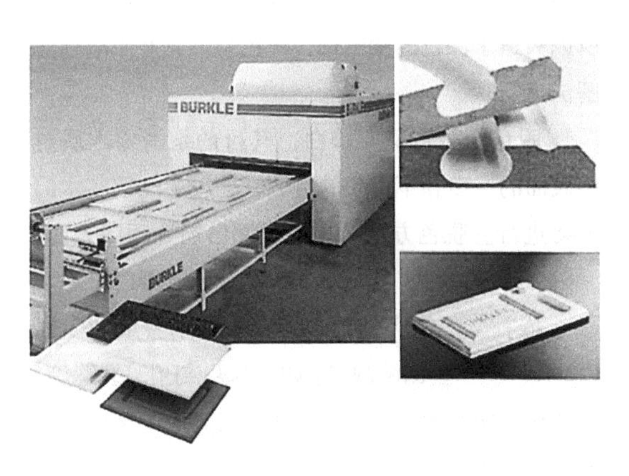

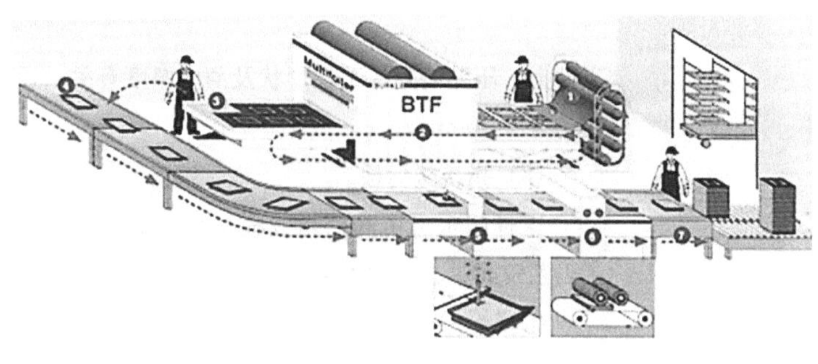

图 6-11. 异形真空薄膜气垫压机

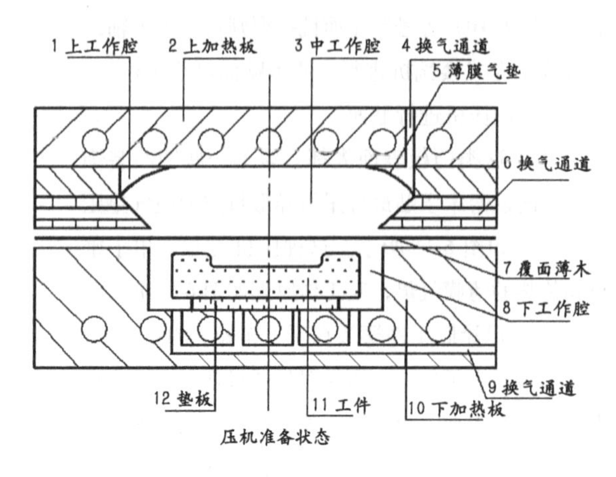

压机准备状态

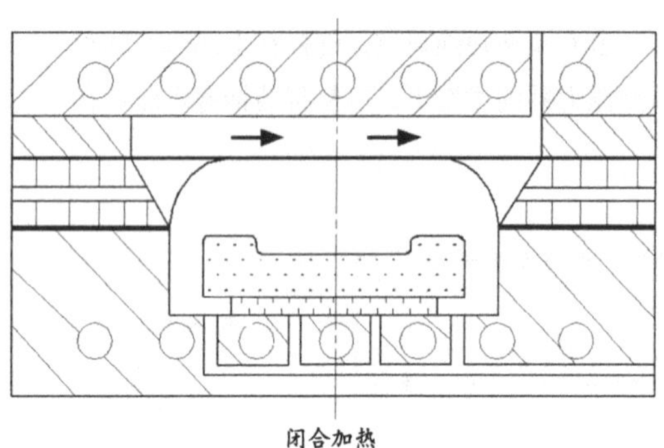

闭合加热

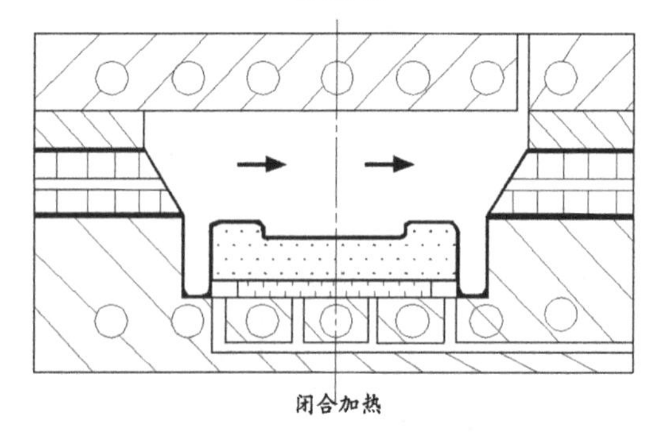

闭合加热

图 6-12．异形真空薄膜气垫压机工件原理

工件上。压贴时间与工件形状及薄木厚度有关，通常为 5 ～ 10min。

（3）指接材门板

这种门板采用高档指接板材直接加工，其加工工艺较简单，一般为：

指接板材→裁板→铣型。

裁板、铣型工序与中纤板薄木饰面门基本相同。

（4）透明涂饰

由于上述实木类门板表面都为高档木材的纹理和色彩，所以最后都需进行透明涂饰处理。透明涂饰工艺大致可分为三个过程，即门板白坯的表面处理，涂料涂饰和涂层修整。

①门板白坯表面处理

实木类门板在制造过程中会产生污迹、树脂、木毛等缺陷，因此需要进行表面处理，表面处理的工艺过程为：表面洁净→去树脂→脱色→嵌补。

表面洁净：包括去除污渍和木毛。一般可用刮刀去除污渍，也可用温水，碱水或酒精等擦拭，如用碱水、肥皂水等清洗时，则须用清水擦干净。去除木毛的方法有二种：第一种方法是用温度为 40~50℃的温水润湿木材表面，使木毛吸湿膨胀起来，干后再用砂纸磨掉木毛。第二种方法是用稀的虫胶漆（浓度约 15%）或稀释过的聚氨酯等木材封闭漆（粘度为 10s 左右，不挥发成分 7 % ～ 10%），使其充分干燥，然后轻轻磨掉木毛。由于此法使木毛含涂料而变得硬脆，更容易打磨掉，又因涂料不含水分，故不会引起木材变形和开裂，因此实木类门板常用第二种方法。

去树脂：当门板表面为针叶材时，须在涂饰前去除树脂，以提高涂层附着力和色泽均匀性，常用去树脂的方法有溶解法和洗涤法。溶解法常用的溶剂有丙酮、酒精、苯类与四氯化碳等，此法去脂效果很好，但这些溶剂一般价格较高，有的易着火（如丙酮）或具有毒性（如苯类），使溶解法的应用受到了限制。洗涤法主是用碱液处理木材表面，树脂与碱生成可溶性的皂，再用清水洗涤，就很容易除掉。最常用的碱液是 5 %～ 6 %的碳酸钠（Na_2CO_3）水溶液或 4 %～ 5 %的苛性钠（NaOH）水溶液。应当指出，碱液洗涤法易使木材颜色变深，所以只适于深色油漆装饰，浅色装饰只好用溶剂溶解法了。

脱色：脱色又叫漂白，其目的是消除木质材料表面的色斑和不均匀的色调，一般中高档实木门都要进行。脱色方法是用各类漂白剂处理门表面，漂白剂种类主要有双氧水、次氯酸钠、漂白粉等。

嵌补：实木类门板表面因木材本身或加工原因，会产生一些凹陷缺陷，如：虫眼、钉孔、裂缝等，这些缺陷如不加以处理，易使涂层表面不平，且造成涂料浪费，而处理的方法是用腻子进行嵌补。腻子可现场调制，也可购买涂料生产厂配制好的，透明涂饰常用腻子有虫胶腻子，油性腻子，硝基腻子等。

②涂料涂饰

涂料涂饰的工艺过程为：填孔→染色→涂底漆→涂面漆。

填孔：实木材具有管孔及沟槽等天然形态，涂饰时需用专用的填孔剂将孔槽填满，使表面平整，不至于使涂料过多地渗入木材，从而保证形成平整的涂层，填孔剂中加入微量着色颜料，还可在填孔的同时进行着色。常用的填孔剂有水性、油性和合成树脂三大类，由于后两种填孔剂综合性能较好，实木类门板常用。

染色：染色也称着色，是用染料、颜料或化学药品使木材具有一定的颜色，以使木材的天然纹理及颜色更加清晰鲜明，同时也可掩盖木材表面色斑、青变等缺陷。传统染色按使用材料不同有水色染色、酒色染色和化学药品染色三种方法；而现代着色工艺多是选涂料厂生产的成品着色剂，对木材或涂层（包括底漆层、底面漆中间层、面漆层）直接着色，即所谓底着色与面着色。当选用适当着色剂直接擦涂或喷涂木材做底着色时，如着色效果（色泽层次、显纹等）满意，可接着直接涂清底漆与清面漆。如果达不到要求可对涂层再进行着色，也称中修色，此时将着色剂加在底漆或面漆中，也可以在底漆膜上直接喷涂着色剂。此外，还可使用各色透明有色面漆，直接用于面着色，可简化工艺，但有可能透明度略差。相比较而言采用底着色结合中修色工艺，其着色效果要更好些，色泽均匀、层次分明、木纹清晰富立体感。

涂底漆：其目的是封住表面，减少面漆消耗。底漆应具备与面漆附着力强、常温固化快、便于涂饰、价格便宜等特点。常用的底漆有：虫胶清漆，硝基底漆、聚氨脂底漆、醇酸底漆等。底漆一般需涂饰 2 ~ 3 遍，底漆不宜涂饰过厚，漆膜的厚度一般为聚氨酯底漆 10~15μm，硝基底漆 7 ~ 12μm，底漆层应在充分干燥后进行磨光。

涂面漆：用于形成表层涂膜的涂料称为面漆，面漆应涂在经过干燥、平整而光洁的底漆上。面漆一般也需经 2 ~ 3 次涂饰，最终应使整个涂层达到足够的厚度，以达到使用要求的理化及力学性能指标，并在外观上显得丰满厚实。涂层的厚度应比较适宜，既不能过厚也不能太薄，太厚既浪费涂料，增加生产成本，费工费时，同时漆膜的脆性增加，经不起剧烈的温度变化，韧性降低，容易开裂；反之，漆膜过薄，既不能达到必须的理化性能指标，也显得不够丰满厚实，耐久性差；常用涂料面漆漆膜厚度一般为硝基清漆 30 ~ 40μm、聚氨酯清漆 85 ~ 120μm、聚酯清漆 100 ~ 150μm。

③涂层修整

涂层由多层组成，为了保证涂饰质量，就要求每一层涂层都达到干燥、平整和光滑。为了做到这一点，每涂一层（包括表面处理、着色、涂底漆及面漆）后都需经过适当的干燥、砂磨除去缺陷，最后面漆还需进行抛光。

6.2.2 油漆门板加工

油漆门板大都采用 18mm 厚中密度纤维板制造，表面用色漆进行遮盖涂饰。其加工工艺过程为：裁板→铣型→遮盖涂饰。

裁板和铣型的加工工艺与前面基本一样，所不同的是表面涂饰，一般遮盖涂饰工艺过程为：表面清净→去树脂→嵌补→涂底漆→涂面漆→涂层修整。

目前整体厨柜常用的有烤漆门板和 UV 门板。所谓烤漆，是指工件经喷漆或刷漆后通过电热或远红外加热等高温烘烤使漆层固化的过程。聚酯漆（PE）、聚氨酯漆（PU）都可以采用烤漆工艺。UV 门板是指表面涂饰光敏漆（UV），涂层必须在紫外光照射下固化；UV 漆涂层干燥快，生产周期短，漆膜平整，涂层固化过程中没有溶剂挥发，基本无污染；缺点是吸收不到紫外线的地方无法固化，因此表面线型或形状复杂的门板不太适用，一般只适用平面或有简单线型的门板。

6.2.3 吸塑门板的加工

吸塑门板一般以 18mm 厚中密度纤维板为基材来加工，表面装饰材料为ＰＶＣ薄膜，其加工工艺为：中纤板裁板→铣型→洁净处理→喷胶→陈放→薄膜加热软化→真空吸贴。

前两个工序为门板毛坯加工，其加工工艺与前面一样，后面工序为真空吸塑加工。

(1) 真空吸塑设备

真空吸塑加工需采用专门的ＰＶＣ真空贴膜

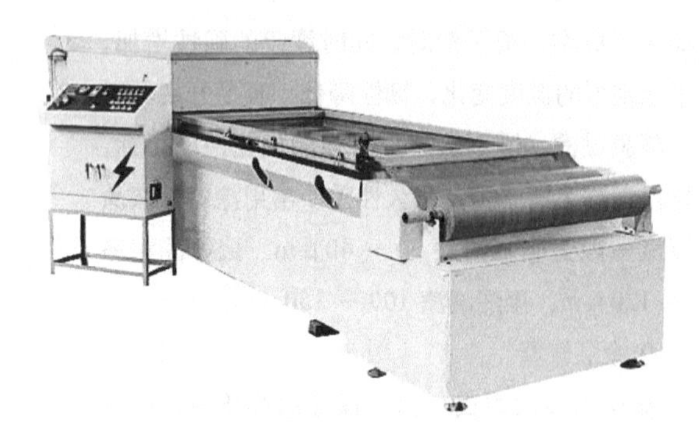

图 6-13．真空贴膜机

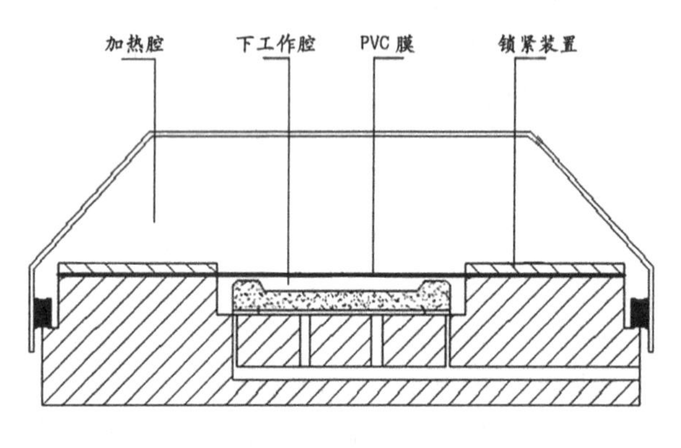

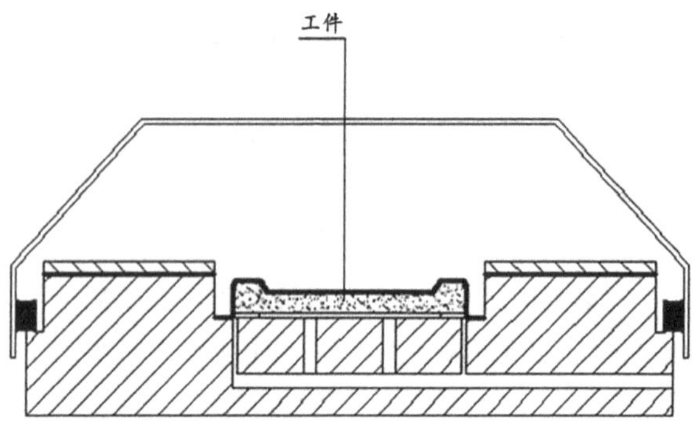

图 6-14．ＰＶＣ真空贴膜机工作原理

机（图 6-13）进行，另外还需有喷胶设备（气泵、喷枪等）。

ＰＶＣ真空贴膜机工作原理如图 6-14 所示。

工作时先将喷好胶的工件通过垫条放在下工作腔孔板上，再在上面覆盖ＰＶＣ薄膜并由锁紧装置锁紧；然后启动加热装置加热ＰＶＣ薄膜，使之软化；软化后启动真空装置将下工作腔抽真空，这样在真空压力及高温的共同作用下，ＰＶＣ薄膜被牢固粘贴在工件上。

（2）真空吸塑原材料

真空吸塑工件的原材料主要有基材、胶黏剂、PVC 薄膜。

基材：因工件表面需进行雕刻镂铣，所以适合于真空吸塑的基材主要有中纤板、低档指接材或低档实木拼板（高档材不需贴 PVC 薄膜），这些材料都要求其表面无油污等各种缺陷，工件含水率为 8%～12%。由于中纤板板面平整度高、易于镂铣加工、造价相对低廉，是目前各企业的首选，选用的中纤板密度应≥ 0.7kg/m²，平面抗拉强度≥ 0.62MPa，含水率为 8%～12%，板面平整、纤维结构细密。

PVC 膜：真空吸塑用 PVC 薄膜厚度应≥ 0.25 mm，常用 0.3 ～ 0.5 mm，太薄易穿孔、太厚易脱胶。另外，考虑到有时需多块工件同时进行吸贴，各工件加热时间不一致，所以选用的 PVC 膜要有一定的加热温度宽容度（≥ 10℃）。

胶黏剂：吸贴采用专门的 PVC 喷胶，俗称聚氨脂胶（主要成份为聚氨脂与异氰酸脂），一般要求其固含量大于 50%，胶液粒径＜ 0.2 μ m。

（3）真空吸塑工艺

表面洁净：喷胶前，工件表面应处理干净灰尘，并砂掉木毛（用 1 号或 0 号砂纸）。

喷胶：喷胶采用气胶能内部混合后喷出的喷涂设备进行（气与胶从同一喷射孔喷出），喷枪口径 1 ～ 2mm，喷射压力 0.6 ～ 0.8MPa。喷胶涂布量为 80~100g/m²，工件四角、凹面及端面应比平面多喷涂 2~3 次，喷涂压力 0.3~0.8MPa，操作时应视情况调整气流量和出胶量（一般用较大气流量和较小出胶量），使其呈扇形喷射，喷枪喷口距工件 150~200 mm。喷胶前胶液最好用铜网过滤一遍。

陈放：喷胶后工件应在干燥洁净的环境中陈放一段时间再进行吸贴，陈放时间随工作环境温度及胶种来定，可参考胶黏剂生产厂的说明书进行（一般为 10~15min 左右，以胶层发白为度）。

吸贴：在吸塑机工作台面尺寸许可情况下，吸贴可多块工件同时进行，但为保证 PVC 包边的需要，工件之间应留有一定间隙，间隙根据工件厚度来定，一般 15~20 mm 厚工件，工件之间的间隔距离以及工件到机身边缘的距离不小于 60 mm。工件下面的垫条(板)，其周边尺寸应小于工件尺寸，垫条厚度一般为 15~20 mm（不要太厚），垫条表

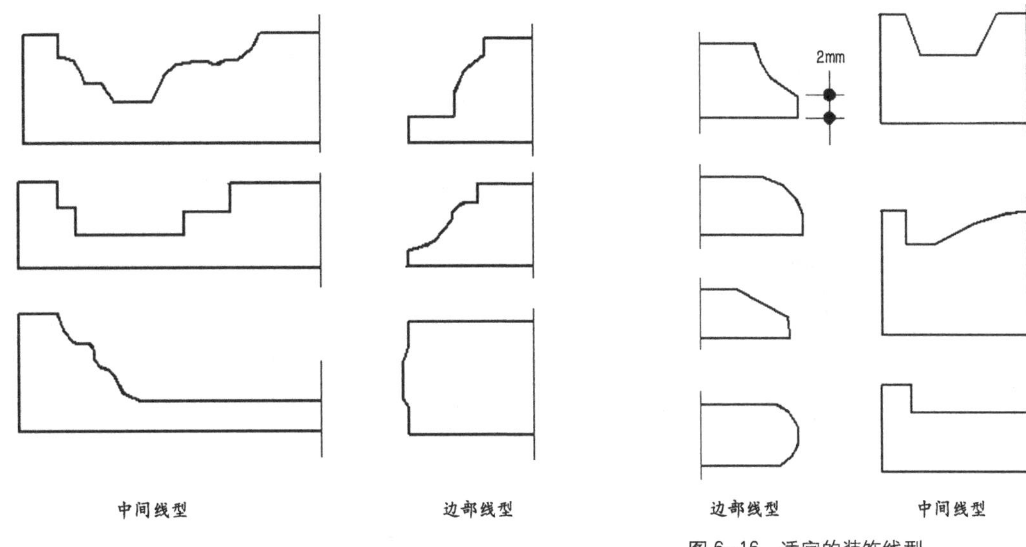

图 6–15．易出问题的装饰线型

图 6–16．适宜的装饰线型

注：工件装饰线型的最小线型尺寸应≥ 2mm

表 6–1．真空吸塑常见缺陷及原因

质量缺陷	现　象	主要原因
粘接不牢	工件表面 PVC 膜大面积脱落	加热温度过低；胶液不符合要求或过期；喷胶后陈放时间不够
装饰图案模糊	线条凹凸不明，棱角不挺刮	线型设计过于复杂或尺寸过小；加热温度偏低或时间偏短
角边浮起	工件边部 PVC 膜局部脱胶	加热温度偏低或时间偏短；边部喷胶量偏小；工件垫条厚度偏小；喷胶不均匀；同时吸塑工件间间距太小
边角收缩	工件边部 PVC 膜局部皱折	加热温度偏高或时间偏长；PVC 膜表面张力达不到要求
PVC 膜穿孔	工件局部穿孔露出基材	加热温度偏高或时间偏长；PVC 膜太薄
工件表面不平	吸塑后工件表面粗糙	喷胶气流小；工件毛坯末处理洁净；胶液末过滤；喷枪喷咀过大

面应平整。吸贴工艺参数为：PVC 薄膜软化温度为 80~100℃（机床仪表温度 100~120℃）加热时间依薄膜厚度而定，一般 1~2min；真空吸贴时间为 3~4min；停止加热后保持真空冷却 2~3min；真空压力不小于 0.03~0.1MPa。

修整：经吸贴的工件拿出吸塑机后，需冷却 10 分钟左右才能修削多余的 PVC 薄膜。如出现局部小量脱胶，可用瞬间胶黏剂（502 胶）进行粘接修补，也可用电熨斗加热聚氨脂胶修补。

（4）真空吸塑工件装饰线型设计

由于 PVC 膜有一定厚度和刚性，故设计的工件线型棱角过于复杂、尺寸过小，则吸贴后易产生棱角模糊不清、不挺拔的现象。图 6-15 为易出问题的表面和边部线型，图 6-16 为真空吸塑较为适宜的表面和边部线型。

（5）真空吸塑常见缺陷及原因

实际生产过程中，由于各种原因，会出现各种缺陷，真空吸塑常见缺陷及原因见表 6-1 所示。

6.2.4 防火板门板加工

整体厨柜中防火板门板指表面用防火板饰面的门板，基材常用 18mm 厚细木工板或刨花板。防火板贴面有平贴和后成型两种形式，前者所用防火板为普通防火板，边部为直边且要做封边处理；后者则用热弯防火板贴面，边部可包覆成简单曲线边。其加工工艺分别为：

裁板→普通防火板贴面→四周封边；

裁板→边部铣型→热弯防火板贴面→上下封边。

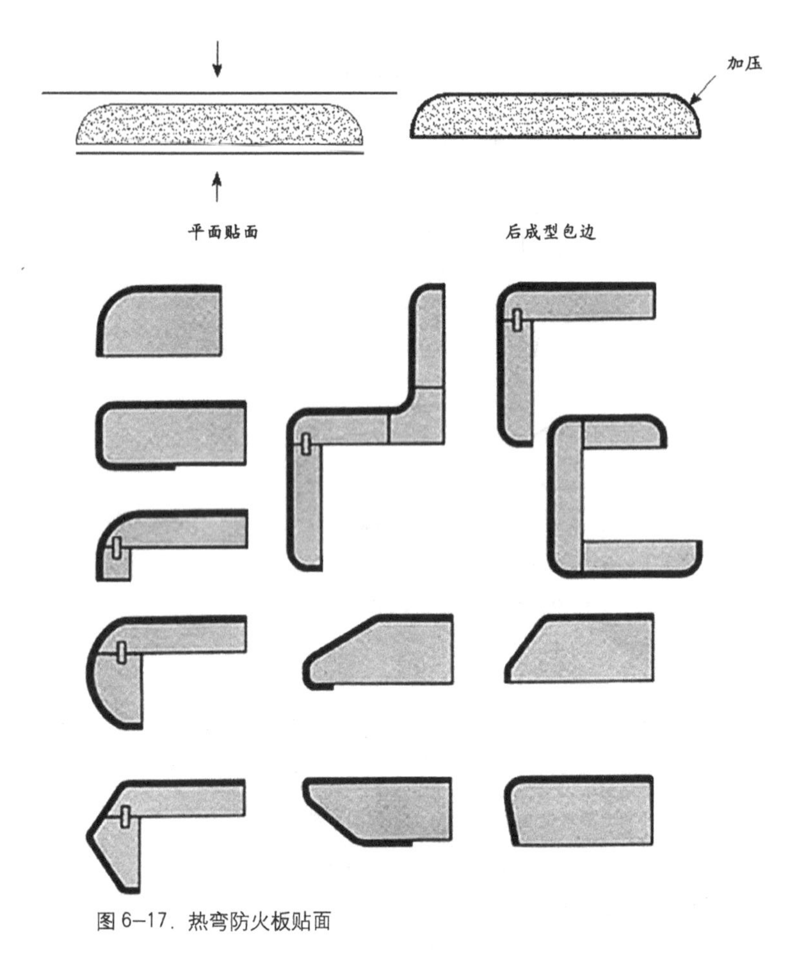

图 6–17．热弯防火板贴面

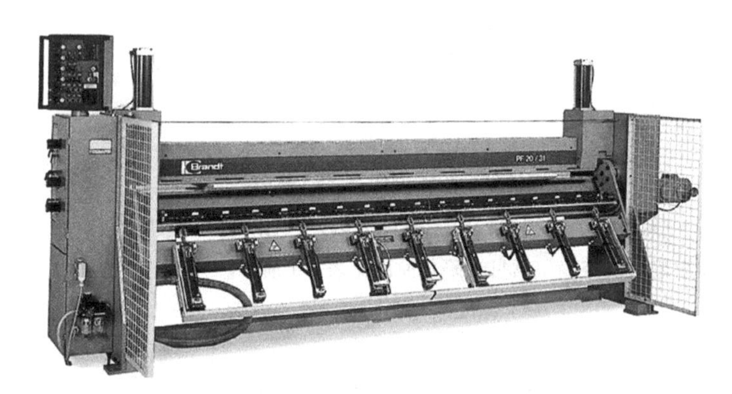

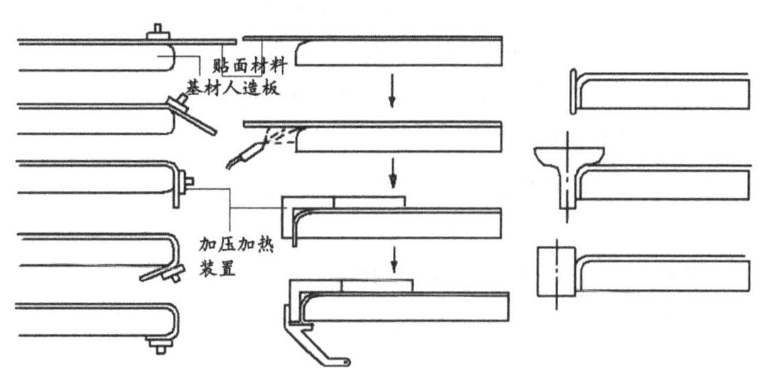

图 6–18 ．自动操作后成型机工作原理

（1）普通防火板贴面

普通防火板只能进行平面贴面，粘贴时可采用冷压或热压的方式。

冷压贴面所用胶黏剂为乳白胶或冷固化脲醛树脂，涂胶量为 150~200g/m²，加压压力为 0.5 ～ 1.0MPa，加压时间视环境温度而定，一般 4 ～ 24h，冷压贴面可用机械式或液压式冷压机进行。

热压贴面所用胶黏剂为热固化脲醛树脂，热压压力为 0.5 ～ 1MPa，热压温度为 90 ～ 100℃，热压时间 5 ～ 10min，热压贴面可采用各类热压机进行。

（2）热弯防火板贴面

普通防火板只能进行平面粘贴，对于边部有简单线型的门板整体包覆贴面装饰，则应采用热弯防火板。热弯防火板，它除具有普通防火板的一切性能之外，其内部加了一定量的软化活性剂，当被加热到某一温度范围时，活性剂起作用，使防火板变得柔软，可以任意弯曲。利用其这种特性，可在平面贴面同时包覆异形边，常用于板边为圆弧、鸭咀、鹅头的板件整体装饰（如门板、台面等）。

粘贴热弯防火板分为平面粘贴和后成型包边两步进行，如图 6-17 所示。

平面粘贴的工艺操作与普通防火板贴面是完全一样的，但必须留出包边余量，以利于后成型包边。后成型包边需采用专门的后成型机，后成型机有手动操作、自动操作，周期式和连续式等，不同的后成型机其操作过程不太相同。

间歇式自动操作后成型机的形式和工作原理如图 6-18 所示。

平面已粘贴防火板的工件放在工作台上，由压紧装置压紧工件，热压板伸出并贴紧工件表面，随着转臂旋转的同时，热压板沿板的边缘形状滑动，进行加热和加压，热压板可以在预先设定的位置停顿一段时间进行热压，其加热温度可在机床控制面板上进行设定，压力大小可根据需要事先调定。

包边操作前，应先在工件包边部位涂胶，后成型所用胶黏剂为特种 PVAC 胶（聚醋酸乙烯乳液）或热熔胶，涂胶方式为辊涂或喷涂。

由于工件的异形边缘有多种形状，同时不同工厂生产的防火板其性能也会有所差异，不同企业使用的胶黏剂也有所不同，因此，后成型的加热温度，加压时间、涂胶量、加压位置等工艺参数应根

表 6–2 后成型质量缺陷及处理办法

缺陷名称	原 因	解决办法
开 裂	工件边缘弯曲半径小于后成型防火板最小弯曲半径	根据防火板说明书确定最小弯曲半径
	工件边缘有棱角或凸起	提高工件边缘加工质量，并用砂纸砂光
	后成型防火板存放时间过长	规定时间内使用后成型防火板
	工艺参数设置不正确（温度过低或加热时间过短）	参见说明书，准确测定工艺参数后重新设置
	平面贴合时温度过高	平面贴合用冷压
鼓 泡	加热温度过高或加热时间过长	调整工艺参数
	压板在某一点停留过长	调整加压时间
	后成型防火板质量不好	选用质量稳定的后成型防火板
	后成型防火板过于干燥	防火板上洒少量水，使之湿润后立即使用

据具体情况进行调整，以保证产品质量。

涂胶量：180 ~ 220g/m²，PVAC 胶需陈放一段时间，一般为 12 ~ 15min。

加热温度：160 ~ 190℃，不同品牌的防火板，加热温度也不尽相同，应参考其说明书选择。如温度过低，易使防火板弯曲开裂；过高则使防火板气化分层。

加热时间：不同品牌的防火板，其加热时间也不相同，需根据其说明书的参数，并经实际测定来确定。测定的方法有读秒或化学变色剂测定，后一种方法较为准确。

加压时间：一般为 30 ~ 85s，根据不同的边缘形状来进行选择。

加压压力：一般为 0.4 ~ 0.6MPa。

后成型粘贴的工件，其边缘的弯曲半径，应根据防火板生产厂提供的最小弯曲半径来设计，工件边缘的弯曲半径不得小于防火板允许的最小弯曲半径。不同厚度的防火板有不同的最小弯曲半径，一般最小弯曲半径为防火板厚度的 10 倍。

后成型机的工作位置不要太靠近车间门、窗口，因外来的自然风会使机床加热温度出现偏差，影响加工质量。后成型防火板在运输和保管中应避免烈日暴晒，同时应在出厂后半年之内使用，其背面应避免接触水及油渍，否则都会使内部活性剂失效而导致报废率上升。

弯曲成型时的主要质量问题是防火板开裂或鼓泡，其产生原因和处理办法如表 6-2 所示。

6.2.5 水晶板门板加工

水晶门板是在中纤板、刨花板或大芯板等人造板表面压贴经过喷油墨或印刷花纹的有机玻璃板（俗称亚克力）做成的门板。这种门板表面为平面，但亚克力在受热时具有可弯曲的特性，因此其边部可以做成直边和圆弧边。

水晶门板的加工工艺为：

开料→喷油墨→喷胶→压贴及后成型→修边→边部修磨→抛光。

（1）开料

水晶门板的开料工序是把整张人造板和亚克力板锯切为小块板件的过程，开料所用设备主要有电子开料锯和推台锯。根据水晶门板的加工特性，门坯的开料需要精切，尺寸误差不能超出 0.5mm；亚克力板需要预留 10mm 左右的再加工的尺寸，开料按照毛料进行裁切，其长宽尺寸公差为 ±0.2mm，周边无毛刺或崩边、崩角现象。

（2）喷油墨

因亚克力板为无色透明板材，粘贴前需在亚克力板背面喷有色油墨以使其具有装饰色彩。喷油墨前需将主剂及稀释剂等按厂家提供的比例进行调配，调配油墨时应充分混合调匀（一般搅拌 5min 左右），调好的油墨须静置 3 ~ 5min，使充分混合。调配好的油墨先喷一小块色板进行对色，如有差异及时修正。

喷油墨时，喷涂气压一般为 0.5 ~ 0.6MPa，喷涂距离 300 mm 左右，喷涂速度均匀，喷涂量 0.2 ~ 0.4kg/m² 为宜（含损耗）。喷好油墨的板件需干燥后才能进入下一工序。

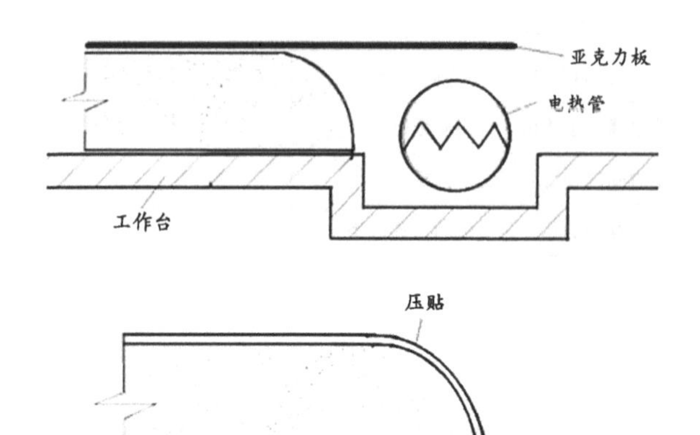

图 6-19．圆弧边水晶门板的弯边处理

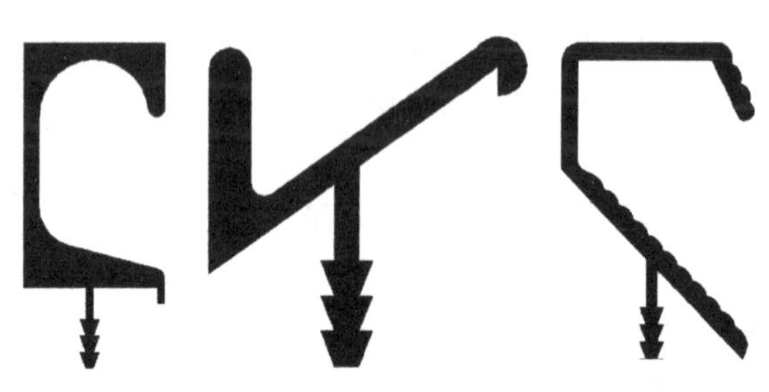

图 6-20．拉手封边条

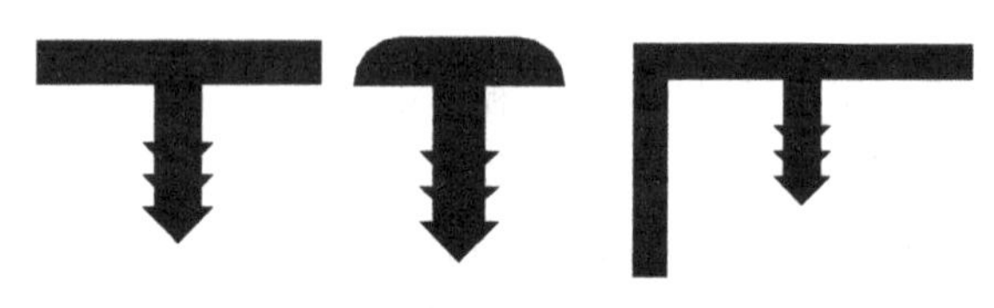

图 6-21．普通铝合金封边条

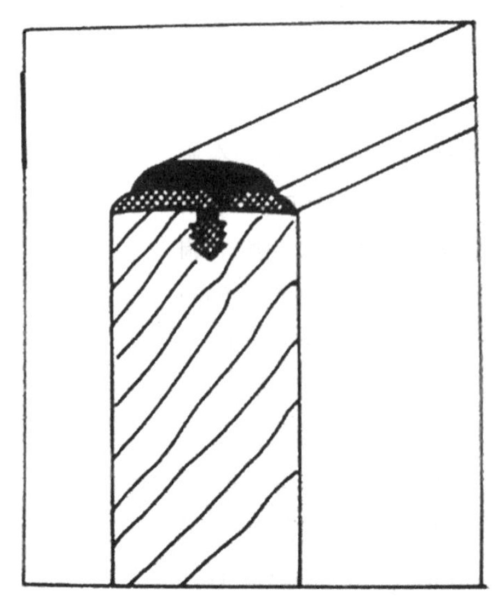

图 6-22．镶嵌铝合金边条

（3）喷胶

水晶门板的粘贴为双面喷胶型，即亚克力板和中纤板（或大芯板等）门坯的粘接面都须喷胶。喷胶量一般为 0.35 ～ 0.40kg/m²(含损耗)，喷枪气压为 0.5 ～ 0.6MPa，喷枪距离板面 200 ～ 300 mm 左右、喷涂速度均匀，喷枪的行走路线应与工件表面平行。喷胶的质量要求主要有胶膜厚薄均匀，无漏喷、堆胶等现象。

（4）压贴及后成型

压贴是把喷好胶的门坯和亚克力板粘贴在一起的过程。压贴需在专用的靠模上组胚；组坯时先将喷过胶的中纤板门坯放在靠模的台面上定位，喷胶面朝上，再把喷过胶的亚克力板与定好位与中纤板组胚，并用手轻轻压紧。然后将门板坯放入压板中压贴，加压压力一般为 0.8 ～ 1MPa，加压时间为 3 ～ 5min。

当水晶门板边部为圆弧边时，则亚克力板还需进行弯边处理，目前各厨柜生产企业大都采用电热管加热后手工弯制的方式进行，其工作原理如图 6-19。

加工时打开电热管加热，将需包边的门板放在工作台面上，并使门板包边的一端的亚克力板置于电加热管的上部进行加热，待亚克力板充分软化后（不断用手试弯，如果能轻易弯曲则可）立即拿出折弯，然后用湿软布均匀用力加压，最后使亚克力板弯成所需形状并与基材充分贴合。

（5）边部修磨及抛光

压贴好的工件经陈放冷却后，须用手提铣机铣掉多余的边部，铣后还要用手提砂光机磨边，磨料一般为 240 号砂纸，最后再进行打蜡抛光。

6.2.6 平面型门板的封边

平面型门板包括三聚氰胺饰面板门、普通防火板贴面门等，其四个端边都需进行封边处理，整体厨柜生产中这类门板常用的封边材料有塑料类封边条、铝合金封边条两类。

塑料类封边条主要有 PVC 条和 ABS 条两种，表面有木纹或各种图案，其色彩丰富、表面光洁、耐磨、耐水、不需涂饰、价格低廉。封边加工在直线封边机上进行，加工工艺与柜体封边一样。

铝合金封边条高雅富丽、耐水、耐腐、耐高温、硬度高、抗冲击、综合性能好，由于其价格很高，在普通家具产品中并不常用，但在厨柜这种功能要求较高的产品中有广泛的应用。目前铝合金封边条的形式主要为两类，一类是带拉手功能的拉手边条（图 6-20），采用这种封边条的门板不需再装拉手；另一类则不具拉手功能而专用于封边（图 6—21）。

铝合金边条封边加工采用镶嵌方式（图 6-22），先在门板边端开出嵌槽，然后将按长度裁好的铝合金边条镶入嵌槽。

6.3 整体厨柜台面的加工工艺

整体厨柜的台面有人造石台面、不锈钢台面和防火板台面等，目前常用的是人造石台面。

6.3.1 人造石台面加工

人造石板材是由专门的人造石厂家生产，目前常见的规格为2400mm×760mm×13 ～ 15 mm左右。相关厨柜企业则需将板材加工成台面，由于人造石的硬度与木材基本相似，所以加工设备可采用普通的木工机械。各个企业的加工工艺大同小异，基本工艺如图6-23。

(1) 裁板

大张人造石板材需按设计的台面尺寸裁成相应的板件，同时应裁出前后挡水及前面镶边的板材，具体开料方法如图6-24所示，裁板包括裁大料和裁小料。

裁大料指裁出厨柜台面的面板用料，裁大料所用设备为水刀机。水刀机（图6-25）是切割人造石台面的专用设备，它由电脑控制系统和机床两部分组成，其尺寸加工精度可以达到0.1mm，效率也非常高，而且切割不会产生粉尘，使生产能够在高品质、高效率和安全情况下进行。裁大料前，技术人员需根据设计图纸，将需要开的面板（大料）绘制成水刀机器专用的文件，以便水刀机加工。

小料指台面结构的辅助材料，如挡水用料、装饰边用料等，都是用裁完大料后的余料裁出，所用设备主要有精密裁板锯（推台锯）和普通圆锯机等。

(2) 开孔

许多台面都需安装洗盆、嵌入式灶具、水龙头等，则应先在台面相应位置开出安装孔。洗盆孔、灶具孔可用手提式镂铣机、曲线锯或上轴式立铣进行；水龙头孔可直接用电钻打孔。

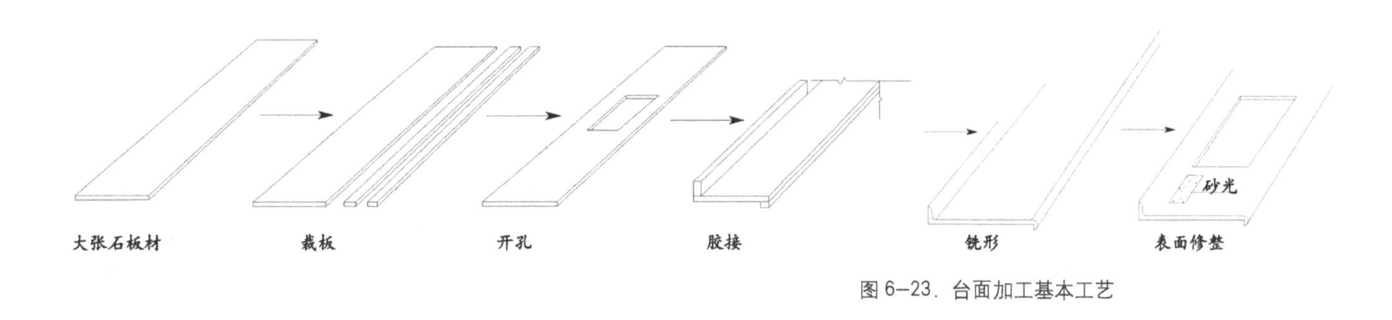

图6–23. 台面加工基本工艺

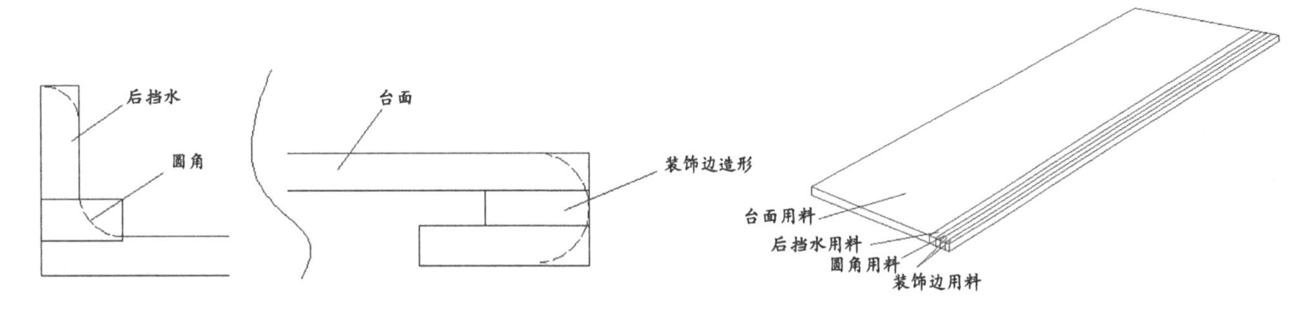

图6–24. 人造石台面开料方法

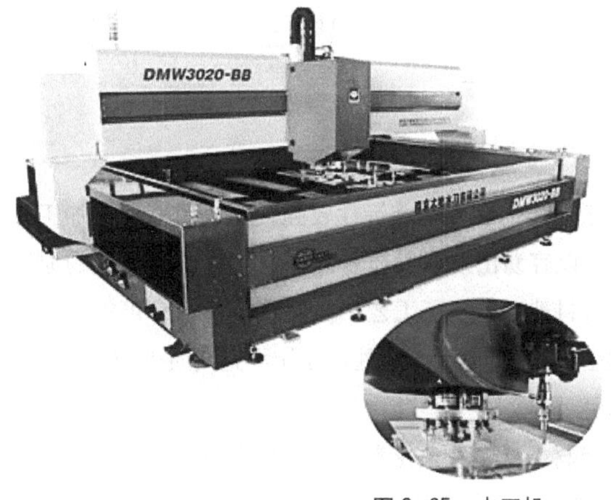

图6–25. 水刀机

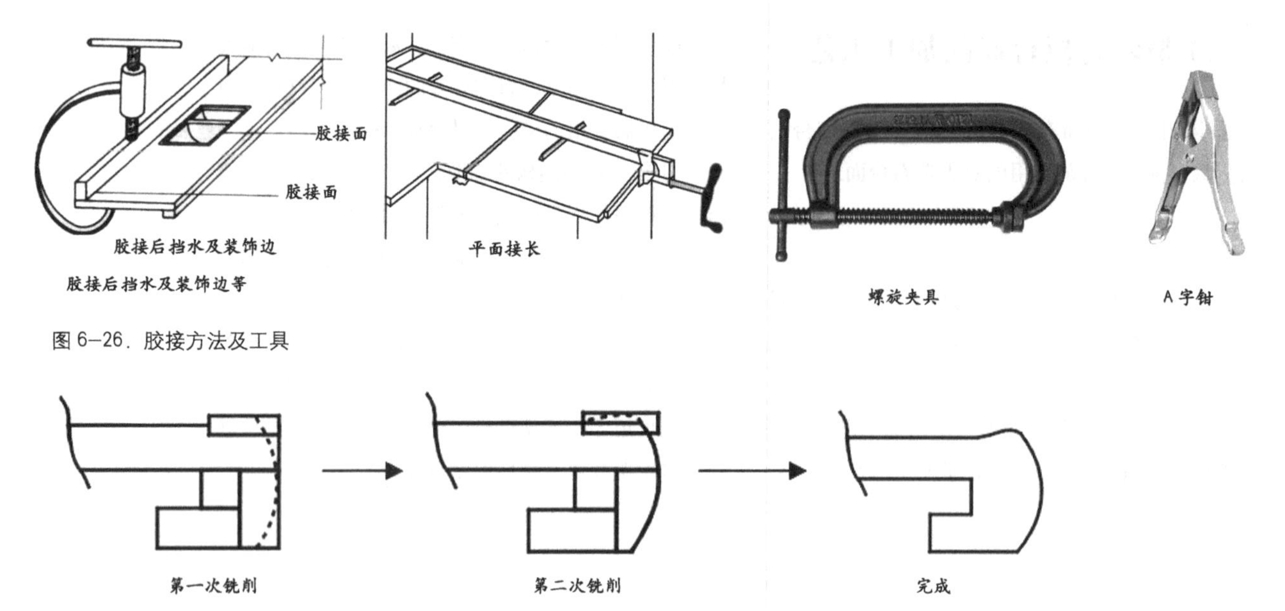

图 6–26. 胶接方法及工具

图 6–27. 铣型步骤

(3) 胶接

胶接采用石材厂提供的专用胶黏剂和固化剂，将挡水板及镶边板胶接在台面板上，并用夹具将其夹紧（图 6-26)。夹具主要有螺旋夹具和 A 字钳，两者需配合使用，一般胶接面上每隔 400 mm 左右布置一个螺旋夹具，两个螺旋夹具之间则布置多个 A 字钳。

固化剂用量、胶接时间应按厂家提供的说明书来进行，一般胶黏剂完全固化需 2 ~ 4h。环境温度过低，胶的粘接质量会有一定下降，可适当多加一些固化剂或与石材厂联系处理。如要求的台面长度超过石材板长（> 2440mm)，则还可在长度方向上接长；另外，洗盆如也用人造石盆，则可同时胶接在台面上。

(4) 铣型

胶接后，挡水及前面边部都为直边，所以需按设计要求铣出各种线型，铣型常用手提式镂铣机进行（图 6-27)。

(5) 表面修磨及处理

铣型后的台面有局部的凹凸不平，有的地方可能胶接不严产生裂缝，这都需修整。修整主要是用砂纸打磨台面，如有缝隙则用裁板时产生的粉末与胶调匀后嵌补，再用砂纸打磨，直到全部平整，最后打蜡抛光。

6.3.2 人造石台面质量控制要点

由于台面处于厨柜的表面，装饰性较强，而人造石台面加工中手工操作较多，所以容易出现各种质量问题。产生质量问题的原因是多方面的，如材料选用、加工工艺、台面安装等都有可能影响到台面质量，所以需从这几个方面综合处理才能得到高质量的产品。

(1) 材料选用

由于人造石板材生产企业鱼龙混杂，许多企业为降低成本而偷工减料，如板中少加或不加氢氧化铝（用于提高人造石板材硬度的填料物质)，或生产中不进行严格的高温熟化处理（应该为 80℃左右、熟化 3 ~ 5h)，只用阳光晒一晒等都会使台面出现质量问题。所以一定要选用品牌知名度较高的人造石板材。选用时还应注意板材的色差是否正常、点粒分布是否均匀。

(2) 加工工艺

为保证质量，加工中应重点注意的工艺问题主要有：

①首先板件胶接前胶接面应修边、砂磨。修边用铣床进行，一次铣削量不可太大，太大则易产生返白现象，一般 1 ~ 2mm；铣好的粘合面还要进行粗磨处理（用 60 号砂纸)，磨后用酒精清洁。另外需在用户家现场胶接的台面，两板件线型应一次铣出，这样才能保证接口一致。

②胶接时应保证足够的夹紧时间，固化剂用量要根据环境温度准确使用，过多易使胶层固化后脆化开裂，尤其是在用户家现场安装胶接容易出现这类问题。

③如台面边部型面较复杂，应多次铣削成型。如图 6-27 带反挡水的台面，应分两次铣削。

④抛光是台面加工的最后工序，因此抛光应严格按照相关规程进行。一般要使用固体蜡抛光 4~5 次，对于抛光机无法抛到的地方，可用地板蜡手工抛光，直至表面平滑、光亮。抛光后的台面应线条平直、圆弧过渡自然、表面手感平滑、色彩鲜艳自然、具有光泽。

6.3.3 不锈钢台面及柜体加工

不锈钢是一种以铬为主要合金元素的合金钢，由于铬的化学性质较活跃，正常环境下，铬与空气中氧发生反应生成一层与钢基体牢固结合的氧化层，从而使不锈钢得到保护。不锈钢具有材质坚固、经久耐用、易于清洗、耐蚀性好等特点，另外还有表面亮泽、现代感强等装饰特性，但其也存在花色单调，质感冷硬，缺乏亲切感，加工难度大等缺陷。所以不锈钢作为一种传统的厨柜材料，早期的家用厨柜常常用它做台面，现在则主要用它来制造酒店、食堂等商用厨柜(图 6-28)。

图 6–28．不锈钢厨柜

由于不锈钢材料价格高，所以不锈钢厨柜主要用 0.6 ~ 1.2 mm 不锈钢薄板制造其表面，内部填充木质板材或聚氨脂发泡材料，有的厨柜内部则采用空芯结构。

不锈钢台面结构形式如图 6-29，它是将不锈钢薄板按相关尺寸裁好，再经折板成型，最后在两端焊接薄板封口制成。

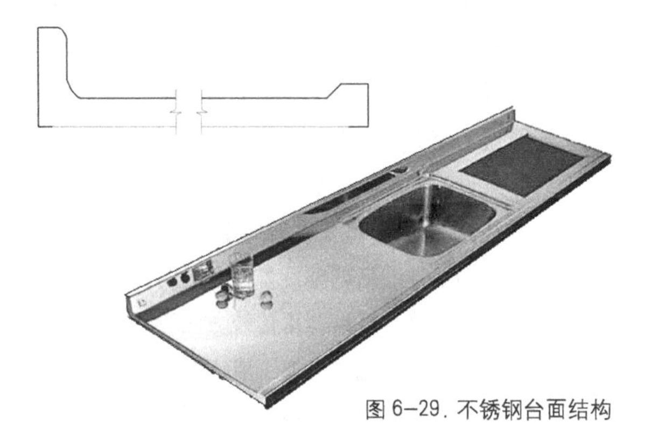

图 6–29．不锈钢台面结构

柜体的形式如图 6-30。它是不锈钢薄板经折叠后构成框架零件，再经焊接连接成整体而成。

不锈钢台面及柜体加工的基本工艺流程基本相同，一般为：

不锈钢薄板→裁板（下料）→折板→矫正→焊接→修整。

不锈钢价格昂贵，所以裁板尺寸需精确计算选择，裁板一般采用专门的剪板机进行，也有的用手工剪裁；折板则大都采用折板机；因不锈钢薄板厚度很小，所以都采用点焊形式来进行焊接。

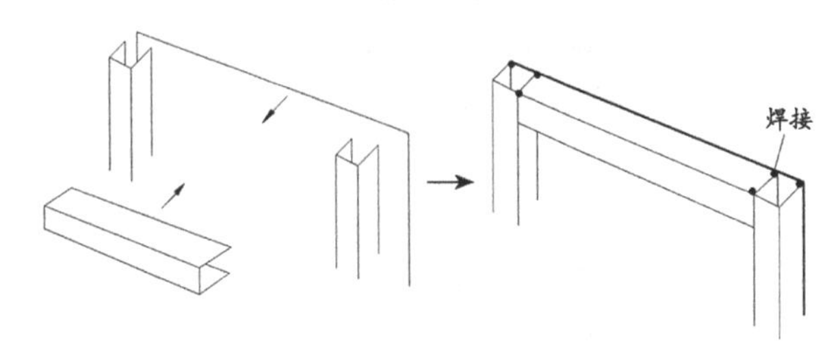

图 6–30．不锈钢柜体结构及加工方式

6.3.4 防火板台面加工

防火板台面是在加工成型的中密度纤维板或刨花板基材上覆贴热弯防火板制成的，其内部结构如图 6-31 所示，其加工工艺主要包括台面基材成型加工和防火板后成型贴面两部分。

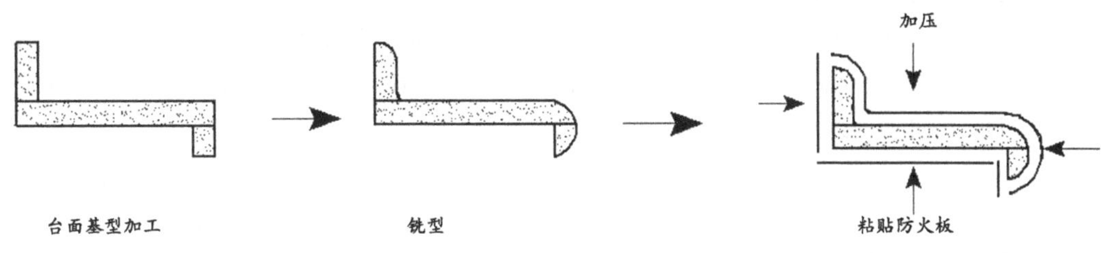

图 6–31．防火板台面加工工艺

6.4 整体厨柜的大规模定制

整体厨柜虽然从属于家具行业，但由于人们的价值观、消费观念、审美情趣等各不相同，所以表现到厨柜产品的需求上就呈现出多样性。再加上我国建筑设计的规范性比较差，每家每户的厨房面积大小、空间布局都不一样，千变万化的厨房户型使厨柜产品表现出强烈的定制特性，这就决定了厨柜企业必须按照用户的订单来量身定制生产厨柜，但定制对厨柜生产来说是一个难点。定制厨柜批量小，每家的厨房大小、厨柜布局都不一样，每个订单只有一套，产品规格的多样化，使之很难适应传统的家具生产方式。传统的家具生产方式从产品图纸设计到配料、加工、装配，要经过很长的工艺路线。单件、小批量在普通生产流程中根本无法流转，仅为单件产品调整设备需要的时间是实际加工时间的好几倍。显然，用传统方法管理厨柜产品的定制生产，工作量大、加工成本高，而且极易出错。另外，多样化的产品难以形成规模化优势，在行业中占主导地位的中小型厨柜企业很难打造成规模性企业；加上厨柜行业的进入门槛低，行业的激烈竞争也使得厨柜企业必须认真考虑整个运作的成本。在此背景下，大规模定制生产模式成为整体厨柜企业的必然选择。

大规模定制（MC，Mass Customization），是指针对每一位顾客的特殊需求，在大规模生产和技术准备的基础上单独设计和制作某种产品，以符合每位顾客的特定需要的生产方式。这是一种崭新的企业生产经营管理模式，它把大规模生产的低成本和以顾客为中心的定制生产这两种生产模式的优势有机地结合起来，在最大限度的满足客户个性化需求的同时，保持最低的生产成本和较短的交货期。大规模定制的基本思想是将定制产品的生产通过产品重组和生产过程重组，转化为或部分转换为批量生产。它适应了市场竞争激烈化和客户需求个性化发展的需求，因而在短短的十多年中，大规模定制经历了概念的提出、理论发展和企业实践的快速发展过程，许多企业通过大规模定制获得了竞争优势。因此，厨柜行业选择大规模定制战略也成为必然趋势。

6.4.1 整体厨柜大规模定制生产的特点

大规模定制能够将大规模生产和定制生产有机结合起来主要是基于人们对产品的需求尽管有差别，但也有共同之处。就厨柜产品本身而言，不同厨柜产品中的各个组成部分中总有相同的部分，即标准柜体，这些个性产品中的相同部分就构成了在定制中引入大规模生产方式的基础，即分清消费者的个性化需求和共性需求，对产品中具有通用性的零部件进行大规模生产，而只是在需要体现产品个性化时进行定制生产，从而实现两者的有机结合。

与传统的大批量生产方式相比，大规模定制生产模式在生产组织方式、生产计划的制定、生产控制和调度策略等方面都有自己显著的特征：

（1）以客户需求为导向。在传统的大批量生产方式中，先生产，后销售，因而大批量生产是一种推动型的生产模式。而在大规模定制生产中，企业以客户提出的个性化需求为起点，因而大规模定制是一种需求拉动型的生产模式。

（2）以现代信息技术和柔性制造技术为支持。大规模定制生产必须对客户的需求做出快速反应，这要求有现代信息技术作为保障。网络技术和电子商务的迅速发展，使企业能够快速地获取客户的定单；CAD 系统能够根据在线定单快速设计出符合客户需求的产品；柔性制造系统能保证迅速生产出高质量的定制产品。

（3）以零部件模块化、标准化设计为基础。通过模块化设计、零部件标准化，可以批量生产通用模块和标准零部件，减少定制产品中的定制部分，从而大大缩短产品的交货期和减少产品的定制成本。

（4）以敏捷为标志。在传统的大批量生产方式中，企业与消费者是一对多的关系，企业以不变应万变。而在大规模定制生产中，企业面临的是千变万化的需求，大规模定制企业必须快速满足不同客户的不同需求。因此，大规模定制企业是一种敏捷组织，这种敏捷不仅体现在柔性的生产设备、多技能的人员，而且还表现为组织结构的扁平化和精练。

（5）以竞争合作的敏捷供应链管理为手段。在未来市场经济中，竞争不是企业与企业之间的竞争，而是企业供应链与供应链之间的竞争，大规模定制企业通过与供应商建立合作互利的关系，共同来满足客户的需要。

大规模定制生产厨柜产品的核心价值是供应链的快捷，交货期的快速、稳定的质量、生产的零错误率、感官定位时尚、功能性和性价比高，快速组合，安装简便，网络虚拟互动，产品低价位定制、优良的售前咨询和售后服务、绿色环保等概念。

6.4.2 整体厨柜大规模定制的实施模式

对于厨柜企业来讲，实施大规模定制战略必须具备的基础条件是需要标准化产品和信息化平台。

实施大规模定制首先需要建立标准产品库，统一生产原材料编码、标准单元柜编码、五金配件编码，然后建立标准的生产制造规则和流程。同时，大规模定制必须在一个信息化的平台上运作，离开信息化平台，企业是无法实现订单的高效、无差错的处理。销售端基于产品信息平台和标准化的产品，采用积极的销售策略，能够在市场终端获得大量的定制订单，并通过电子商务平台专业销售系统快速的进入企业统一订单处理系统，按照产品标准对订单进行统一编码并拆分为标准产品需求单。通过专业生产设计系统对批次订单的标准产品需求单进行批量分解标识，生成相应的生产数据和采购数据，发送到采购和生产端。生产端对整合后的订单信息混流、批量化生产。最后根据订单信息，将混流生产的零部件进行订单识别包装，通过第三方物流发送至客户，实现客户订单。如图 6-32 所示。

6.4.3 整体厨柜大规模定制的柔性生产

大规模定制的制造需求常常是动态变化的。客户订单可能随时到达，它们可能属于不同类型的产品，交货期和批量都不一致，生产控制系统必须具有足够的响应速度和柔性以处理这些复杂的问题。

由于生产定制厨柜产品的绝大多数零部件是标准的和通用的，在已经建立的标准产品库里包含有整体厨柜产品的所有构成模块（图 6-33），客户可以选择不同选项来组装生产具体的定制产品。这样可以在保证销售灵活性的前提下，使由各种不同模块构成的最终产品物料清单及工艺流程数量减至最少，消除大规模定制产品数据管理中的冗余，并且能够根据不同产品的特征来平衡需求和预测，缓解生产瓶颈，缩短交货期，从而提高生产管理的效率，降低生产成本。

大规模定制厨柜产品通过采用标准化的产品构成模块与可选工艺路线等方式来减少对传统工艺路线的约束，从而为工作和资源的不同匹配提供可能，使工艺路线的柔性显著增加。同时，大规模定制的生产线应是基于通用设备（主要以数控加工中心为代表）的柔性生产系统。

大规模定制是一种集企业、客户、供应商于一体，在系统思想指导下，用整体优化的观点，充分利用企业已有的各种资源，在标准化技术、现代设计方法、信息技术和先进制造技术的支持下，根据客户的个性化需求，以大批量生产的低成本、高

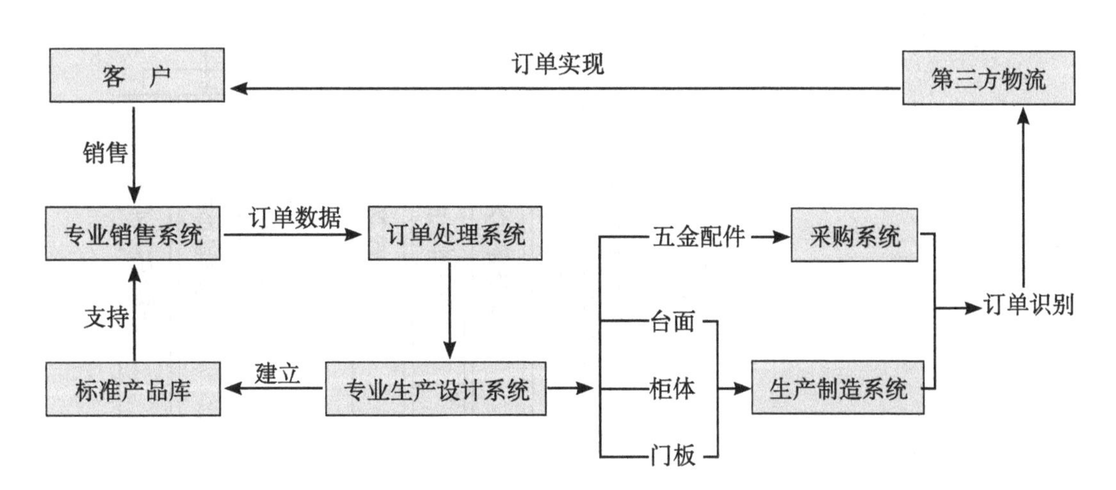

图 6–32. 整体厨柜大规模定制实施模式

质量和高效率提供定制产品的生产方式。其基本思路是基于产品结构的相似性、通用性，利用标准化、模块化等方法降低产品的内部多样性，增加顾客可感知的外部多样性，通过产品和过程重组将产品定制生产转化或部分转化为零部件的批量生产，从而迅速向顾客提供低成本、高质量的定制产品。大规模定制作为一种先进生产模式，它的实现需要在产品全生命周期的设计、制造、销售等各阶段进行综合考虑。

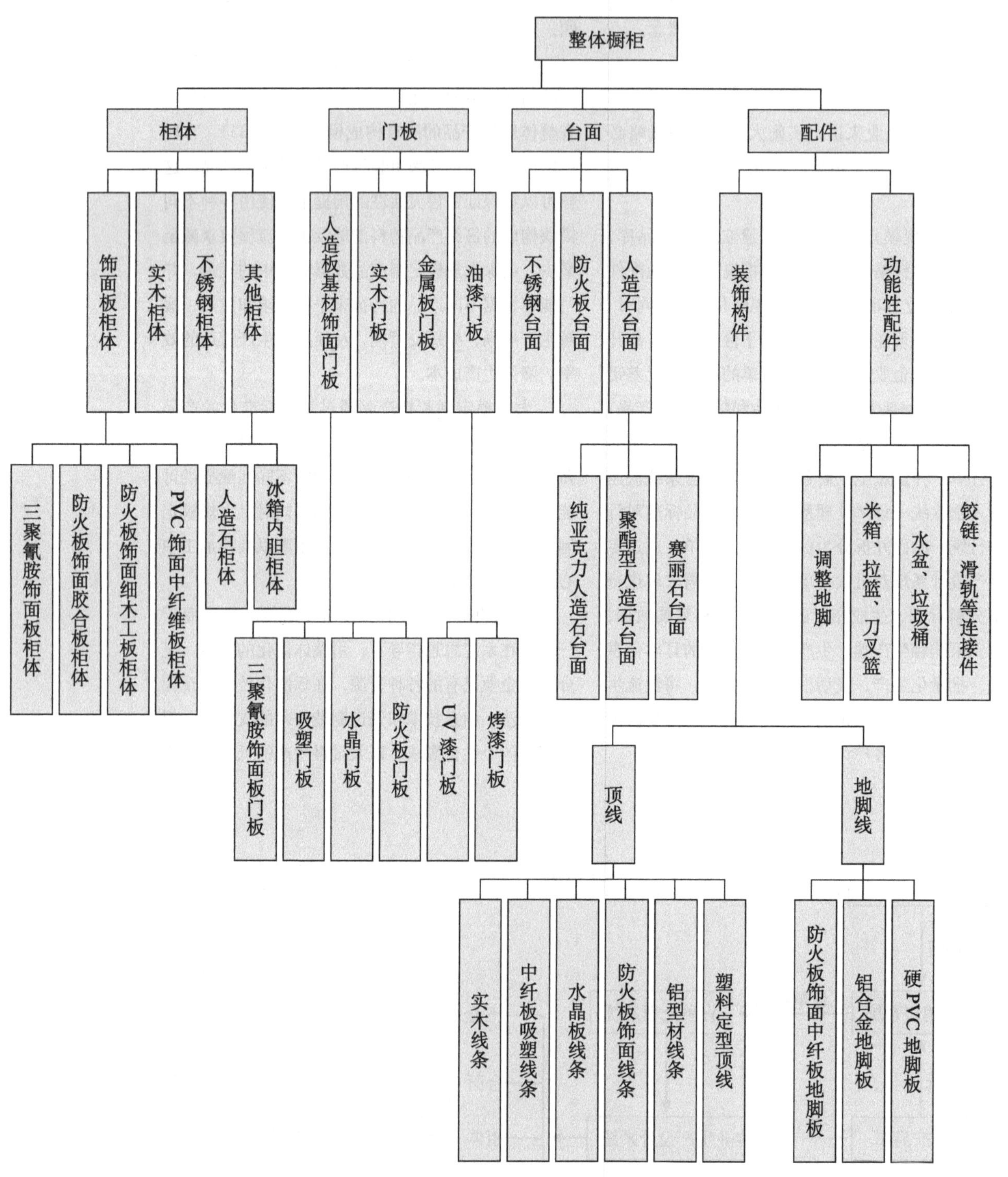

图 6-33. 整体厨柜产品的构成模块

7 整体厨柜的安装与调试

作为量身定制的产品，整体厨柜及其配件要经现场安装和调试，客户验收后才能交付使用。因此整体厨柜的质量，除了制造质量外，安装质量也将直接影响到产品的使用功能和使用寿命。而专业的安装队伍和正确的安装流程、方法才是保证质量的前提。

7.1 整体厨柜的构成与安装流程

7.1.1 整体厨柜的构成

了解整体厨柜的构成是保证厨柜安装顺利进行和安装质量的前提，如图 7-1 所示，整体厨柜由单元柜体，门板，台面，装饰构件，功能配件及五金配件等多个部分构成。

(1) 单元柜体：包括地柜、吊柜、中高柜等。

(2) 门板：主要有实木、饰面板、烤漆、吸塑等多种材质及表面装饰形式；平开门、翻门、卷门、趟门等结构形式。

(3) 台面：有人造石台面、防火板台面、石英石台面、不锈钢台面等。

(4) 装饰构件：包括顶封板、顶线、灯线、搁板、装饰柱、烟机装饰罩、可调地脚与地脚板等。

(5) 五金配件：包括门铰、导轨、拉手、吊码、其他结构配件、装饰配件等。

(6) 功能配件：包括大小金属拉篮、星盆、米箱、垃圾桶等。

除此以外，还有一些嵌入式安装在厨柜里的电器如抽油烟机、冰箱、炉灶、烤箱、微波炉、消毒柜等，以及各种内置、外置式厨柜专用灯。

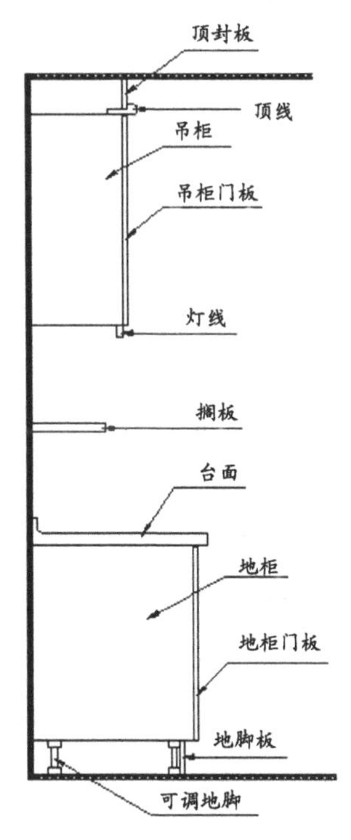

图 7–1．整体厨柜的构成

7.1.2 整体厨柜的安装流程

整体厨柜经过测量、设计、制造以后，其现场安装主要是按照厨柜的构成方式以一定的流程进行的。一般情况下，整体厨柜的安装流程为：

安装准备——柜体拼装——地柜安装——吊柜安装——台面安装——门板及配件安装——安装验收。

7.2 整体厨柜的安装准备

7.2.1 安装工具与机具

厨柜的安装过程中要用到各种各样的工具，其中有专用电动工具，也有手动工具，工具的正确使用是保证安装质量的前提。

(1) 专用电动工具

①电钻：用于木质材料零部件的钻孔、拧紧螺钉。

②冲击钻：用于硬质墙体钻孔。

③曲线锯：用于切割各种板材。

④角磨机：用于人造石台面切割、打磨。

⑤抛光机：用于台面打磨、抛光。

⑥石材切割机：对石英石台面接口或切角处进行切割。

(2) 手动工具

厨柜的安装过程中常用的手动工具主要有螺丝刀，铁（胶）锤，墙纸刀，钢卷尺，铅笔，角尺，开孔器，水平尺等。

7.2.2 整体厨柜安装前厨房环境验收

厨房环境验收是安装前必须做的重要步骤，验收的总体要求是：厨房环境的最终工况布置应与事先确定的设计方案和双方商定的合同规定相一致，没有影响厨柜安装的变更，水、电、气工况布置经实测合格并便于厨柜安装后的维修；无环保和其他安全隐患。

7.3 单元柜体的拼装

目前，整体厨柜柜体大多为拆装式结构，这种结构形式能在远距离送货时降低运输成本，提高产品安装质量，并方便客户临时拆迁。但拆装式厨柜需要在客户家进行现场组装。

单元柜体的拼装是厨柜现场安装的第一个步骤，拼装质量的好坏直接影响整体安装效果。柜体拼装前要先认真审图，弄清图纸上吊柜、地柜的数量，柜子的分布情况，柜子的尺寸变化，做到心中有数，使用安装工具把各板件按顺序拼装成柜体并安装配件。

地柜及吊柜各零部件基本的装配顺序如图7-2、3所示。

厨柜柜体各零部件间接合方式主要有如下几种。

(1) 偏心连接件＋木榫连接：其特点是柜体整洁美观，安装快捷，拆卸、运输方便。如图7-4所示。这是最常用的一种连接方法。

(2) 木榫＋胶水连接：其特点是易于加工与装配，短时间内牢固度较高，但连接强度低，胶接面易脱胶失效，厨柜柜体中并不常用，主要用于一些小零件的固定结合。如图7-5所示。

(3) 木螺钉连接：这种方式结合强度高，易于现场加工和装配，但钉头外露，影响美观，在厨

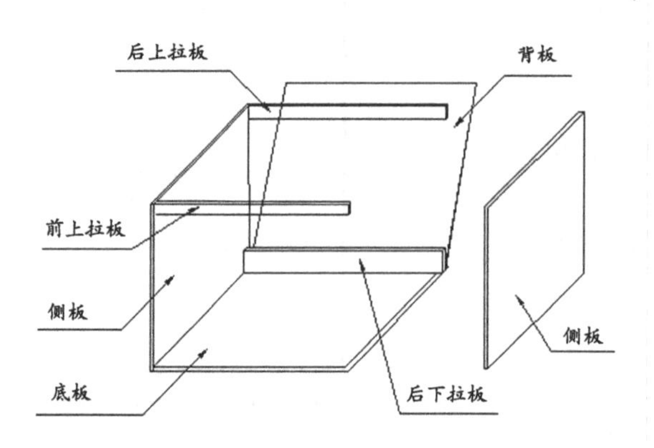

图7-2. 地柜拼装顺序

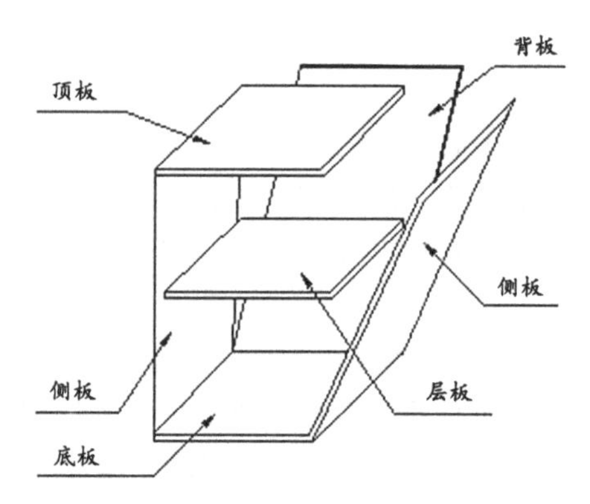

图7-3. 吊柜拼装顺序

图 7-4. 偏心连接件＋木榫连接

图 7-5. 木榫＋胶水连接

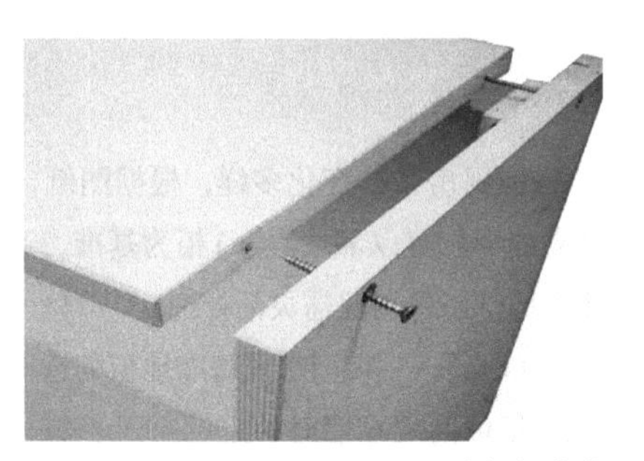

图 7-6. 木螺钉连接

(1) 安装偏心件拉杆

(2) 敲入圆榫

(3) 安装底板

(4) 安装另一侧板

(5) 插入背板

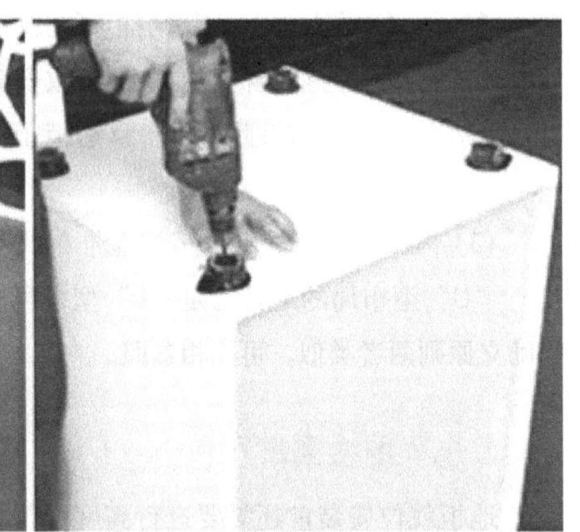

(6) 安装可调地脚

图 7-7. 单元柜体拼装流程

柜柜体中有一定应用（图 7-6）。

(4) 角码连接：一些辅助小板件可用“一字”角码或“L”型角码打钉连接固定。

下面以偏心连接件＋木榫连接的地柜为例来说明单元柜体的具体拼装过程，其流程如图 7-7 所示。先将侧板平放安装好偏心件拉杆与圆榫，装上底板与拉板，旋紧偏心件，安装另一侧板，全部固定连接好后，将背板插入背板槽，柜体反置在地板上安装可调地脚，完成柜体拼装。

对于一些特殊柜体，拼装时可能需要做一些特殊处理。如装液化气罐的柜体，为了方便更换气瓶，其底板下部可安装万向轮；水槽柜前拉板有的用铝合金型材并有专用的连接件；地柜宽度小于或等于 900mm 时，底板安装 4 个可调地脚，当地柜宽度大于 900mm 时，底板安装 6 个可调地脚。

7.4 地柜的就位安装

地柜就位安装的基本流程为：

选择基准地柜——地柜高度定位——基准柜就位——其他单元柜体就位——相邻柜体固定。

7.4.1 选择基准地柜

因厨房布局变化多样，根据图纸，结合现场情况，一般基准柜确立的原则是以靠墙（角）柜为基准。选取的基准要便于后续安装整体布局。特殊情况需灵活处理。

（1）“一”字型布局基准地柜的选择

柜体两端靠墙时的定位原则：如一端有门框，则以另一端的地柜为基准柜靠墙安装，否则，以侧封板较小的一端地柜或炉灶柜为基准柜。

柜体两端不靠墙时的定位原则：以烟机相对应（一般为炉灶柜）的地柜为基准柜，往左右扩展安装。

（2）“L”型布局基准地柜的选择

一端地柜靠墙（转角柜端不靠墙）时的定位原则：定基准柜时，要先以侧面靠墙的对应位置地柜为基准柜。

两端地柜都靠墙（或不靠墙）时的定位原则：在安装时以转角柜为基准柜，两边地柜向转角柜靠拢安装。

从设计角度来说，厨柜设计的尺寸比现场厨房实际的尺寸要小 10 ~ 20mm（预留尺寸），不然厨柜可能放不进去，若遇墙体倾斜等，如果不按靠墙处为基准柜摆放，会导致安装的地柜侧面与墙体之间有几公分的间距，如果此时才来移动柜子，那么以前开好的孔位可能全部错位。

（3）“U”型布局的地柜安装基准柜的确立

“U”型布局的地柜乃是“L”型布局的特殊组合形式，基准柜的确立原则两者类似，可互相参照。

7.4.2 地柜高度定位

地柜就位安装前还需要进行高度定位：在墙体上找一条水平瓷砖线（高度在 900mm 以上）作为安装基线，用卷尺来测量两头和中间共三个点到地面的距离是否一样（多点测量法），以判断地面高度是否水平。如果高差比较小，以两者距离最小的位置点来定位地柜安装高度；如果高差太大，则以两者高度最大值加最小值的和取平均值的位置定位地柜安装高度；如果地面是水平的，地柜安装定位高度 = 地脚板高度 + 柜体高度 +5mm（地脚板与柜底板间隙尺寸）。

通过以上操作，用铅笔作上标记，量出上面瓷砖线与标记点的距离，以标记点为始点，平行瓷砖线画直线，此线即为所有地柜安装调整后的标准高度定位线。

7.4.3 柜体就位与固定

（1）基准地柜安装：地柜安装高度确定后，以此高度为基准，根据基准柜定位原则确定基准柜，基准柜背板及一面侧板靠墙放置柜体，以高度定位线为基准调节可调脚的高度，使基准柜上边沿水平。

（2）其他柜子安装：根据图纸按序号逐个摆放好相邻柜子，调节可调脚的高低，使相邻地柜上边沿与基准柜上边沿水平，侧板相平。要求相邻柜体结合面无明显缝隙，单个柜体平稳，地柜整体水平一致。用同样的方法安装好其他柜子。

（3）水池柜的安装：按顺序摆放好水池柜，根据下水管的实际位置，在底板的相应位置挖孔并装上塑料密封套；水池柜下拉挡用铁角码和柜身固定好。如图 7-8 所示。

（4）相邻柜体固定：所有柜的位置和高度调整好后，每两相邻柜的侧板对角位置钻好孔，相邻两柜用木螺钉锁紧，固定好，上下、正面保持平整。如图 7-9 所示。

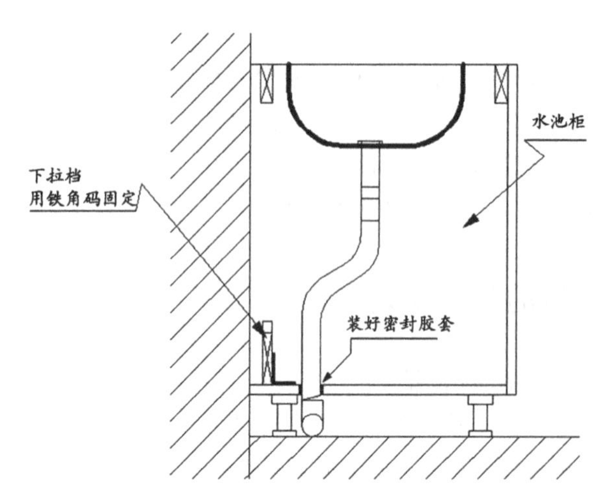

图 7–8．水池柜的安装

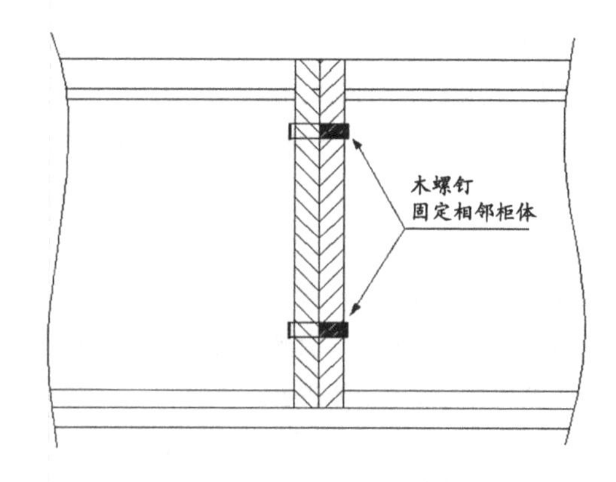

图 7–9．相邻柜体固定

7.5 吊柜的就位安装

吊柜的安装流程一般为：

测量——吊柜高度定位——吊片定位安装——基准柜挂装及调整——其他柜挂装及调整。

7.5.1 吊柜安装测量

测量天花是否水平：在厨房安装吊柜处找一条瓷砖线作为水平线来测量天花是否与瓷砖线平行。如瓷砖斜贴，在差不多同一高度的两侧分别找一个瓷砖的尖角连成一条直线。

测量墙角：直接用大三角尺或直角尺测量，或用一块活动板来测量安装吊柜处的墙角是否直角，如果不是直角而是锐角要留出锐角的空位。

7.5.2 吊柜高度定位

一般情况下，吊柜底部离地面的高度应不小于 1500mm，特殊安装高度依实际情况或业主要求来确定。如果吊柜安装上翻门，上部应保证预留翻门打开所需的空间。如果有顶线或顶封板，要保证其合理的安装位置。确定了安装高度后在墙上做标记，以标记为起点在水平方向画直线，再根据此线确定吊柜挂片安装的高度定位线。

7.5.3 吊柜吊片定位安装

根据基准柜子的宽度，在确定好的安装高度定位线上确定吊柜宽度位置，再根据各吊柜的宽度尺寸，依次将其他吊柜宽度位置标示于定位线上。然后再依次将金属吊片贴于吊柜宽度位置线与高度定位线交点的内侧（一般是柜侧板厚度 +1mm 处），吊片位定好后，吊片的两方孔的宽度方向的中心线与水平安装位置线重合，同时用铅笔在方孔内作出金属挂轨的定位记号，原则上是一个吊柜配两片吊片。如图 7-10 所示。

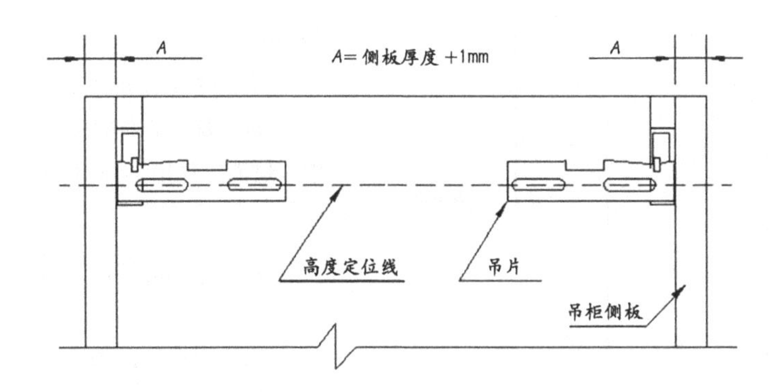

图 7-10. 吊柜吊片的定位

打孔固定：首先要与客户沟通，挂件处有无水电气管道，用冲击钻在标好线的位置打孔，然后塞上膨胀塞，用螺钉固定好挂件，要对准孔位，不可偏移。

7.5.4 柜体挂装及调整

基准柜挂装：挂上安装好吊码的基准柜，使一侧的侧板靠紧墙壁。用螺丝刀锁住吊码，调节吊码上孔螺丝，在吊柜底下找一瓷砖线，使吊柜底板与这一瓷砖线平行。锁紧吊码下孔螺丝，使吊柜无晃动。调节吊码方法如图 7-11 所示。

相邻柜挂装：根据图纸，用同样的方法以基准柜为标准逐个将相邻柜靠近基准柜紧固、调平，并用木螺钉连接。

7.5.5 特殊吊柜的安装

(1) 吊柜排烟管开孔

排烟管一般安装于吊柜内部并尽量靠柜顶布置。当排烟管较长，要穿过吊柜布置时，吊柜侧板

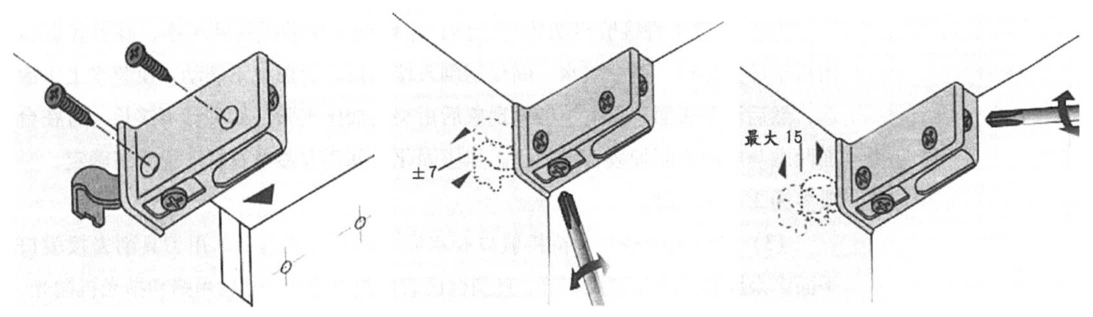

图 7-11. 吊码安装调节方法

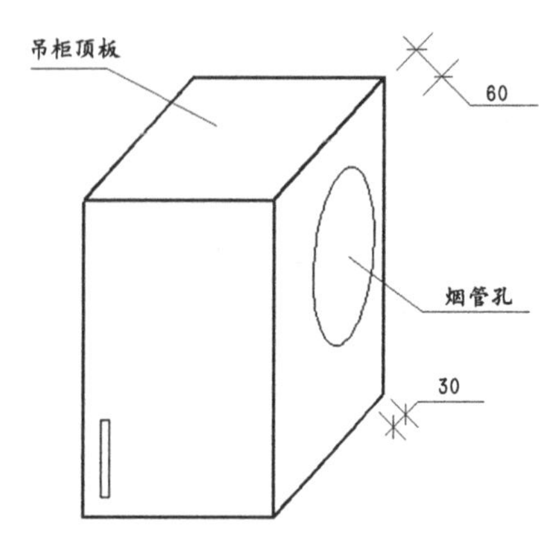

图 7-12. 吊柜烟管开孔

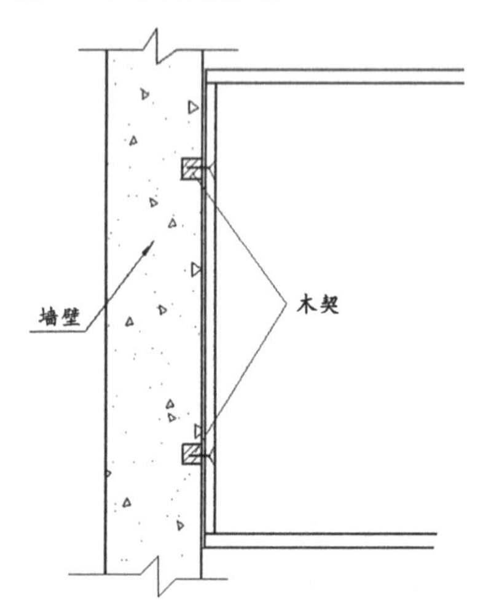

图 7-13. 厚背板吊柜的安装

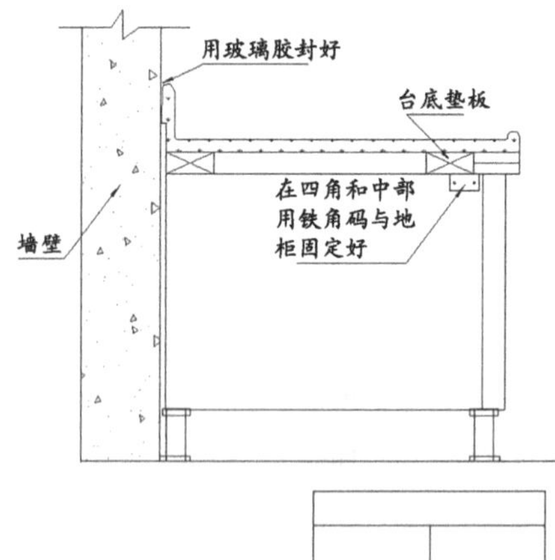

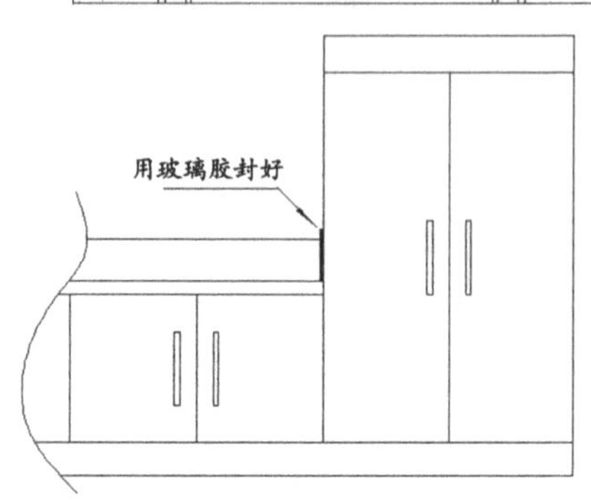

图 7-14. 整体台面安装

上需开烟管孔。为防止开孔时损坏吊码及背板，开孔位置应选择得当，如图 7-12 所示，一般孔边缘与柜顶板的垂直距离不小于 60mm，与柜背板的距离不小于 30mm。

（2）厚背板吊柜的安装

如为背板加厚的吊柜（≥ 15mm），可考虑不用吊码，直接用螺钉通过木契固定于墙面。如图 7-13 所示。

7.6 台面的安装

各种厨柜台面的安装方法基本相同。此处以最为常用的人造石台面为例介绍安装方法。人造石台面的安装主要分为：无需拼接的整体台面的安装和需要接驳的台面安装两种形式。其中前一种形式台面的安装较为简便；后一种则较为复杂，涉及到台面的打磨、接驳、抛光等诸多环节。需要安装人员具有高超的安装技能，以达到台面安装接驳无痕的最佳效果。

7.6.1 整体台面安装

整体台面是不需要现场接驳的，其安装流程为：

（1）先用水平尺测量地柜平面是否平整，可通过调节可调脚来校正。

（2）台面整体摆放到柜体上试装台面，调整左右、前后的尺寸，使台面位置合适，特别注意水盆和炉孔的位置是否与设计图纸相符，用水平尺测量台面是否平整。

（3）调平后从底部用铁角码把台面和柜身紧固，用玻璃胶把后挡水与墙面的缝隙、台面两侧边与立柜接触的地方封好。如图 7-14 所示。

7.6.2 需要现场接驳的台面安装

当台面长度超过人造石板材长度或台面形状为“L”形时，都需进行拼接，虽然人造石台面可无缝拼接，但为防止接缝部位产生裂缝或断裂，其下部应设置加强筋，加强筋一般用同种人造石制作，胶接在台面接缝部位（图 7-15）。现场接好台面安装方法同整体台面。

人造石台面现场接驳流程：

（1）将作为基准边的台面摆放在安装好的地柜上，以此块台面为基准台面，基准台面要放平，并且预留好台面离墙间隙（5mm 左右）；将需要对接的另一台面与基准台面预拼（注意也要留离墙间隙），多余部分用曲线锯切除并用角磨机打磨对接边，直至两对接边无上下错位，即可进行接驳。

（2）胶接：将接驳口两边与上面，用墙纸刀或砂纸刮磨干净，确保接驳口附近干净无污迹。调配胶水、固化剂倒入接驳口，台面上下摆动，使胶水上下渗透，然后调平表面，无上下参差现象后用夹具加压夹紧。如夹具不够长，可在台面两端与墙面之间加装木楔加压。加压固化时间需要参考石材厂说明书确定，一般多为 3 ～ 4 小时。

（3）接口表面磨平：待接驳口胶水完全固化并干透后，用刀具削去接驳口平面多余胶水。用角磨机打磨，直到台面表面没有痕迹，然后用蜡和抛光机抛光。

（4）收口固定：将台面整体清洁干净，检查台面离墙缝隙，需调整的要稍作调整。沿墙缝打玻璃胶。如果台面离墙缝隙太大，可用泡沫塑料或其他材料削成长条填缝后，再打玻璃胶。

7.6.3 台面相关配件安装

(1) 嵌入式炉灶的安装：嵌入式炉灶如果安装不当则易使台面局部温度过高，造成台面变形。因此在安装炉体时，炉灶与台面之间必须有适当的隔热措施，一般的炉体都配带有隔热橡胶垫圈，安装时一定要装上。炉灶与台面之间要保留最少5mm以上的缝隙，炉孔四周及四角要用板材加强。如图7-16所示。

(2) 星盆下水器安装：先检查水盆的下水盆口是否平整，人造石盆可用角磨机修整，不锈钢盆则需要更换；参照供应商提供的安装说明书把各配件组装起来，并根据现场实际安装位置把直管或弯管锯成合适的长度。装好后必须要试验是否漏水。

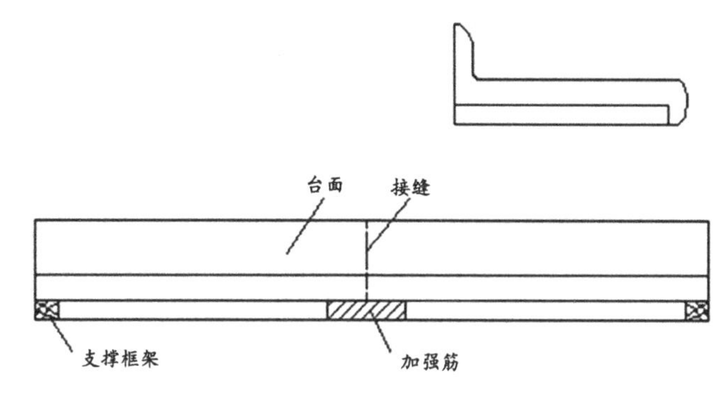

图7–15. 台面拼接结构

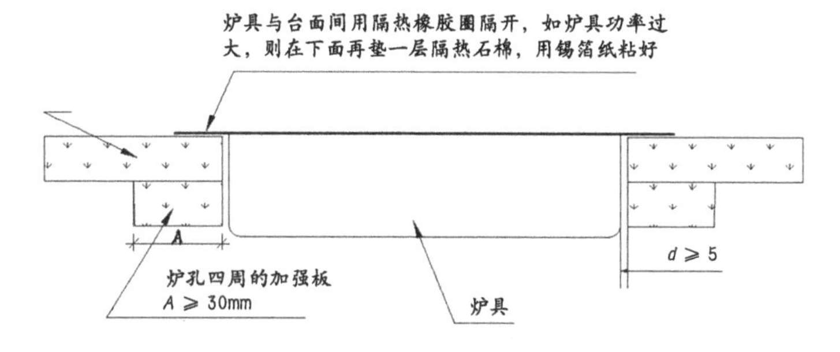

图7–16. 嵌入式炉灶安装

7.7 门板及配件的安装

7.7.1 门板的安装调试

平开门是门板与厨柜柜体的连接结构中最常见的形式，由于整体厨柜的装饰效果主要由台面及门板来决定，所以开门安装采用全盖门或半盖门的杯状暗铰链与柜体接合，而不用嵌门形式，这样可使各种漂亮的门板完全遮盖柜体。出于功能需要，厨柜也可在吊柜上设置上翻门或卷门，趟门则少用。

(1) 平开门安装：安装门板时，先将铰链安装在铰杯孔里，然后将门板放在相应的安装位置，让门板打开，用螺钉固定铰链。

(2) 翻门安装：一般上翻门安装主要有翻门铰链安装及吊撑装置安装，不同的翻门铰链与翻门吊撑装置的安装与调试方法有所不同。门板具体安装结构与调试方法见第四章。

7.7.2 地柜地脚板的安装

当地柜安装好后即可安装地脚板，安装时先将弹性夹用木螺钉固定于地脚板背面或直接插入地脚板背面的沟槽内，再利用弹性夹将地脚板卡装在可调地脚上，如图7-17所示。L型或U型布局的

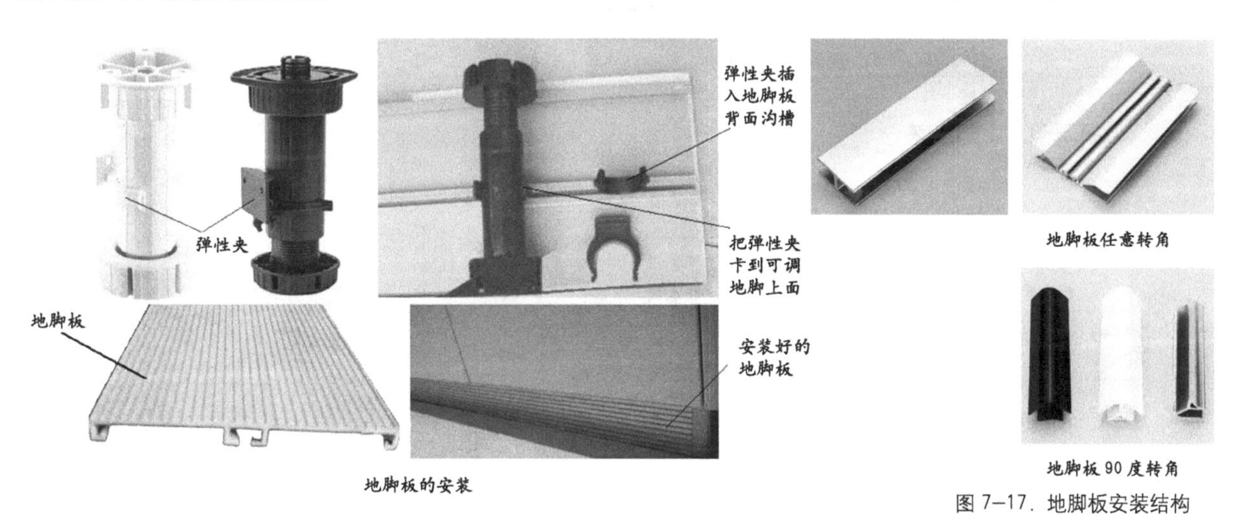

图7–17. 地脚板安装结构

高档厨柜，出于装饰需要，在转角位置还装有地脚板夹角连接件。

地脚板安装好后要求高度一致，外观平齐，地脚板顶面到地柜底板高度距离≤ 5mm，转角连接接口紧密。

7.7.3 吊柜顶线与顶封板的安装

顶线安装在吊柜顶部前端，安装时要对吊柜的转角处的顶线条进行接驳加工，然后把接好的顶线条放在吊柜顶板上，顶线伸出吊柜的距离要符合相关要求，再从顶板向上用木螺钉固定顶线。如图 7-18 所示。如果线条上还要加封板，应先将封板用木螺钉固定在顶线上，然后把顶线和封板一起固定在吊柜的顶板上。如图 7-19 所示。

7.7.4 吊柜托板、裙边的安装

吊柜托板安装一般由上向下用木螺钉固定在吊柜底板上，图 7-20 所示。裙边既可以用木螺钉也可以用角码固定于吊柜底板上，图 7-21 所示。要求螺钉应垂直拧进且不能有松动，钉头不外露，且做到横平竖直。

7.7.5 装饰层板架的安装

许多时候，厨房墙面会安装一些独立层板架（搁板架），这类层板一般由木质板材或玻璃制作，木质板常见的厚度有 25mm、38mm、80mm 等几种。玻璃层板一般选用 8mm 厚的钢化玻璃。

（1）厚度为 25mm 和 38mm 的搁板都是用层板夹或层板撑安装：在墙上相应位置固定好层板夹或层板撑，放上搁板，在层板夹底下有一个螺丝，将它拧紧，把搁板夹住。或者从木层板撑底下由下向上用螺钉固定。如图 7-22 所示。

（2）厚度为 80mm 的木质层架板，一般分两部分组成，每一部分都是一个“L”形。先将下部分用钉固定在墙上，然后把上部分盖上即可。此种层架板一般较重，最好用较粗的螺钉固定。如图 7-23 所示。

（3）玻璃搁板的安装：在墙上相应的位置固定好玻璃层板夹，放上玻璃搁板，在玻璃层板夹底部有一螺丝，把它拧紧夹住玻璃搁板。如图 7-24 所示。

与厨柜连为一体的各种相关配套厨房电器的安装和调试，按照相关说明书进行。为了保证整体厨柜的安装质量，除了要严格遵守以上的安装流程和方法外，规范化的设计也是必须的，经过规范化设计的厨柜可以把现场安装中不确定的因素降到最小，既节省安装时间，又便于保证质量。当然这有待于厨柜设计水平的进一步提高。

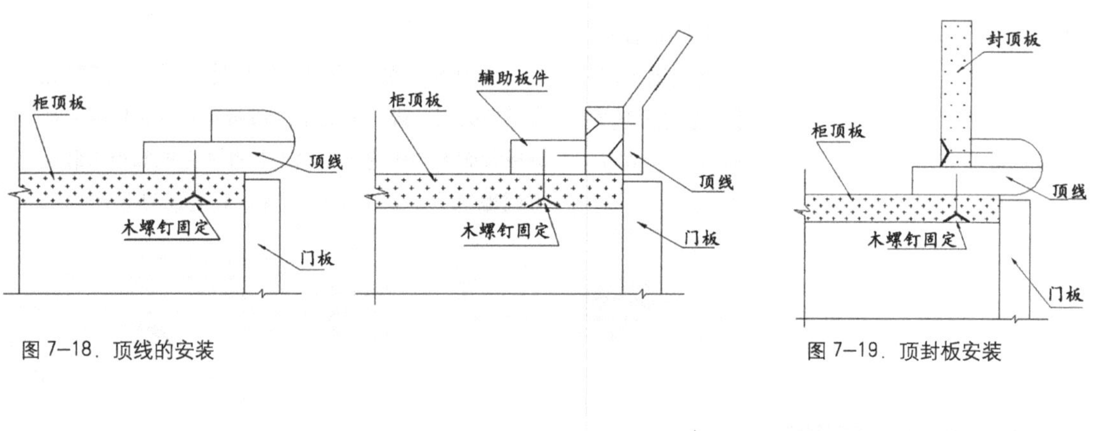

图 7–18．顶线的安装

图 7–19．顶封板安装

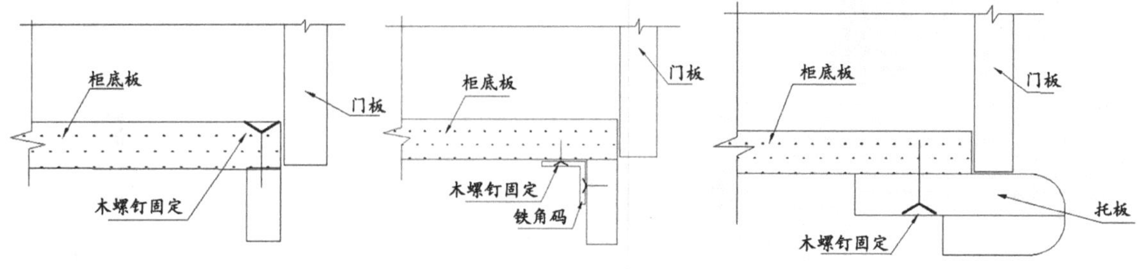

图 7–20．托板安装

图 7–21．裙边安装

图 7–22. 木搁板安装

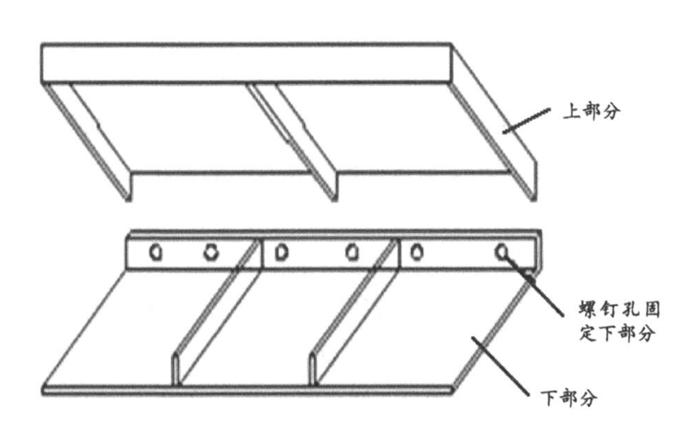

图 7–23. 厚型木搁板安装

图 7–24. 玻璃搁板安装

7.8 安装质量验收

厨柜安装质量验收标准有外观视觉及技术标准。

7.8.1 厨柜安装整体技术要求

厨柜安装位置应按设计图样的要求进行，不得随意变换位置。产品外表面应保持原有状态，不得有碰伤、划伤、开裂和压痕等损伤现象。所有部件安装后要水平、垂直、稳固。

7.8.2 柜体安装质量要求

(1) 柜体板件平整洁净，无翘曲污渍现象；板件周边封边严密且棱角倒角顺滑，无露边、崩口、锐角、毛刺现象。

（2）管道避让裁切孔不大于管径10mm。所有柜身板件的开孔须做到方孔方正、圆孔圆润，且锯路顺畅，无崩缺、过渡锯痕。裁切加工部分表面封皮要平整、光滑，无不封边或起皮、炸皮现象。不窜角，无划伤。所有的柜身板及背板的裁切端面，必须用玻璃胶密封然后用U型封边条封好，封边条要求稳固，不可松动或脱落（图7-25）。部件与管道接触部位用套件封闭（如水槽柜）。

（3）单元柜体的对角线误差不大于正负2mm，平整度公差在3mm之内。

（4）地柜装好后必须用水平尺测量，保证地柜整体高度一致，水平落差不得超过2mm，着地平稳，相邻柜身接触面无可见缝隙，只有这样才能避免因台面在柜上不平整而引起变形或断裂，也能保证门板安装一致。地脚板切口连接紧密，手锯切口、角度切口应平整。厨柜安装好后，地脚板与地柜底板之间的距离≤5mm。

（5）吊柜整体四向水平高度一致，相邻柜身接触面无可见缝隙，无上下窜位，无左右凹凸，无柜身晃动等现象。吊柜顶线、灯线安装时必须保证前沿伸出柜体的距离一致，对接处缝隙不大于0.5mm，要平整美观，并保证顶线与吊柜门板的缝隙均匀一致。

7.8.3 门板、抽屉安装质量要求

（1）门板应进行全面调节，使门板上下、前后、左右平整，缝隙度均匀一致。柜门安装后应横平竖直开关自如，正前面门板平整无起伏、门板平齐底板，相邻门板左右缝隙为2mm，上下缝隙为2mm。

图7—25．柜身板件的开孔U型封边

（2）抽屉面板的调节与门板一样做到缝隙均匀，横平竖直，在同一平面上门屉要求间隙之间平行一致，门屉与框架的间隙不大于2mm，无翘曲现象。抽屉盒对角线误差不大于2mm，屉底与屉帮间隙小于0.5mm。所有抽屉能抽拉顺畅，无噪声。

7.8.4 台面安装质量要求

台面整体平整无变形，表面无划伤，垫板平整、无高低不平。台面外露棱角收口倒角圆润，无直角锐角或尖角等刮擦伤手隐患。台面接驳口无明显的痕迹。

7.9 整体厨柜的维护与保养

在正常使用过程中，为了有效延长厨柜的使用寿命，用户还需要按照科学的方法进行维护。

7.9.1 台面的使用维护

聚酯类人造石台面不易长时间猛火烹饪，也不要将高温物体直接或长时间搁放在人造石台面上，否则可能因局部受热过度而导致膨胀不均，损害台面内部结构，最终导致台面变形甚至开裂。切菜时应垫上切菜板，否则会留下不美观的划痕且会钝刀口，也不要让过重或尖锐物体直接冲击表面。严防烈性化学品接触台面。由于不同原因使台面有较多的刀痕、灼痕及刮伤，或由于使用时间较长影响美观，可请专业技术人员进行专业护理。台面表面尽量保持干燥，避免长期浸水，防止台面开裂变形。

7.9.2 门板的使用维护

由于门板大多以木质材料为基材，即使防水性能优良，长时间或过度吸水后仍会有一定程度的膨胀，过度膨胀就会造成门板结构破坏，因此要避免门板长期被水浸泡，有水迹要及时擦干，并保证环境通风良好。另外门板表面虽有一定硬度，但不能用硬物擦拭或尖锐物碰撞，否则易损伤门板表面。

7.9.3 柜体的使用维护

保持柜内的干燥通风，如有水迹及时擦干，要保证厨房在操作时环境通风良好，以免使灶台柜过度受热而损坏部件。

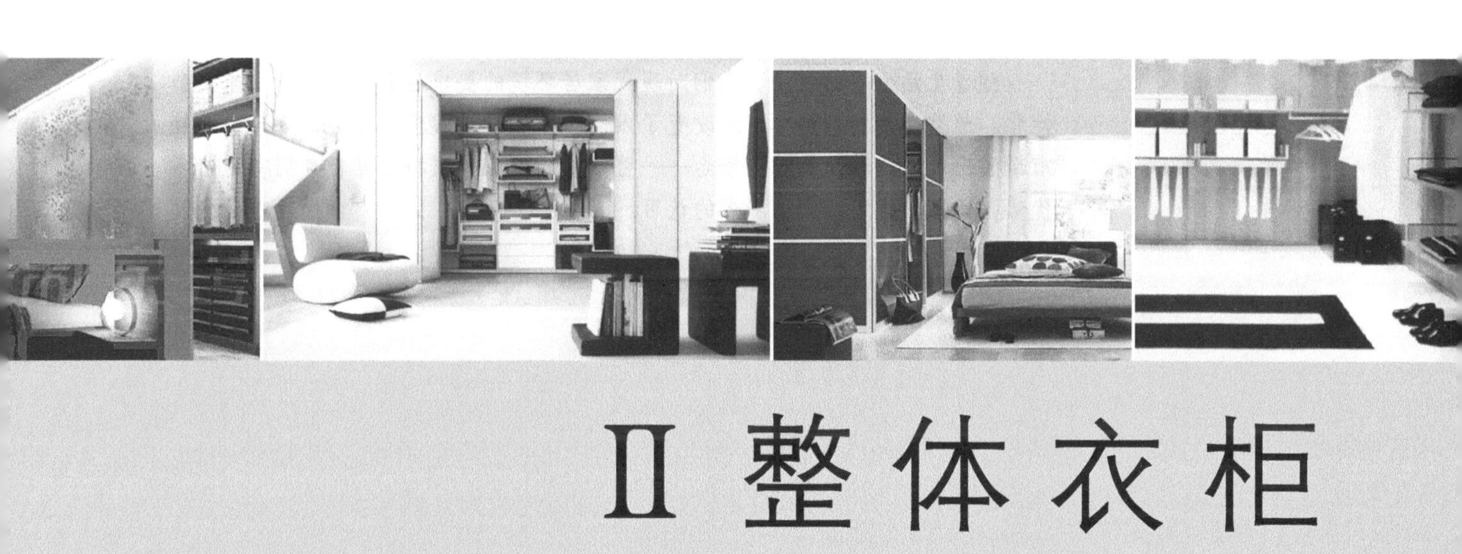

Ⅱ 整体衣柜

8 整体衣柜概述

随着生活水平的提高，人们对现代家居环境的要求也更加趋于高品味、个性化。继整体厨柜、整体卫浴改变了人们的烹调和洗浴理念之后，近年来家装市场又出现了一种新的贮物概念——整体衣柜。整体衣柜因其自身拥有的诸多优势，逐渐获得了广大消费者的认可。

8.1 整体衣柜的概念与类型

衣柜原本是指用于摆放衣服、饰品、贮放生活用品等的多功能柜体。而所谓的“整体衣柜”指的是：按照用户需求，根据具体的室内空间位置，通过现场测量，量身定制，个性化设计，标准化和规模化生产，再经过现场安装而成的依附于建筑物某一部分，并与其形成刚性连接的集成柜类家具。

图 8–1. 步入式衣帽间（框架式结构）

图 8–2. 入墙衣柜（板式结构）

整体衣柜在台湾称为入墙式家具，在日本称为附壁式家具（造付家具）。

在此，"整体"是相对于"单体"和"单件"家具而言的概念。"整体"意味着完整、全面以及综合功能的体现，既表达了整体衣柜是建筑、室内、家具的一体化，又反映了衣柜与人们生活方式构成的有机整体，同时整体衣柜还沿用了整体厨柜、整体卫浴的"整体"概念，是市场生态的自然衍生，以有利于市场推广与营销造势。因此，整体衣柜本质上属于定制家具，是建筑业、室内装饰业与家具制造业之间兼容互动、完美结合所产生的一种家具类别；是以大规模定制为特色、依附于先进设计理念及生产工艺的、将家具与室内空间有效整合在一起的集成定制家具产品。

整体衣柜是一个宽泛的概念，从形式上看它包括几大类别：一是步入式衣帽间（图 8-1），它是利用一个房间或是室内的一块空间，通过几个功能柜体围合而成的一个集贮放、展示、更换衣物为一体的立体空间。二是入墙衣柜（图 8-2），即依附于建筑墙体带有趟门的整体衣柜。三是书柜、电视柜、玄关柜等广义的整体衣柜。从结构上来说又有框架式结构（图 8-1）和板式结构（图 8-2）之分。

8.2 整体衣柜的特点

8.2.1 整体衣柜的优势

与传统家具相比，整体衣柜在以下几方面有其明显的优势：

（1）时尚环保，量身定制

在以往的家庭装修中，人们选择衣柜的方式一般有两种：其一，由木工现场制作，现场油漆。优点是：可量身订做，并可以与室内环境相协调；缺点是：施工环境差，施工工期长，所用的材料和工艺设备也有所限制，品质不易控制，专业化不足，容易产生有害气体。其二，在家具卖场购买成品。优点是：专业、美观、可移动、品质稳定；缺点是：和现场空间环境不匹配，造成空间利用率不高。而整体衣柜的出现就很好的综合了以上两种方式的优点并克服了它们的缺点，它既能量身定制，充分满足消费者的个性化需求，合理利用空间，又可以实现工厂化生产，现场安装，避免了手工制作的耗时耗力与油漆污染；通过批量生产又能减少材料消耗、实现较高的加工精度；通过绿色材料的选择还可保证产品的环保性能。

（2）节省空间，经济实用

整体衣柜可以按照具体空间进行设计，既可以巧妙地利用室内靠墙的一边或两边作为衣柜的侧面，做到和墙体完全吻合；也可以做成顶天立地，直到天花顶部，不浪费任何空间；甚至还可以利用整体衣柜来代替一面墙壁隔开两个房间，这样既节约了衣柜的摆放空间，又无形中增大了房间的使用面积，其所用的折叠门或趟门也能使空间利用最大化。并且由于整体衣柜与建筑形成刚性连接，其安全性好，也不易产生卫生死角（图 8-3）。

整体衣柜的造价可以根据柜体的用材面积来计算，不同的内部配置，价格也有所不同。因此，客户可以根据自身的实际需要和经济能力增减衣柜的配置。同时，由于整体衣柜采用先进设备机械化生产，合理的设计和管理，使得板材的利用率和工人的劳动生产率大大提高，从而降低了成本，在经济上也更合算。

（3）功能完善，风格统一

人性化的功能设计是整体衣柜的另一大特点，它可以根据存放衣物类别及尺寸大小的不同，设计相应的存放空间。柜内可以分割成挂衣空间、叠放空间，顶部空间也可以用来放被褥等闲置物品，再配以丰富的功能配件如旋转衣架、裤架、领带架、内衣屉等。这样能将传统衣柜不便利用的死角也开发出来，充分体现了分门别类、多容善纳的贮物设计思想，增

图 8–3. 充分利用空间的整体衣柜

图 8-4. 功能完善、风格统一的整体衣柜

图 8-5. 柜体与墙体间的收口部件

加了贮存量，也更方便人们的使用（图 8-4）。

整体衣柜可以配合家居装饰需要进行设计，实现家居风格的统一。可以把整体衣柜作为室内界面造型的一部分来打造，通过对柜门的款式、材质和色彩进行选择，以实现和室内地板、家具、饰品和窗帘的款式与色彩能够协调搭配，和整个居室的装修浑然一体。特别设计定做的连接、收口部件，使柜体与墙体、地面、天花的接口天衣无缝，做到整体衣柜与室内环境的完美结合（图 8-5）。因此，整体衣柜的设计不仅着眼于的衣柜本身，还关注了衣柜与室内空间的统一。

8.2.2 整体衣柜的设计方法与流程

整体衣柜的销售过程不同于购买成品家具，首先需要设计师与客户进行全面的沟通，了解客户的爱好及其家居风格，再上门测量，设计出满足客户要求、适应空间大小的整体衣柜。这期间，设计师会提供设计方案图，客户满意后再根据图纸由工厂生产出柜体和门板，然后上门安装。这种互动的方式贯穿整个设计、制作过程，使客户能够体验参与设计自己生活的乐趣。另外，由于整体衣柜属于定制产品，其销售地与生产地往往分离，通常需要借助于专业的设计销售软件才能提高效率、保证质量。

8.2.3 整体衣柜的计价方式

目前市场上整体衣柜的计价方式有三种：第一种是按投影面积计价——即按照衣柜正面总的投影面积（衣柜的长 × 高）来计算；第二种是按展开面积计价，即将衣柜的结构拆开，把所用板材按平方米、五金和配件按型号规格、金属框架按米来分开计算，最后相加为总价；第三种是按延米计价——这原本是用于统计或描述不规则的条状或线状工程的计量方式，这里根据“延米单价 × 延米数 + 附加费用”算出的衣柜总价即为整套衣柜的“延米报价”。

目前，三种计价方法在市场上都有应用。投影面积计价和按延米计价的方法可以简单快捷的报价，但由于没有统一标准，内部构造的差异难以体现，尤其是遇到转角时，计价结果就存在差异，商家容易钻空子。随着市场的透明化，消费者对自己的消费也会越来越清晰，最公正的算法应该是按实际使用的标准用料来计价。因此，展开面积计价法虽然相对复杂一些，但可以借助专业的设计软件进行自动拆分出报价表，消费者也更容易接受，应是今后整体衣柜行业通用的计价方式。

8.3 中国整体衣柜的发展状况

8.3.1 中国整体衣柜的发展历程

整体衣柜虽然已经在西方国家有了非常成熟的发展，但是进入中国市场也不过十多年的时间。整体衣柜在最初进入中国的时候，并不是以“整体衣柜”的形式出现的，而是以“壁柜门”的形式，最具代表性的是史丹利壁柜门。1997 年，拥有 160 多年历史的美国五金知名品牌史丹利率先将壁柜门概念引入中国，从国外引进五金件与边框，结合国内组装柜体、板材等加工生产而成，开创了定制家具在中国市场的先河。

2000年前后，法国索菲亚、德国富禄、广东中山的顶固等品牌也相继进入国内市场，随着壁柜门的不断推广与普及，带动了整体衣柜在国内的消费理念，这一时期应属于市场萌芽期。2003至2004年期间，英国的好莱客、美国的凯蒂（KD），香港的科曼多，深圳的丹麦风情、广州的诗尼曼等国内外整体衣柜品牌相继加入，同时各个城市地方性品牌也开始涉足移门及衣柜行业，可以称为市场启动期。2005至2006年则为市场发展期，以整体厨柜为成熟产品的欧派、由专业家具制造厂家转向整体衣柜行业的联邦高登等品牌也强势介入，并开始出现市场细分。

2007年，以整体厨房、整体卫浴、室内套装木门著称的科宝•博洛尼进一步提出了“整体家装”的概念，将全屋家具定制与装修、设计集为一体，真正为客户提供一站式家装服务。与此同时，广州的维意和尚品宅配也以家居整体化为出发点，在国内创新性地提出“三房两厅全屋家具数码定制”的概念。这些企业的发展模式引领着行业发展新潮流，代表着行业未来的发展方向。至此，整体衣柜行业格局也基本确立了。2008年至今，随着行业的不断发展，各大品牌开始走上品牌扩张之路，行业的竞争也逐渐激烈，品牌意识开始凸显。

当然，除以上提及的品牌之外，整体衣柜行业还有众多有影响力的品牌，如韩丽宅配、百得胜、科凡等，这里不一一赘述。这些都是在整体衣柜行业内有一定的知名度和影响力的品牌，渐渐成为实力派代表。在近十多年时间内，他们完成了从壁柜门到整体衣柜的变迁，并逐步推进从整体衣柜走向整体家居生活方式的演变。随着市场环境不断的变化，会有更多外资企业在中国联合或独资建厂，国内一些企业也在兴起，整体衣柜市场将会是机会与威胁共存。

8.3.2 中国整体衣柜产业现状

（1）产业生命周期：当第一批国际整体衣柜品牌进入中国时，由于人们对产品的认知程度不高，接受起来有难度。但随着近年来国内经济高速发展及房地产的快速扩张，国内消费者家居生活观念的改变，如今在以京沪穗为代表的一级市场，整体衣柜在中高端消费群体的接受程度已很高，销售终端在建材市场、家具市场遍地开花。这种情况正在向华东华南的二级市场发展；而在内地的二级和三级市场，产品概念还处于介绍期。但随着信息传递速度的加快，一个有生命力的产品，其推介过程会越来越短，二、三级市场的成熟最多滞后2-3年。未来几年将是整体衣柜市场从局部成熟走向全面成熟的关键时期。因此，从总体来看，我国整体衣柜行业正处于产业生命周期的成长期阶段，同时正向着成熟期过渡的时候。

（2）市场区域特征：目前，国内已建成投产的整体衣柜生产企业有上百家，主要集中于珠三角地区和长三角及环渤海地区。其中广州、深圳占到全国整体衣柜厂家的80%以上，这与珠三角地区是中国家具最发达的地区，也是亚太地区最大的家具出口基地有关，其次才是北京、上海、成都、武汉、长沙等城市。这几大区域在设计、服务、管理等方面引领着国内整体衣柜行业的发展方向。

（3）企业竞争格局：目前，国内整体衣柜企业的运作模式也呈多样化格局。有专做品牌运营，找别人做贴牌生产的OEM型；也有从设计、生产到安装及品牌运营，一条龙服务的企业；各地既没有专业的生产工厂，也不做品牌运营的小规模衣柜厂商，亦多如牛毛；除此以外，号称一站式服务，提供整体家装服务的装修公司，也由设计师免费提供设计方案，力求在整体衣柜市场占据一席之地。市场的发展必然引来竞争，这对行业而言是一个好现象。因为处于介绍期的产品需要更多的人来向消费者推介和提供服务，经营者的增加，正是行业走向成熟的一种表现。

8.3.3 中国整体衣柜产业存在的问题

（1）企业综合实力弱，服务意识差：优秀的定制家具企业必须具有强大的综合实力支撑，即强大的设计能力、制造能力、销售能力、网络管理能力和服务能力。但是目前在中国，能真正做到大规模定制生产的整体衣柜企业并不多，其中年产值上十亿元的厂家都屈指可数。由于行业门槛低，很多地方的“作坊式”衣柜厂都是由一些装修工程队、小型家具厂、木材加工厂脱胎而来，这些企业大多生产规模小，专业化程度低，服务意识差，从产品设计、生产到安装都不够完善。在竞争日益激烈的背景下，没有综合实力作后盾，行业很难发展壮大。

(2) 产品同质化严重，原创设计少：整体衣柜要取得市场占有率的大幅提升，设计创新是产品发展的灵魂。但产品自主创新能力却恰恰是国内整体衣柜企业所缺乏的，往往国外市场流行什么就模仿什么。大量区域性的小品牌和无品牌的加工作坊更是没有自主的研发与设计能力，只能简单模仿品牌产品。这样一来，企业很难形成自己的特色，市场上产品的同质化非常严重，根据国人的生活习惯进行原创设计的产品更是难得一见，产品的创新对整体衣柜行业的发展制约程度已越来越严重。

(3) 行业标准不完善，规范化程度低：我国的整体衣柜行业从起步发展至今经历时间较短，无论是一线品牌或其他小品牌，在行业标准上是非常欠缺的，都是在探索中前进。要形成一定的行业标准无疑需要时间与经验的积累，在不断满足市场的需求下沉淀出行业所公认的标准。另外，整体衣柜产品质量、服务和价格水平参差不齐，市场分散度大，行业规范化程度低，主要靠商家自律。同时，业界也缺乏交流，相对闭塞，尚须组织行业协会进行自身规范，提升整体衣柜行业经营服务水平。

8.4 中国整体衣柜产业的发展趋势

8.4.1 整体衣柜产业发展前景预测

目前的整体衣柜市场，与当年整体厨柜兴起时的状态非常相似。十几年前整体厨柜多由装修公司在现场打制，到如今消费者都会选择专业厂家定制品牌厨柜。从厨柜、卫浴、木门等行业的发展过程我们可以预见衣柜的整体定制也必将成为一种流行趋势。同时，在国家相关政策的支持下，全装修住宅的快速发展也将推进整体衣柜产业的发展。

据调查数据显示：中国共有2亿多个家庭，其中城市家庭占1/5，目前城市家庭中安装整体衣柜的用户还不到1%，其现有与潜在客户接近4000多万户，按每套整体衣柜平均1.5万元计算，则有近6000亿元的市场空间。如此庞大的消费市场，前景相当可观！

8.4.2 整体衣柜设计技术发展趋势

随着整体衣柜市场渐趋成熟，人们对产品的个性化需求将逐渐加大，品牌消费观念会不断加强；环保、健康、服务质量都将成为关注焦点。这些新的变化必然会体现在产品的设计技术方面。未来整体衣柜的创新设计会向内置光源、静音处理、环保材料、去污干燥、模拟生态等方面拓展延伸。同时借助于电脑程序化与数字化的衣柜智能体系将给使用者以科学穿衣戴帽、合理搭配服饰以指导和提示。整体衣柜的本质核心是定制，因此标准化设计、信息技术的支撑也必不可少，专业的产品销售设计系统将在未来的产业升级中起到积极的作用。因此，未来中国的整体衣柜行业必将走向大规模定制模式，服务体系会更加完善，功能化、个性化的衣柜产品将成为主流，引导全新的消费潮流和家居时尚。

整体衣柜作为一种新兴的定制家具产品，以其自身拥有的诸多优势引领着新的储物概念。目前，我国整体衣柜行业正处于发展期，机会与竞争共存，行业还需要不断进行自身规范，提升整体经营服务水平。可以预见，未来几年我国整体衣柜行业将会以大规模定制为特色、以先进的设计理念及生产技术为支撑，呈现高速发展的态势，成为新的经济增长点。

9 整体衣柜的材料与功能配件

材料是构成整体衣柜的物质基础，材料的好坏直接决定整体衣柜品质的高低。由于整体衣柜各组成部分的制造方法与功能的不同，其所选用的材料也各不相同，分为柜体材料、门板材料、立柱材料及功能配件等。

9.1 整体衣柜的柜体材料

9.1.1 板材

柜体板材是整体衣柜的主要组成材料，它的性能直接决定了产品品质的高低。可以制作衣柜的板材种类很多，各有优缺点，使用量也不一样。目前，市场上整体衣柜的柜体所采用的板材使用最多的有两大类：

（1）饰面类板材

①三聚氰胺饰面板：三聚氰胺饰面板是目前整体衣柜中用量最大的柜体板材，其性能如第二章中所述，但整体衣柜所用板材的厚度与整体厨柜有所不同。

整体衣柜所用双饰面中密度纤维板常用厚度规格有5mm、9mm、12mm、15mm等几种。5mm双饰面中密度纤维板主要用于柜体背板和抽屉底板；9mm双饰面中纤板主要用于趟门门板和格子架底板；12mm双饰面中纤板主要用于抽屉侧板和格子架内隔板；15mm双饰面中纤板主要用于柜体侧板、顶底板、层板等。双饰面刨花板常用厚度规格有16mm、18mm、25mm几种。16mm和18mm双饰面刨花板主要用于柜体侧板、顶底板、层板、抽屉面板和脚线、顶柜平开门门板，25mm双饰面刨花板主要用于框架式衣柜层板和推拉柜的面板等。

②薄木贴面饰面板：将实木制成各类薄木再用热压机贴于中密度纤维板等板材上，成为薄木贴面饰面板，因薄木有进口与国产之分；天然薄木与集成薄木、人造薄木之分，可选择范围较大，所以根据薄木的材质种类及厚度决定了薄木贴面饰面板档次的高低。薄木贴面饰面板表面须做油漆处理，同一种薄木贴面可以做出不同的效果。薄木贴面饰面板因其手感真实、纹理自然，档次较高，是目前高档衣柜采用的主要饰面方式，但相对来说材料及制造成本较高。

（2）实木类板材

①实木指接板：又名指接材，也就是将经过加工处理的小规格的实木材料经过接长拼宽胶厚拼接而成的板材，由于木板间采用指形榫接口，故称指接板。由于原木条之间是交叉结合的，这样的构造本身有一定的结合力，防变形能力较强；又因不用再上下粘贴饰面板，用胶量也较少，所以环保系数相对较高，并且加工性能良好，适用于切割、钻孔、成型等各类加工。由于实木

指接板既保留了实木的特点，拥有标准的幅面大小，同时又便于工业化生产，是制造实木类整体衣柜的首选材料。

②胶合板及细木工板：装饰公司现场制作整体衣柜常用细木工板及胶合板作为柜体基材，其性能特点见第二章相关内容介绍。但作为衣柜柜体材料其表面装饰方式不同于厨柜，可见表面一般胶贴薄木装饰胶合板进行装饰，柜内不可见面则粘贴带胶塑料薄膜（俗称波音软片）来封闭和装饰。

9.1.2 封边材料

为了保证美观性并保护板材侧边，同时防止板内有害气体的释放，对整体衣柜柜体各类板件必须进行边部处理。目前板材边部处理的主要方法是用封边机进行封边。通常情况下，三聚氰胺浸渍纸双饰面板多采用 PCV 封边条，一般柜体基材正面封 1.5mm 厚封边条，不可见边封 0.6mm 厚封边条；薄木贴面饰面板用同色薄木封边。封边胶多采用热熔胶，其胶粘力强，可杜绝封边脱胶或起泡等缺陷。细木工板则用木线条封边。

9.2 整体衣柜的门板材料

根据门的安装结构特征和开闭形式，柜类家具的门有：平开门、翻门、趟门、卷门、内藏门、折叠门等形式。鉴于整体衣柜自身的特点，多采用趟门和平开门，其他门则在传统的衣柜中较为常用。平开门的门板可以用与柜体相同的材料，即各类饰面板，厚度最好大于 16mm。

趟门是指只能在滑道和导轨上左右滑动，而不能转动的门，又称移门、推拉门。这种门只需要一个很小的活动空间。并且趟门打开或关闭时，柜体的重心不至偏移，能保持稳定，所以常用于各种整体衣柜和步入式衣帽间。但趟门的缺点是，它的开启程度只能达到柜体空间的一半。因为趟门要经常滑动，所以一定要坚实、不变形，不能发生歪斜，这就要求在制造时必须仔细地选择材料。

衣柜趟门主要由门芯板，边框（竖框 + 上下横框），上下滑轨，上下滑轮，防撞条，定位器等构成。

9.2.1 门芯板材料

目前市场上可供制作趟门门芯板的材料有三聚氰胺饰面板、玻璃、镜子及其他材料。

（1）三聚氰胺饰面板

趟门门芯板用量最大的为三聚氰胺饰面板，厚度一般为 9 ~ 10mm，如厚度过小（比如 ≤ 6mm），则门页极易变形，稳定性难以达到正常使用要求。

（2）玻璃

玻璃采用特殊的加工工艺，不老化、不褪色，花色多样，而且具有防污、防尘、防辐射，绿色环保，便于清洁等优点，因而使用起来更方便。磨砂玻璃门给人若有若无、朦朦胧胧的虚幻感觉，在室内灯光的映射下能营造出各种独特的效果；烤漆玻璃、镀银玻璃则具有高档豪华的视觉效果；透明的玻璃门则让人感觉晶莹剔透、干脆清爽。目前，市场上还流行一种夹层玻璃，可以把布料夹层、丝质夹层、藤质夹层夹于双层 4mm 白玻中间，有各种不同花色可选，甚至可以根据客户需求设计个性化图案，如婚纱照片。

9.2.2 趟门边框材料

目前市面上整体衣柜趟门的边框材料主要有铝合金、铝钛合金、镁钛合金和优质彩钢四大类，一般来说镁钛合金、铝钛合金强度高，经久耐用，质量坚固能确保柜门高达 2.8 米不变形，且滑动平稳。而碳钢边框质量轻薄，外观经喷漆处理，时间长了会脱漆或氧化生锈。

边框不但要形式美观，还必须坚固耐用，一般边框及下轨道型材厚度不得小于 1.0 ~ 1.2mm，这样才能保证门页稳定。边框铝型材表面处理有碱砂、喷砂、喷涂、电泳、拉丝、木纹转印等多种方法。

铝型材的特点：采用加厚高强度硬质铝合金，经特殊工艺加工后，具有不变形、不变色、不氧化、不生锈、硬度高、环保和使用寿命长等特点。

铝材类别：国标铝——优质铝锭加入一定成份的镁制作而成。其硬度强、韧性好，不易氧化，使用寿命长。非标铝——废旧回收铝制作而成，此类铝合金韧性差，硬度不够，易变形和氧化，使用寿命短。全国较好的铝材品牌主要有广东凤铝、广东坚美、湖南振升等。

衣柜趟门的边框有多种款式，几种常用边框材料如图 9-1 ~ 5 所示。

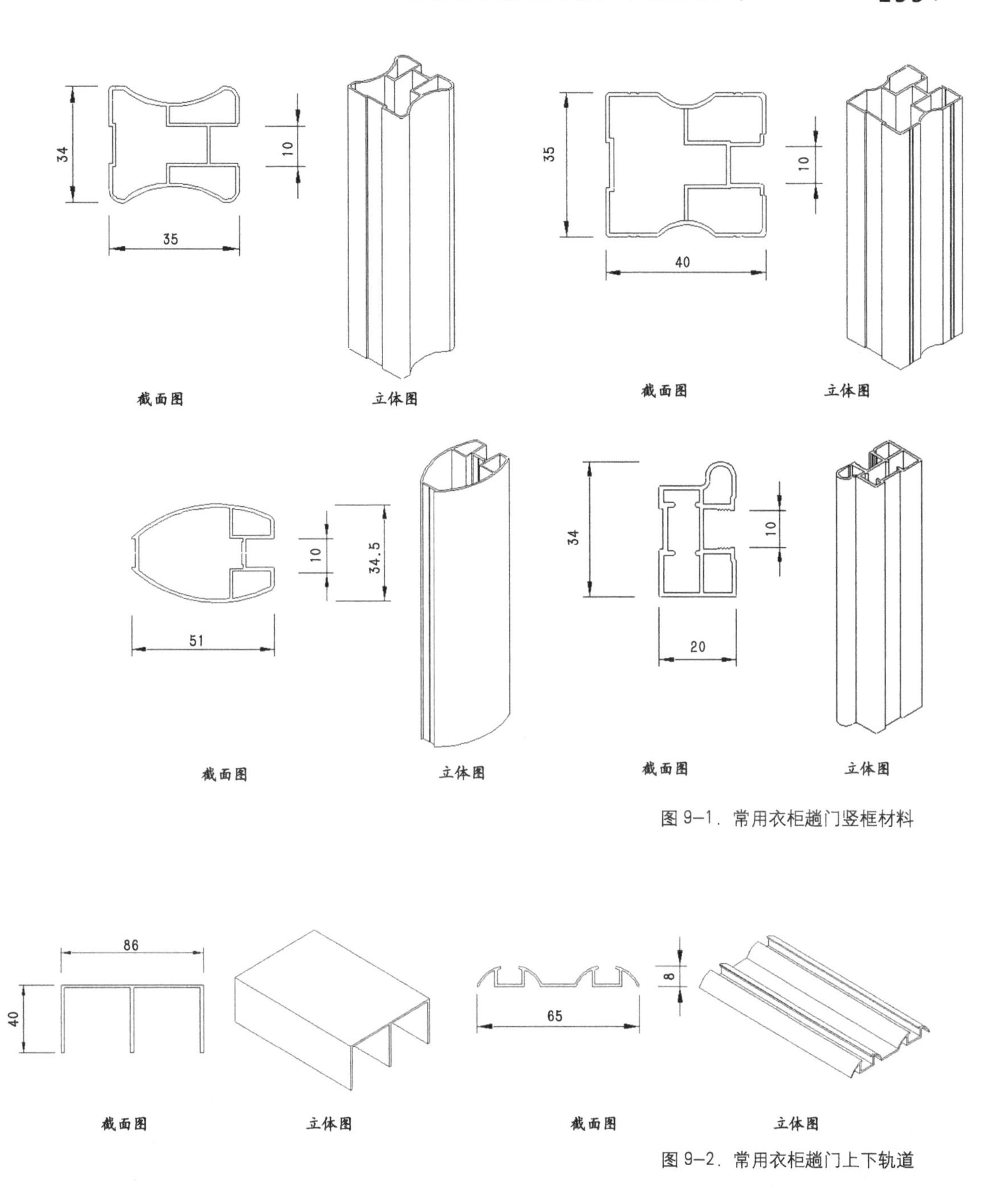

图 9-1. 常用衣柜趟门竖框材料

图 9-2. 常用衣柜趟门上下轨道

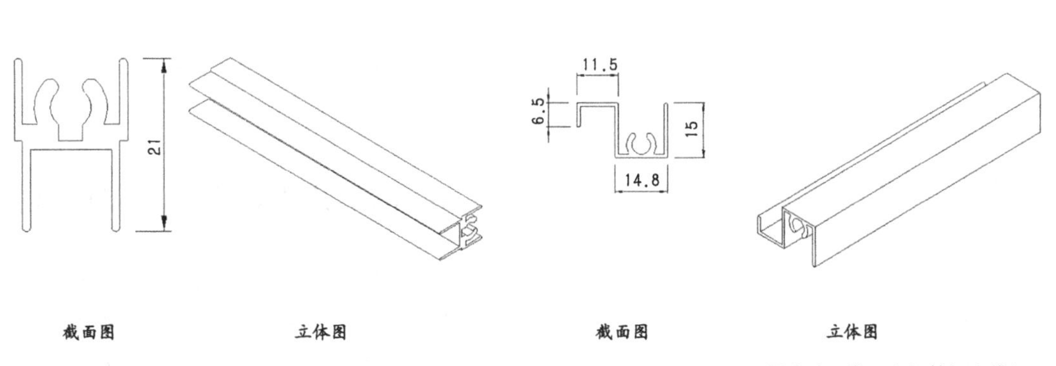

图 9-3. 常用衣柜趟门上横框

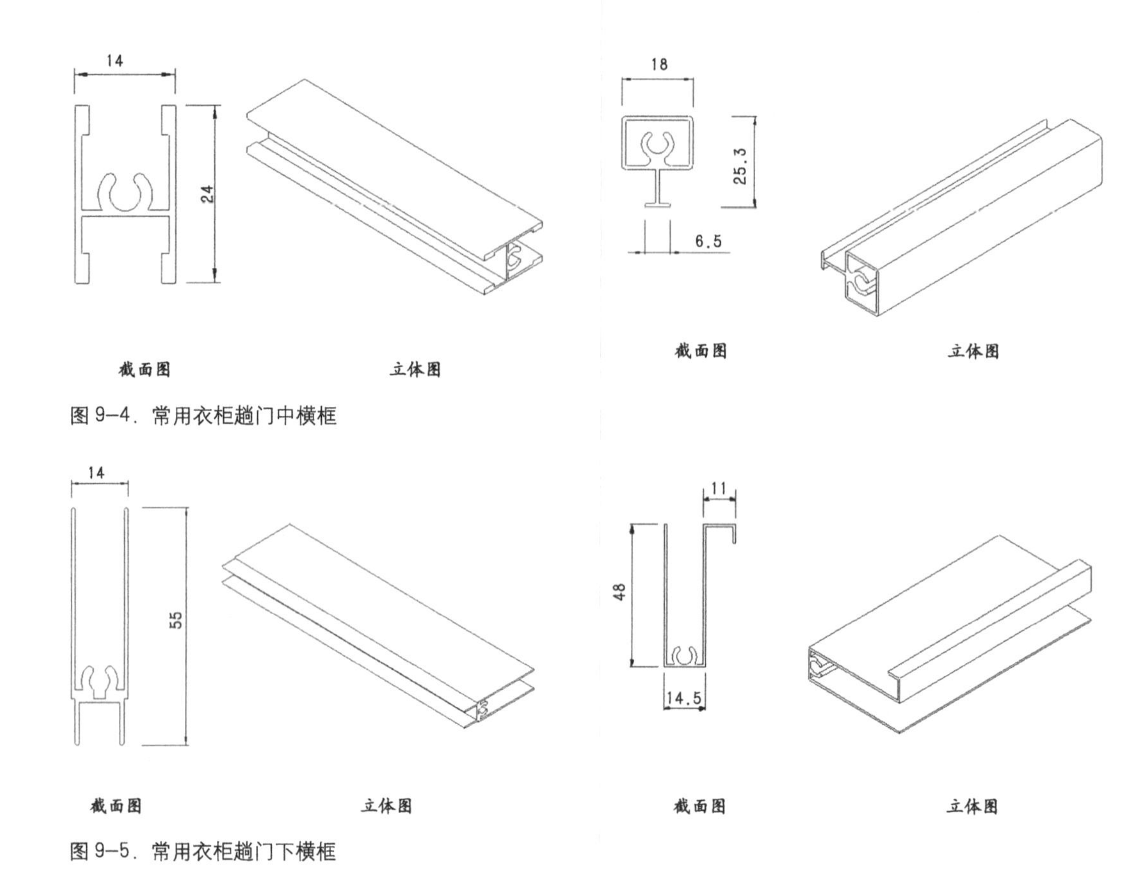

图 9-4. 常用衣柜趟门中横框

图 9-5. 常用衣柜趟门下横框

9.2.3 趟门滑轮材料

趟门是否能够拥有较长的使用寿命，还取决于滑轮的质量。衣柜趟门常采用上下两组滑轮，上轨导向，下轨承重，从而能更好地保护滑轮，延长其使用寿命（图 9-6）。为避免门的高度尺寸误差带来麻烦，上下轮可通过弹簧筋进行调节。上滑轮可调节门框与地面的平衡度，确保柜门移动平衡自如不摆动，又可调整趟门的位置以弥补因墙体及地面不平而导致的倾斜。另配有独特的防跳装置，确保柜门滑行时不会离轨，可靠安全。

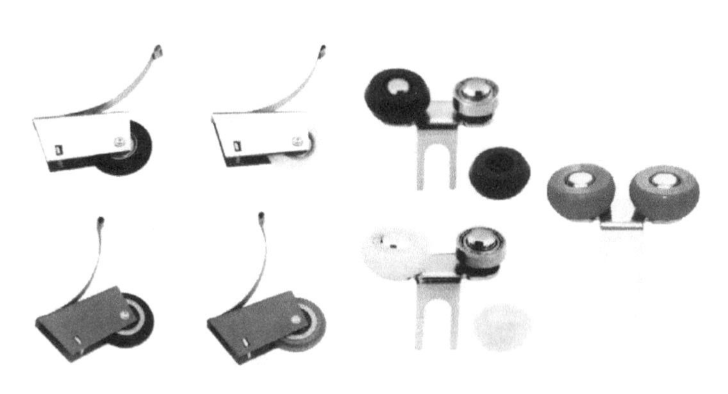

图 9-6. 趟门滑轮

下滑轮是趟门非常重要的部分，趟门通常会做到 2400mm 左右的高度，门扇较宽，本身自重较大，如果底轮的承重力不够，会大大影响使用寿命。目前，市面上滑轮的材料有塑料滑轮，金属滑轮和碳素玻璃纤维滑轮三种。塑料滑轮质地坚硬，但容易磨损，使用时间一长会发涩变硬，推拉顺畅感就会变差；金属滑轮强度大，但与轨道接触时容易产生噪声；碳素玻璃纤维滑轮韧性好，内带钢制滚珠轴承，附有不干性润滑脂，推拉时几乎没有噪音，不仅能轻松推拉，顺畅灵活，而且承重力大，耐压、耐磨不变形。安装时，地面与墙壁要横平竖直，宽度及高度误差不大于 5mm。安装轨道的地面位置使用 110 ～ 150mm 宽的双饰面板，或直接安装在木地板上。

9.3 框架式整体衣柜的立柱材料

框架式整体衣柜是用金属型材做立柱与墙面、地面及顶棚固定，然后安装层板构成各种储物空间。

常用的框架式整体衣柜立柱铝型材材料如图 9-7 所示。

9.4 整体衣柜的功能配件

整体衣柜还提供了各种不同的功能配件，通过这些功能配件能更好的实现人们分门别类贮存衣物的要求，提高空间利用率。

(1) 挂衣杆

在衣柜中，衣物的存挂方式有竖挂和横挂两种方式。竖挂的方式较为普遍，悬挂衣物与背板基本垂直，一目了然，便于人们选取。横挂的方式相对较少，悬挂衣物与背板基本平行，一般设计为可以拉伸活动式的，只在选择衣物时将其拉出。

挂衣杆主要形式有：普通挂衣杆、下拉式挂衣架、活动挂衣架、旋转衣架等。

①普通挂衣杆

普通挂衣杆的形式和结构都比较简单，如图 9-8 所示的杆件、五金件、连接结构图及应用实例，挂衣杆的材料一般为铝合金或不锈钢。铝合金材料，硬度大，承重能力强，表面经过阳极氧化处理，耐磨损、耐刮花。表面增加几条工艺线不但有装饰效果更起到防滑作用。一般衣柜挂衣杆都是呈管状的，有扁管与圆管之分，配合有相应形状的底座与柜体连接，长度根据衣柜宽度裁切。衣柜挂衣杆安装位置离上面的板子要保留 40 ~ 70mm 左右的距离，以方便挂放衣架。

②下拉式挂衣架

人们要求衣柜具有较多的挂衣空间，单纯在适宜高度设置衣架会对柜体的整体设计产生影响，而且挂衣空间也有些拮据，下拉式衣架可以设置在衣柜较高的位置上，这样一来，挂衣杆设置在人手远不能及的高度，人们只要能触及到下拉手柄即可方便的存取衣物了。下拉式挂衣架的挂衣杆是可以调节长度的，其支撑架也可以进行长度的调节。挂衣杆上沿距离顶板内表面要保留一定的空间距离。如图 9-9 所示。

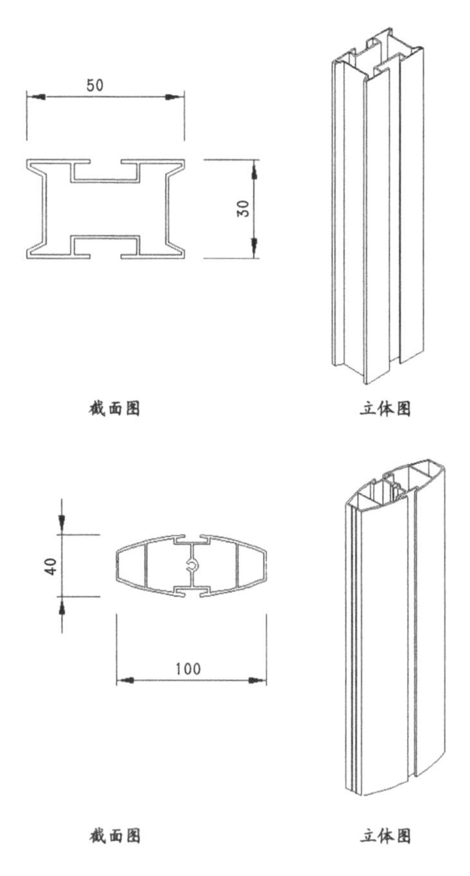

图 9-7. 框架式整体衣柜立柱铝型材

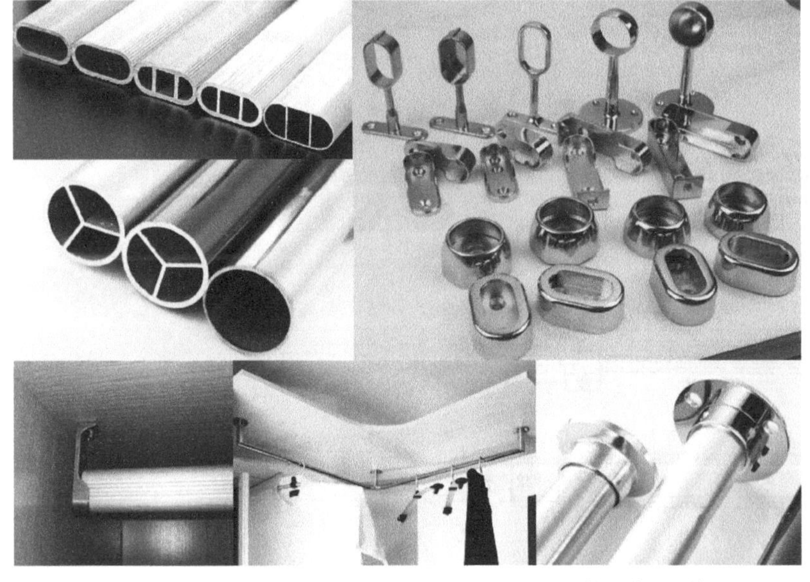

图 9-8. 普通挂衣杆的五金件

图 9-9. 下拉式挂衣架

③活动式挂衣架

活动式挂衣架一般固定在搁板的底面上，可以拉伸收缩，其基本形式如图 9-10 所示，一般这种横挂方式需要拉出挂衣架以便寻找衣物。

④旋转衣架

旋转衣架可以放置在柜体空间内，也可以单独陈放在衣帽间内，不但节省空间，存挂量也比较大，是传统衣柜的 2 ～ 3 倍；其结构采用优质型材及五金，坚固耐用；其最大的优点是可以 360° 旋转，取放衣物极为方便。旋转衣架多为两层挂衣架，还常在底部设置金属篮筐放置小件衣物。如图 9-11 所示。

（2）裤架

专门挂放裤子的配件，有全长悬挂和叠挂两种方式。如今叠挂的形式已经渐成主流，全长悬挂裤装的方式较少用到。

裤架的设计灵活多样，特别是由专业的五金厂家制作的成品裤架，选用优质不锈钢材，功能完备、做工精细。专业的成品裤架，其功能尺寸随着裤架形式的不同而变化，需根据具体的裤架形式来分别确定。另外，还有一种较为常见的裤架，是由生产衣柜柜体的厂家根据自己的标准柜体设计的屉式裤架，整体为抽屉样式，装有滑轨，抽屉的底板被均匀设置的挂杆代替，挂杆为金属杆或是木杆，存取裤子时，将屉拉出，结束后将屉推进，以节省空间。

①悬臂式裤架

如图 9-12 所示的这款裤架，为可拉出的悬臂式裤架，是成品的金属裤架中最常用的形式。一般固定在侧板上，牢固耐用，采用优质的滑动装置，拉伸时的阻力很小，非常轻便，悬臂的挂杆也并非固定的，可以以挂杆和滑动装置的接合处为轴心，在水平方向上一定范围内转动，便于人们挂放和选择衣物。

一般悬臂挂杆端头与侧板的空间余量为 40 ～ 60mm，裤架上沿到上部搁板下表面的空间余量为 40 ～ 60mm，裤子叠挂在衣架上的长度范围为 725 ～ 925mm。

如图 9-13 所示的这款悬臂式裤架与上一款的区别在于它与侧板的接合形式不同，并非拉出式。这就决定了使用时，它的上部必须有足够的空间来方便人的存取活动。所以，安装此类型的裤架一般与挂衣空间结合，设置在较大的挂衣空间的下部。

②悬垂式裤架

此类裤架也为固定在侧板上的拉出式设计，与悬臂式最大的区别在于它不但可以悬挑水平使用，还可以将挂杆放下，采用垂直挂法，使衣物紧贴侧板悬挂，方便使用者更好的利用空间。它的挂裤结构多为栏框式，挂衣杆均匀布置。如图 9-14 所示。

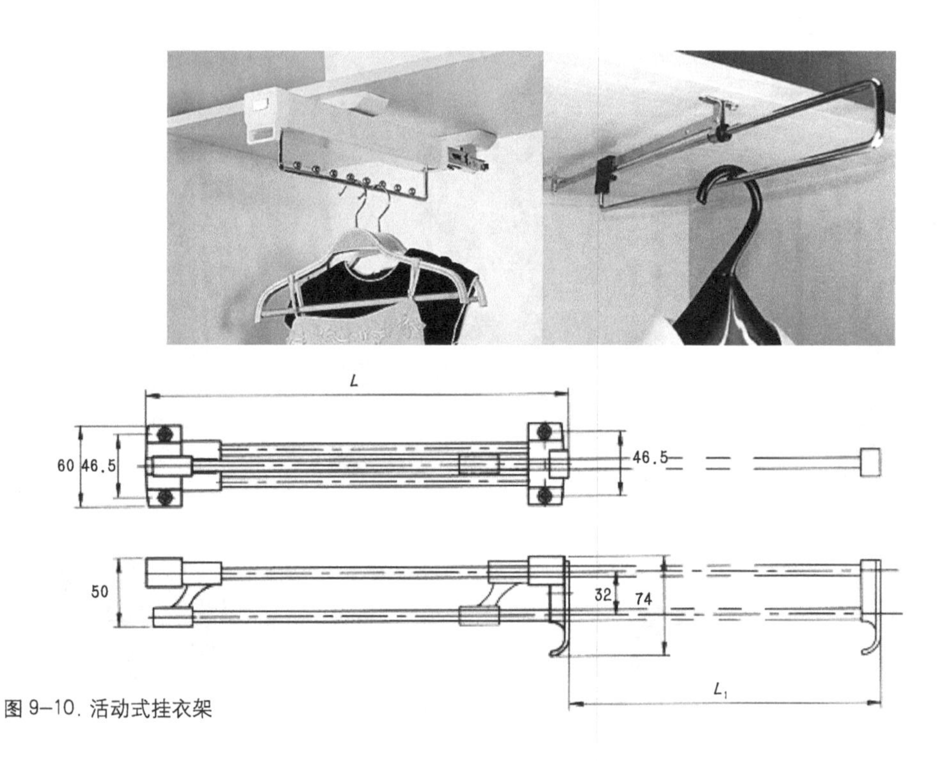

图 9–10. 活动式挂衣架

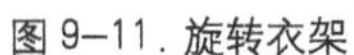
图 9–11. 旋转衣架

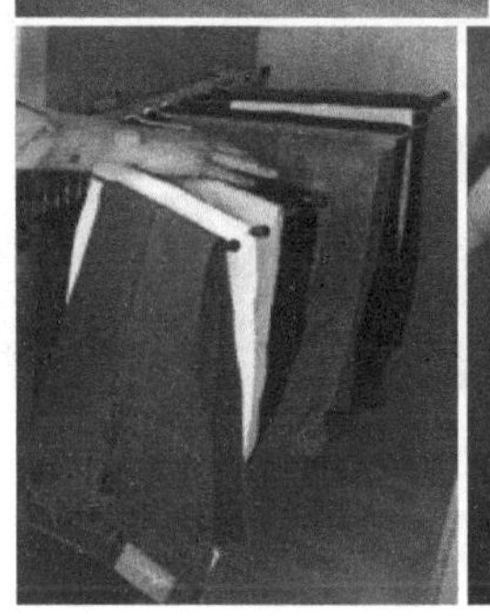

图 9–12. 悬臂式裤架 A

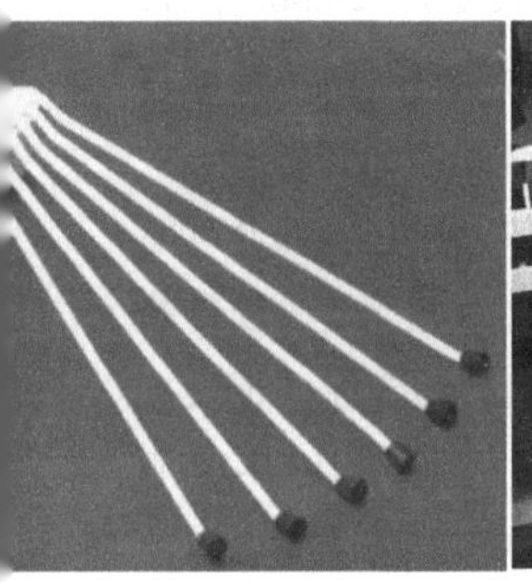
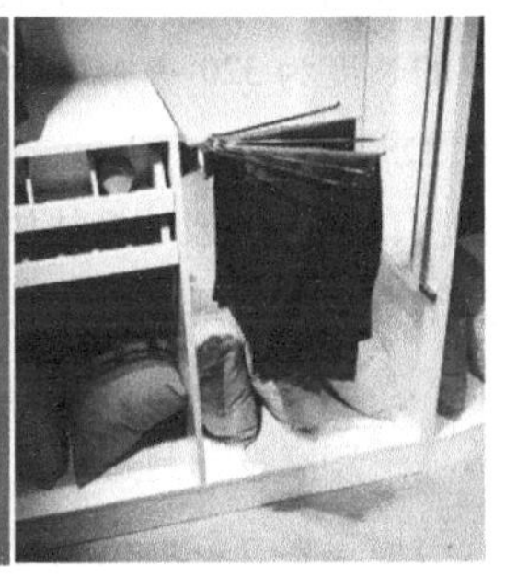

图 9–13. 悬臂式裤架 B

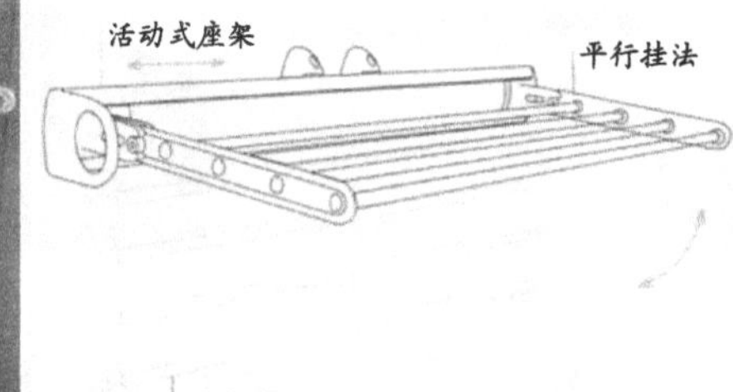

图 9–14. 悬垂式裤架 A

另外，还有一些其他类型的悬垂式裤架，其结构不尽相同，功能模块尺寸与上述基本相同。如图 9-15 所示。

③屉式裤架

屉式裤架较为普遍，是由生产柜体的厂家根据自己的标准柜体设计的。其形式与抽屉相仿，屉的底部均匀的设置挂杆，挂杆为金属杆或是木杆。如图 9-16 所示。

屉式裤架的结构比较灵活，不同的柜体厂家有自己的标准柜系列，同时配置了相应系列的标准屉式裤架。形式有很多变化，如屉面板、屉旁板的高矮、造型的变化，但其基本形制是固定的。根据数据调查，裤子挂放所占用的宽度约为 56mm，再加上裤子之间的空隙余量，一般将挂杆之间的距离（轴心距）定为 60mm 比较合理。挂杆的数量根据标准柜的宽度系列标准来确定。挂杆的上沿离上部搁板下表面的距离，是由屉旁板的高度来决定的，

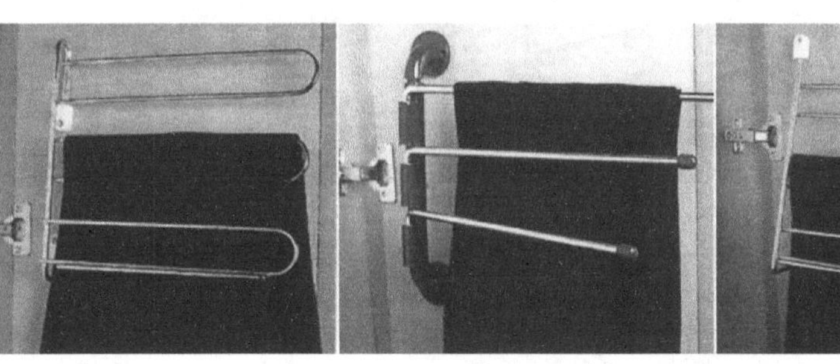

图 9–15. 悬垂式裤架 B

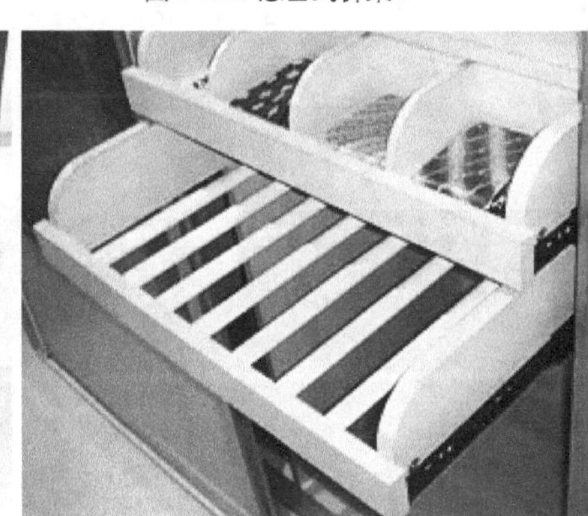

图 9–16. 屉式裤架

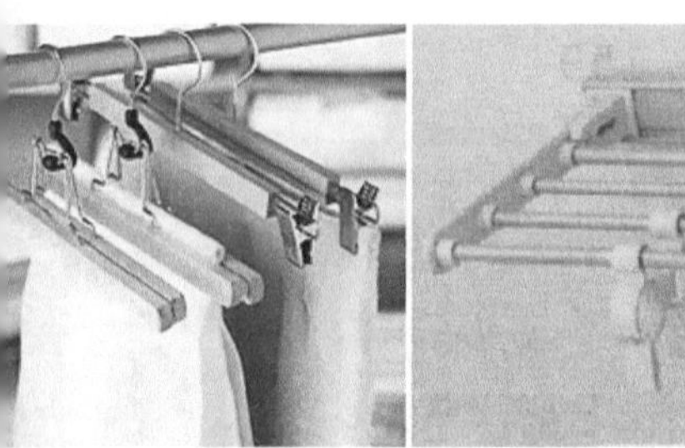

图 9-17. 全长悬挂式裤架

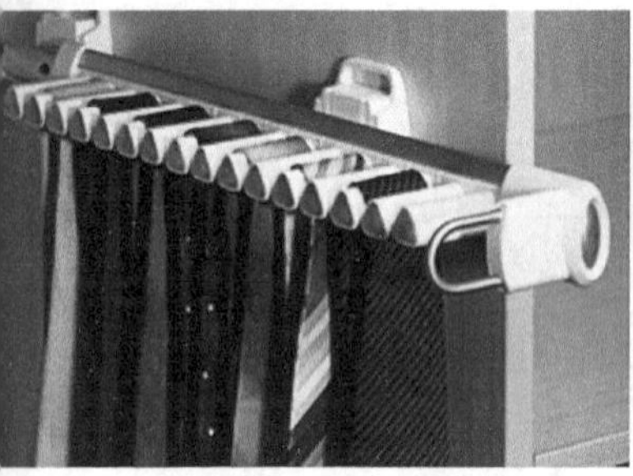

图 9-18. 挂放式领带架

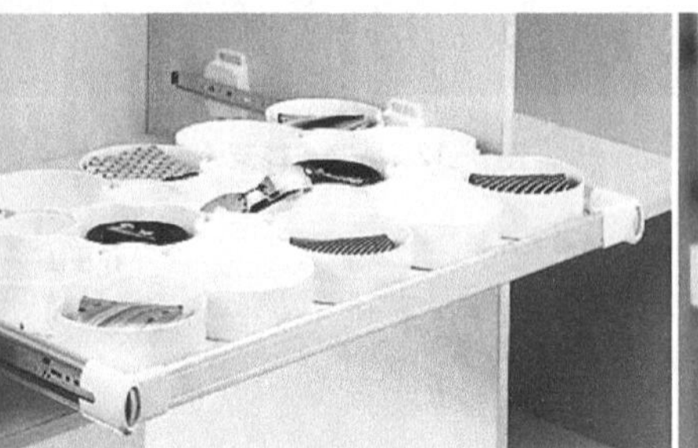
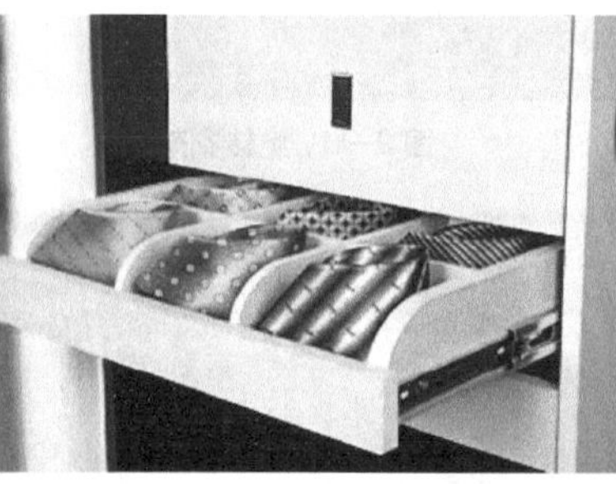

图 9-19. 叠放式领带屉

图 9-20. 衬衣屉

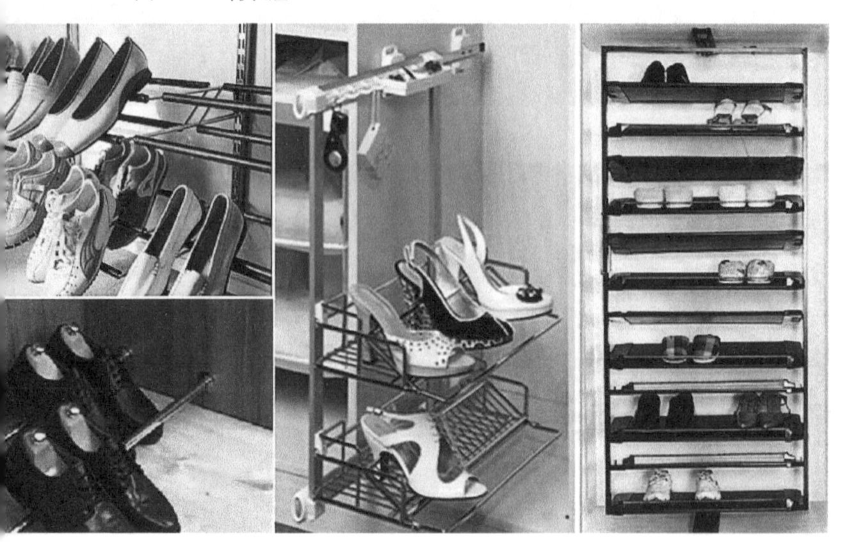

图 9-21. 钢管鞋架

一般情况下，这个距离设置在 40 ～ 60mm 之间。

④全长悬挂的裤架

全长悬挂一般采用普通的挂衣杆，配合带有裤夹的衣架；也有专门的成品裤架用来全长悬挂。如图 9-17 所示为悬垂式的裤架，用于裤子的全长悬挂。全长悬挂的挂裤模块尺寸也需要根据标准柜的系列设置，在高度上应该大于或等于 1400mm。

（3）领带架

对于领带的存放，有两种方式：挂放和叠放。一般采用挂放的形式，有专门的领带架，结构简单，占用空间很小。如图 9-18 所示，材料多用金属和聚酯塑料相结合，固定在柜体侧板上，或是矮柜的侧板上，为可拉出式的设计，分滑轨、挂杆和支架三部分，领带的挂杆可以在水平方向上一定范围内转动，便于拨动存取领带。领带的全长一般为 1420±20mm，对折悬挂的长度为 720mm 左右，领带架的长度为 320 ～ 410mm。所以领带挂放对空间的要求高度大于 720mm，深度大于 320mm。

常用的领带一般选择挂放，而有一部分可能长时间不会佩带，则需要叠放。用于叠放领带的有专业厂家生产的领带屉，也有结合标准柜尺寸由柜体生产厂家设计制造的领带屉，如图 9-19 所示，其结构为长方形的格子单元，领带叠放的外形尺寸大致为 200mm×120mm 的长方形，高度 80 ～ 120mm。领带屉的外形尺寸由标准柜的尺度系列来确定。

（4）衬衣屉

衬衣的存放也可以分为挂放和叠放两种。衬衣的叠放尺寸一般为 400mm×280mm×60mm，叠放衬衣一般采用衬衣盒、衬衣屉或者是直接叠放在搁板上。如图 9-20 所示。

（5）鞋架

鞋子的存放是传统衣柜不具备的功能，在整体衣柜及衣帽间内，存鞋被认为是必备的功能之一，有钢管鞋架和搁板鞋架两种形式。

存鞋的专业鞋架，既要满足鞋子外形尺度的要求还要配合柜体尺寸。一般它都是利用一些柜体底部的空余空间，见缝插针的利用空间。一般鞋的尺寸为：宽度：120mm；长度：270mm；高度：根据鞋的款式不同而各不相同，一般要留有大于等于 200mm 的高度，如果是存放靴子则需专门设计高度尺寸。

①钢管鞋架

鞋架的形式非常多，结构繁简不一。一般用钢管制作的较简易的横向摆放鞋架都是按照柜体的尺度定制的。如图 9-21 所示，可以根据柜体的深度来确定，一般可分为多层。

② 搁板鞋架

一般用搁板或抽屉板直接作为鞋架，只需要把搁板倾斜放置就可以成为一个鞋架。如图 9-22 所示，是利用最下面的一个抽屉加上金属钢管制成的鞋架，它的透气性好，而且方便使用。

图 9-22. 搁板鞋架

(6) 格子抽

格子抽用于摆放毛巾、围巾、帽子、内衣、钱包、丝巾等小件物品，方便存放与查找。通常安装在选定的衣柜内壁之间，其大小依据标准柜的尺度和存放物品的单体尺度来决定。通常是结合标准柜尺寸由柜体生产厂家设计制造。结构类似于抽屉。一般格子抽的宽度为 400mm、500mm 或 600mm，进深 400mm 或 500mm，高度 160mm。如图 9-23 所示。

(7) 拉篮

整体衣柜所用各式各样的拉篮，主要由专业的五金厂家生产。如图 9-24 所示，这几种拉篮的主要材料是不锈钢和一些合金材料，采用优质的滑轨，结实牢固，拉动阻力小，即便是装满衣物，也非常轻便。活动拉篮使取放更方便，可以根据实际需要装配不同大小的拉篮。拉篮可存放的衣物种类也很多，比如毛衣、浴巾、床单被套等等。拉篮一般为单层或多层，其尺寸根据生产厂家的不同有所变化（图 9-25）。

其他功能配件还有收纳盒、烫衣板、推拉镜等。如图 9-26 ～ 28 所示。配饰，胸针、发卡、皮包、腰带等都是时尚搭配的必要点缀，不同式样的收纳盒是收纳它们的最佳场所。而内藏式推拉镜是更衣时不可缺少的物品。推拉镜隐藏在衣柜内，轻轻一拉即可出现，推回去便紧紧贴在柜板旁边，既不占用衣柜内空间，又方便整理仪容。

整体衣柜功能配件既能体现衣柜的人性化设计，又能满足顾客不同的使用要求，它是整体衣柜功能实现的有效载体。

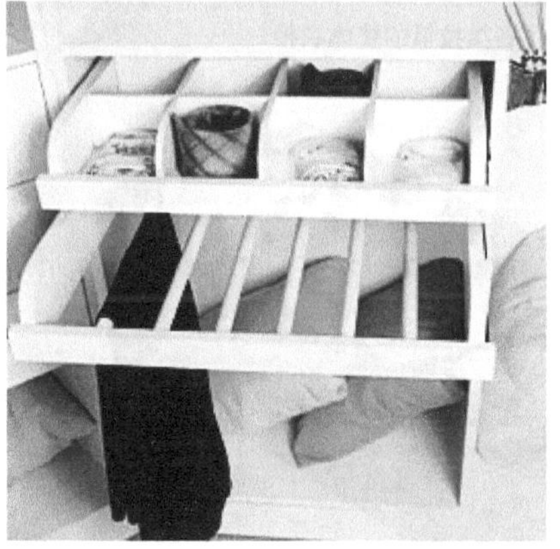

图 9-23. 格子抽

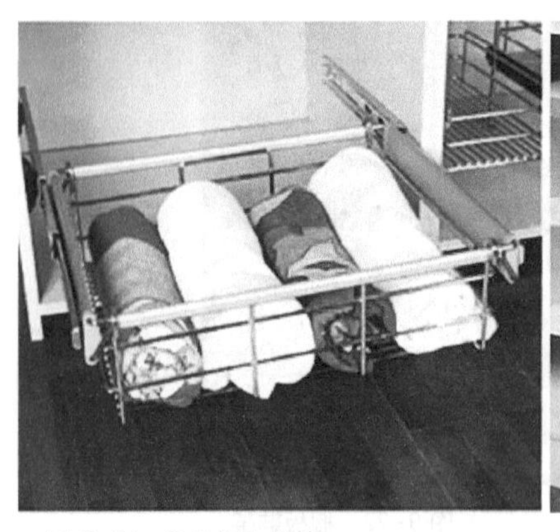
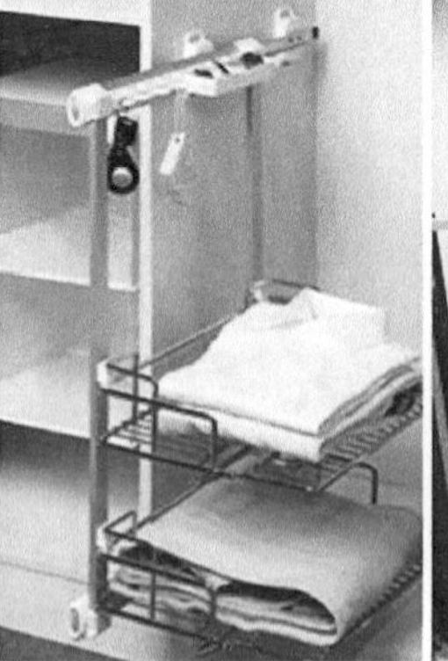

图 9–24. 各类柜内拉篮

图 9–25 安装了各类拉篮的整体衣柜

图 9–26. 收纳盒

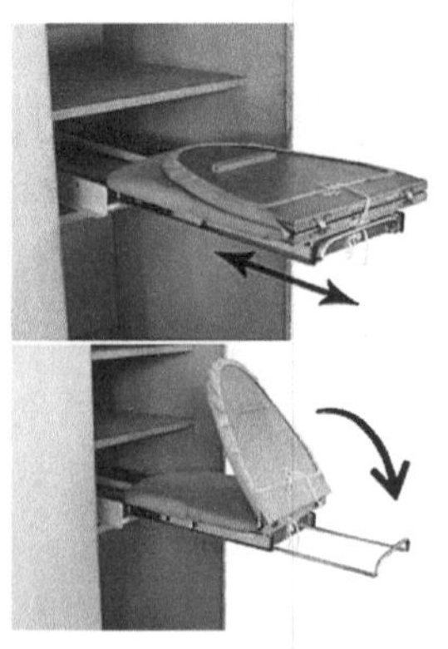

图 9–27. 烫衣板

图 9–28. 推拉镜

10 整体衣柜的布局与功能设计

整体衣柜能为居住者充分利用有限空间而争取到更多的活动面积，在丰富室内空间的同时又给人以整洁之感。整体衣柜的基本布局形式分为入墙式和步入式两种:入墙式通常构建于卧室内的一面墙体，或依墙而立，或顶墙角而居，或全部嵌入墙体中，形成柜即是墙、墙即是柜的整体格局。步入式是具有独立空间的衣帽间，或开放、或封闭，或独立、或嵌入，形式多样，各具特色，可以根据客户房间的具体情况，量身订制，合理组织收纳空间。

10.1 入墙式整体衣柜的布局形式

入墙式整体衣柜即嵌入或依附于建筑墙体并与之形成刚性连接的衣柜，它对建筑所包围的实体空间具有一定的依赖性。根据其在建筑空间内的存在形式有四种布局：

（1）依墙而立式（图 10-1）——整体衣柜独立凭立于建筑物内的一面墙体前，由地坪到顶端制作而成的整墙衣柜或一部分衣柜，有一至三个方向与建筑物接口，给人以整洁宽敞的美感。

（2）顶角而居式（图 10-2）——整体衣柜居于建筑物内的一个墙角，家具与建筑的地面、顶棚或墙体有接口进行固定，最多可以有四向、最少有一至两向与建筑物交接。柜体有两个相邻面靠墙。

（3）插入墙体式（图 10-3）——整体衣柜设置于建筑物一凹陷处，两面或三面靠墙，可以有三至五个方向与建筑物连接，柜体成为墙体的一部分，呈现出家具与墙体的整体性。

（4）异型空间式（图 10-4）——复式结构房屋的斜屋顶下、楼梯下等不规则的异型空间，可以嵌入柜体，既能充分利用空间，还能美化居室。这些不规则空间的特殊性所产生的别致造型常给人意想不到的惊喜。

10.2 步入式衣帽间的布局形式

步入式衣帽间是利用一个房间或是室内的一块空间，通过几个功能柜体围合而成的一个集贮放、展示、更换衣物为一体的立体空间。从步入式衣帽间与室内空间的总体关系出发，其布局形式可以分为封闭式和开敞式。

10.2.1 封闭式衣帽间布局形式

封闭式的步入式衣帽间是非常普遍的做法。一般是在卧室里利用一部分空间或者在预留好的衣帽间位置，进行适当的界定、分隔，周边用推拉门、隔断、侧板等形式进行围合，使之成为一个独立的封闭区域，专门用作更衣间使用。其特点是防尘效

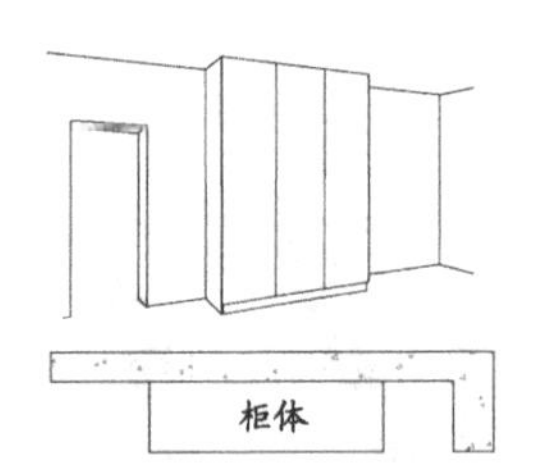

图 10–1. 依墙而立式整体衣柜

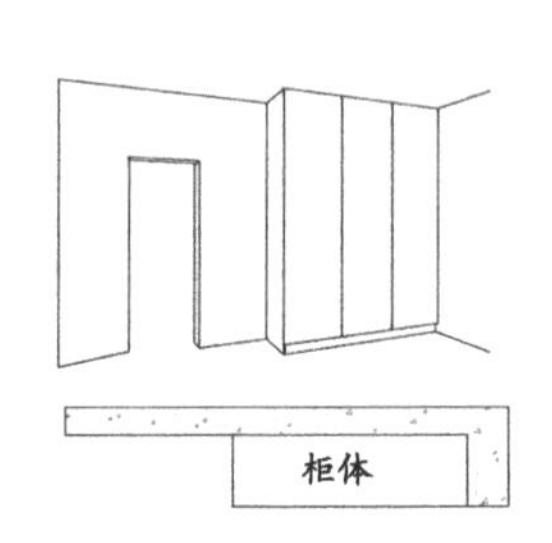

图 10–2. 顶角而居式整体衣柜

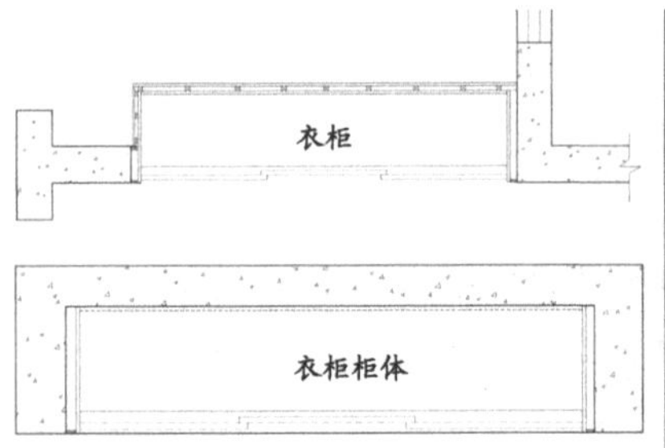

图 10–3. 插入墙体式整体衣柜

图 10–4. 异型空间式整体衣柜

果好，储存空间完整，并提供较为充裕的更衣空间。常用的分隔方法有以下几种：

（1）为大卧室设计的长形衣帽间。多利用建筑原来的梁架结构或者是凹凸空间，如图 10-5 所示。

（2）为大卧室设计的方正形衣帽间。一般卧室内的空间开阔、面积较大的情况下适合采用这种形式的步入式衣帽间。如图 10-6 所示，这里利用趟门直接隔出一个兼有衣柜的步入式衣帽间，相当于把卧室一分为二。既可以直接在卧室使用衣柜也可以自由进入衣帽间，扩展了卧室空间的活动范围。

（3）小卧室的斜形衣帽间。适合卧室面积不大的布局形式，斜形步入式衣帽间能很好的利用转角的空间实现衣物的收纳。

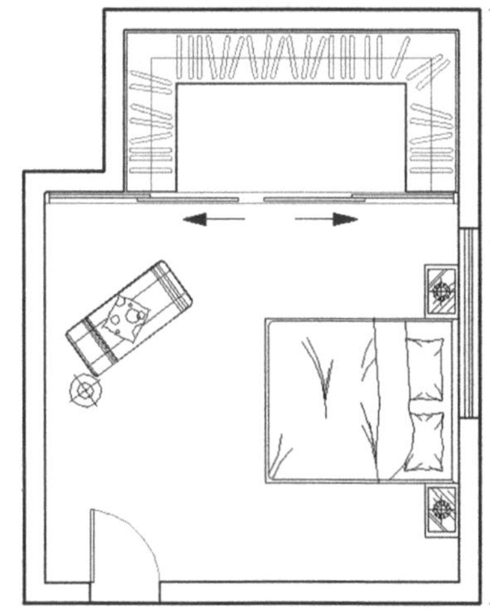

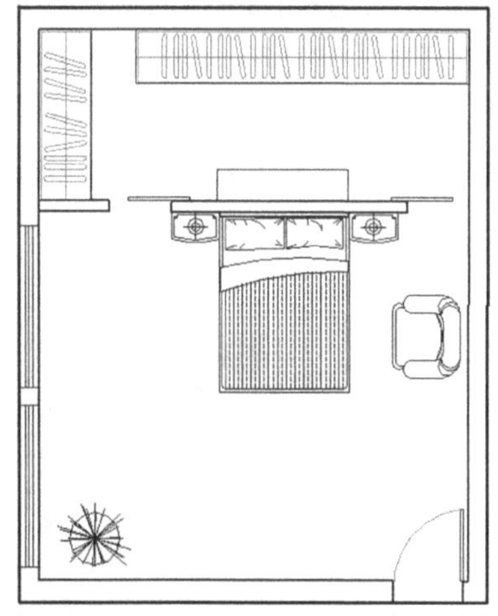

图 10-5．大卧室长形衣帽间

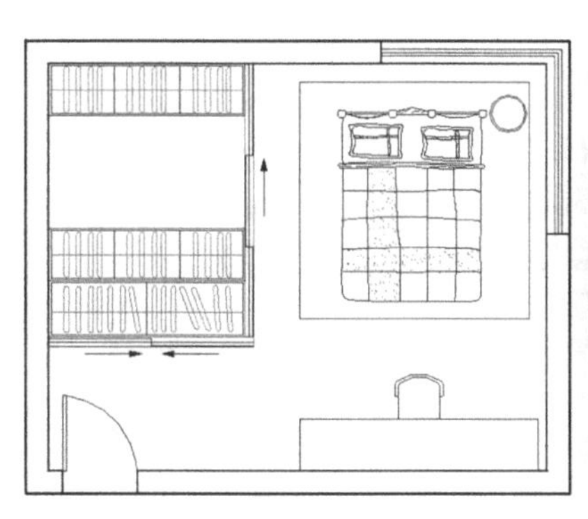

图 10-6．大卧室方正形衣帽间

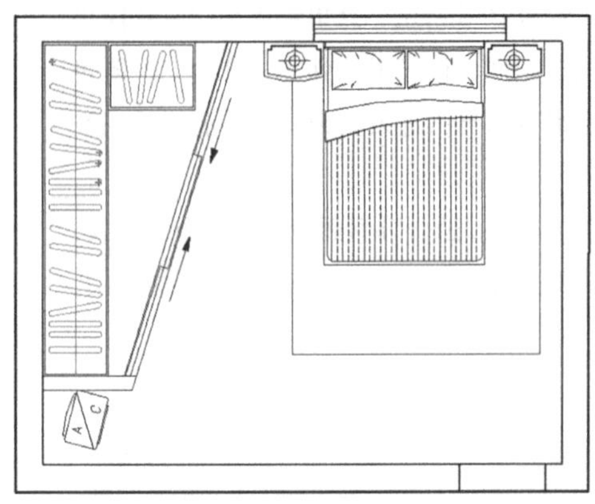

图 10–7. 小空间斜形衣帽间

如图 10-7 所示。

10.2.2 开敞式衣帽间布局形式

开敞式的步入式衣帽间是在大空间内选择一块区域，可以不进行分隔、围合，直接作为衣帽间。这类衣帽间空气流通好，空间宽敞。但因为不易防尘，所以要特别做好独立防尘，比如，挂件用防尘罩，用形式各异的盒子来叠放衣物。其形式有以下几种。

（1）两堵墙之间布置柜体（图 10-8）。

（2）布置在房间转角处，柜体一边靠墙，另一边配有挡板（图 10-9）。

（3）柜体背靠墙，两旁配有挡板的开敞式衣帽间（图 10-10）。

（4）柜体背靠墙、两旁配有挡板的开敞式 L 形转角衣帽间（图 10-11）。

（5）U 形布置柜体（图 10-12）。

步入式衣帽间的形成通常有两种方式：一种是建筑本身分割出来的或是单独使用一个房间，另一种是通过自己或设计师，重新分割空间划分出来的。除了建筑本身就分隔好的贮藏间或使用单独的房间外，大多数的衣帽间都是通过第二种方式形成

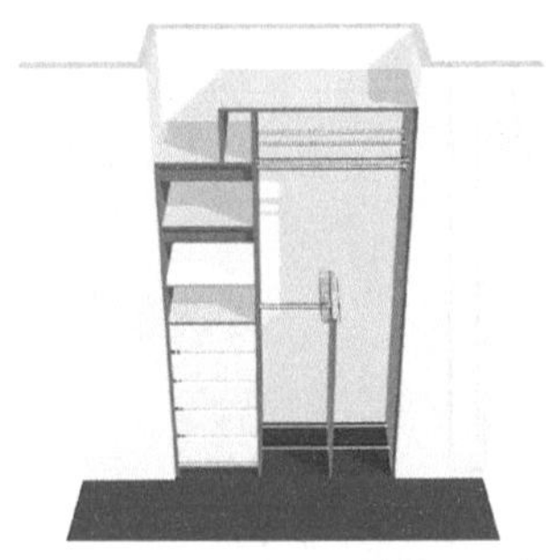

图 10–8. 布置在两堵墙之间的开敞式衣帽间

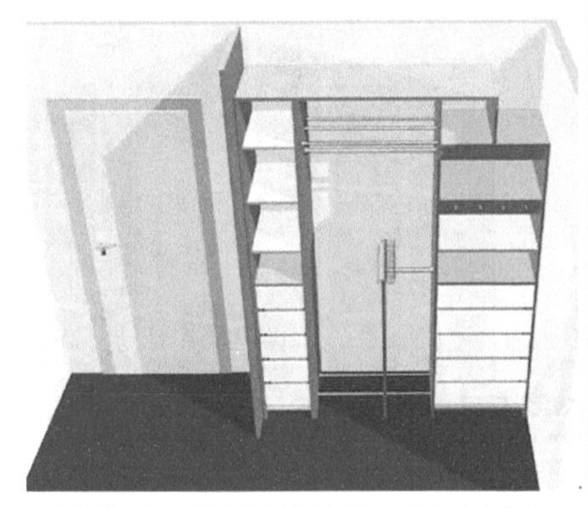

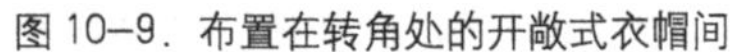
图 10–9. 布置在转角处的开敞式衣帽间

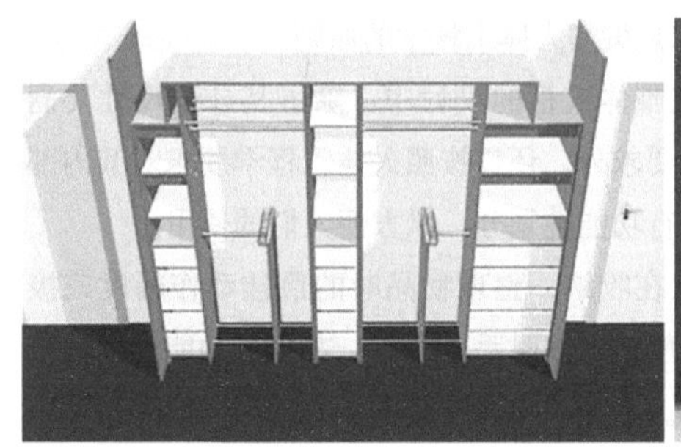

图 10–10. 靠墙而立的开敞式衣帽间

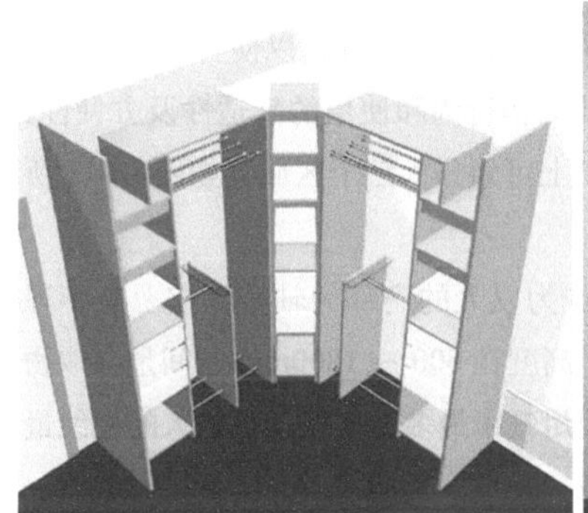

图 10–11. 开敞式 L 形转角衣帽间

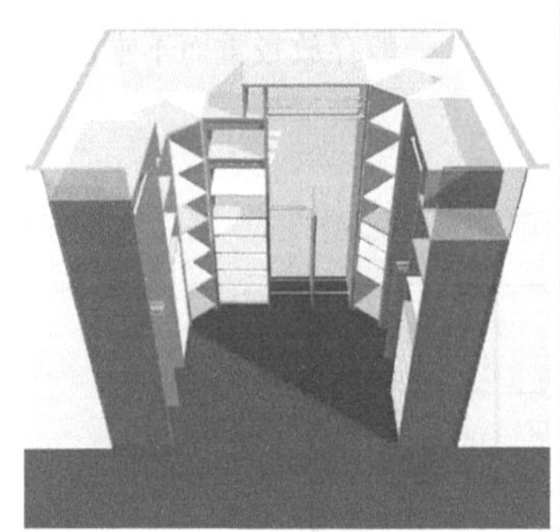

图 10–12. U 形布置开敞式衣帽间

的。这就需要设计师根据客户家里的实际情况来选择位置，充分利用空间。一般如果卧室面积较大的话，就可以在卧室开辟出一块空间；或者把衣帽间的位置放置在与卫生间相连的地方，这样方便人们从洗漱到更衣一起完成，但是这就要求做好衣帽间内墙体的防潮处理；还可以利用楼梯下面的空间做成一个衣帽间；或者利用建筑本身出现的一些凸出或者是凹进的地方。步人式衣帽间的设计一定要与室内空间相协调，设计要遵循两个基本原则：一是要因地制宜的根据室内户型设计步人式衣帽间的布局形式；另外要根据室内的整体风格来确定步人式衣帽间的风格样式。

10.3 整体衣柜的功能与尺寸设计

10.3.1 整体衣柜功能设计的原则

任何产品的设计如果不能满足使用者的功能需求都是毫无价值可言的。整体衣柜的设计也一样，它的功能主要是满足使用者对衣物的储存、保管、整理、更换的需求。对整体衣柜进行合理的功能设计，可以将数量繁多的家庭衣物及日常生活用品巧妙的存放、保管好，并能在很大程度上提高人们在存取衣物时的舒适感和效率，同时实现较高的空间利用率。

整体衣柜的功能设计必须从人与物两个方面

进行考虑：一方面要求收纳空间划分合理，方便人们存取，尽量减少人体疲劳程度，这就需要从人体工程学的角度上加以研究并应用到设计中；另一方面整体衣柜内部要求收纳方式合理，收纳空间充分，能分门别类的满足衣物的存放要求，并且不能损坏收纳的物品。

整体衣柜功能设计原则如下：

(1) 合理划分区域满足衣物分类收纳的原则

根据衣物分类收纳的原则，对整体衣柜的设计，可以按家庭成员的不同性别、年龄、身份分类放置衣物，如女主人区、男主人区、老人区、儿童区；或者按穿衣场合和衣物的用途来设计划分贮藏区域，如正装区、休闲服区、家居服区；也可以根据衣物不同材质、款型搭配等分类放置需要，划分为叠放区、挂放区、内衣区、杂物区等专用空间，如需要叠放的衣物安排一些隔板或抽屉，需要悬挂的衣物放置在挂衣空间；还可以根据主人的生活习惯针对衣物贮藏性质作出适应性的设计，如将衣柜按衣物更换频度划分为三个区域：过季区、当季区、常换区。

(2) 贯彻人体工程学的原则

在整体衣柜的设计中，除了其外部尺寸要满足设计要求外，还需按照人体工程学要求对其内部空间进行功能性划分，以方便人们的使用。

人在收纳、整理物品时的最佳动作幅度或极限，一般以站立时手臂上下、左右活动能达到的范围为准。物品的收纳范围可根据繁简、使用频率以及功能来考虑，比如常用的物品应放在人容易取拿的范围内。为充分利用收纳空间，做到收藏有序，还应了解收纳物品的基本尺寸，以便合理地安排收纳。根据人体动作行为和使用的舒适性及方便性，在柜体的高度上可划分为三个区域，如图 10-13 所示。

第一区域为以人的肩部为轴心，按上肢半径活动的范围，高度在 600 ~ 1800mm 之间是存取物品最方便、使用频率最多的区域，也是人的视线最易看到的视域。

第二区域为从地面至人站立时手臂下垂指尖的垂直距离，即 600mm 以下的区域。该区域存储不便，人必须蹲下操作，一般存放较重而不常用的

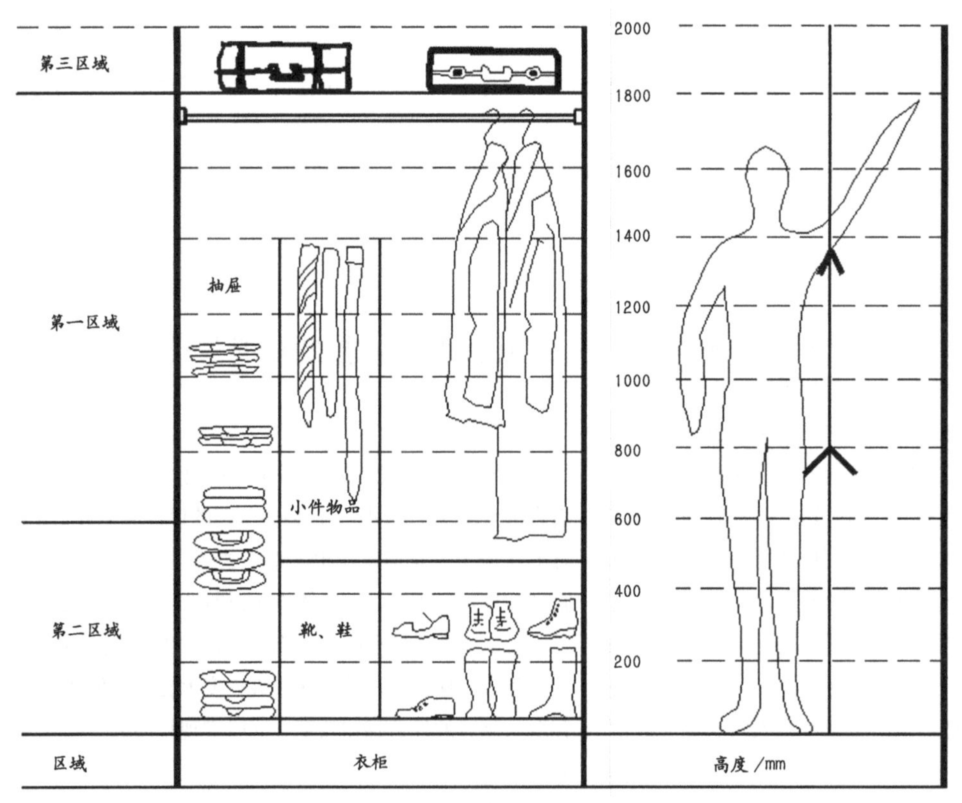

图 10–13. 柜体的高度区域划分

物品。

第三区域为柜体的上部即1800mm以上的区域，一般可叠放不常用的物品，或存放轻质的过季性物品，如棉絮、毛线衣等。

(3) 功能区的划分与模块化标准化设计相结合的原则

根据模块化标准化设计原则，整体衣柜内部空间的设计要先根据人体尺度和收纳物品的种类、数量、大小、形状及物品的存放方式等因素来划分不同的功能模块，如挂衣模块、叠放模块、杂物模块等。根据具体空间情况及客户的不同收纳习惯可以灵活选择相应的模块来组织贮藏空间，以更有效的提高贮藏空间的适应性，适应用户不断变化的收纳需求。

(4) 无障碍设计原则

在对整体衣柜进行功能设计时，既要考虑身体健康的年轻人，又要注意残疾人、老年人、儿童及其他行动不便者使用的方便性。对后者的室内空间要进行无障碍设计，以方便和扩大其行动范围。同样，在整体衣柜使用过程中，要为他们提供自主、安全、方便地拿取衣物及更换衣物的环境。如防滑地面和扶手、易开关的推拉门、取放衣物的适当位置、可升降的挂衣杆，可调节的灯光等，将人性化充分体现在整体衣柜设计中。

总之，整体衣柜设计应本着美观、实用、经济相结合的原则，以人体工程学为基础，模块化、标准化为基本手法，以节省材料与提高使用耐久性为目的进行多元化的功能设计。

10.3.2 整体衣柜功能尺寸设计

(1) 与整体衣柜设计相关的人体尺寸

整体衣柜在使用过程中，要与人、衣物、室内空间发生关系，所以它的尺寸是以人体尺寸为基础，由衣物和室内空间的特性共同决定的。

①人体的静态尺寸

人体测量数据包括静态人体尺寸和动态人体尺寸。静态人体尺寸是指人处于标准静止状态(立姿或坐姿)时测得的尺寸数据。整体衣柜柜体的高度空间分割尺寸与人体静态高度尺寸有着一定的关系。这些人体的静态尺寸包括：人体的身高、眼高、肩宽、手臂平伸直的长度等。对人体尺度的研究不可能对单个具体的人进行研究，而是探讨适合普通人群基本适应的大致范围。

整体衣柜柜体高度方向上的设计应该按照两种尺度进行设计：其一，在设计柜体高度时，应按男子中指指尖向上举高的上限加鞋厚来考虑；其二，在设计搁板高度时，应按女子平均双臂向上举高加鞋厚来考虑。柜体的宽度一般用悬挂衣服的件数和悬挂一件服装的空间位置(80 ~ 100mm)来确定内部尺寸。柜体的深度，按人体平均肩宽415mm再加上适当的空间余量而定，一般为500 ~ 550mm。衣柜中通常设有抽屉，抽屉的宽度和深度是按衣服折叠后的尺寸确定的，一般单衣折叠后的尺寸为200 ~ 240mm。同时考虑柜体在造型比例上的需要，以及抽屉本身在抽出和推进过程中的要求来确定抽屉的高度。同时，柜体外形尺度的设计还应考虑材料的合理利用等因素。整体衣柜的优点就在于能够进行定制设计及生产，客户可以根据自己的要求进行尺寸的调整，以更好的满足实际使用要求。

②人体的动态尺寸

动态人体尺寸是人在动作状态下，或在进行某功能活动时肢体各部分所能达到的空间范围和所具有的相对位置尺寸。如人伸直臂膀所能接触到的最大范围与人们在衣柜中存、取物品是否方便有直接关系。整体衣柜应依据人体操作活动的范围，即人站立时，手臂的上下动作幅度进行设计，一般按存、取物的方便程度，可分为最佳幅度和一般可达极限。

a. 存取衣物的动态尺寸

不管是站着、弯腰、或是蹲下，甚至于拉抽屉或在高处拿东西时，人的动作范围都有一定的尺寸限制。为了正确确定整体衣柜中挂衣杆、搁板、抽屉等的高度及合理分配空间，首先必须了解人体所能及的动作尺寸范围，以便取放衣物时自然、顺手。如图10-14所示。

以我国成年妇女为例，其动作活动范围：

站立时，上臂伸出的取物高度：以1750 ~ 1820mm为界线，再高就要站在凳子上存取物品，是经常存取和偶然存取的分界线。

站立时，伸臂存取物品较为舒适的高度：1500 ~ 1700mm可以作为经常伸臂使用的挂衣杆或搁板的高度。

视平线高度：1300 ~ 1500mm是存取物品最舒适的区域。

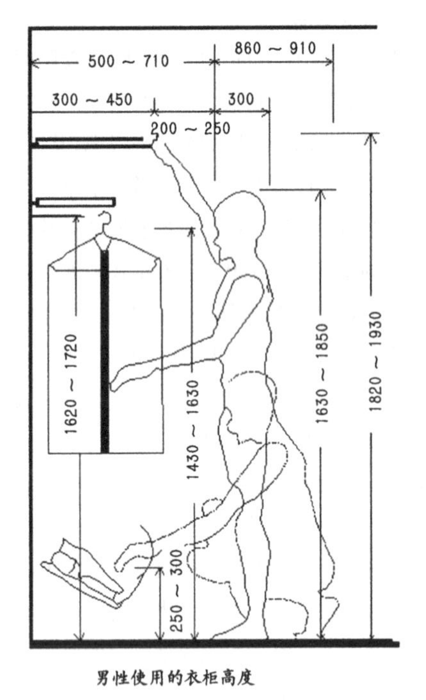

男性使用的衣柜高度　　　女性使用的衣柜高度

图 10–14. 存取衣物的动态尺寸

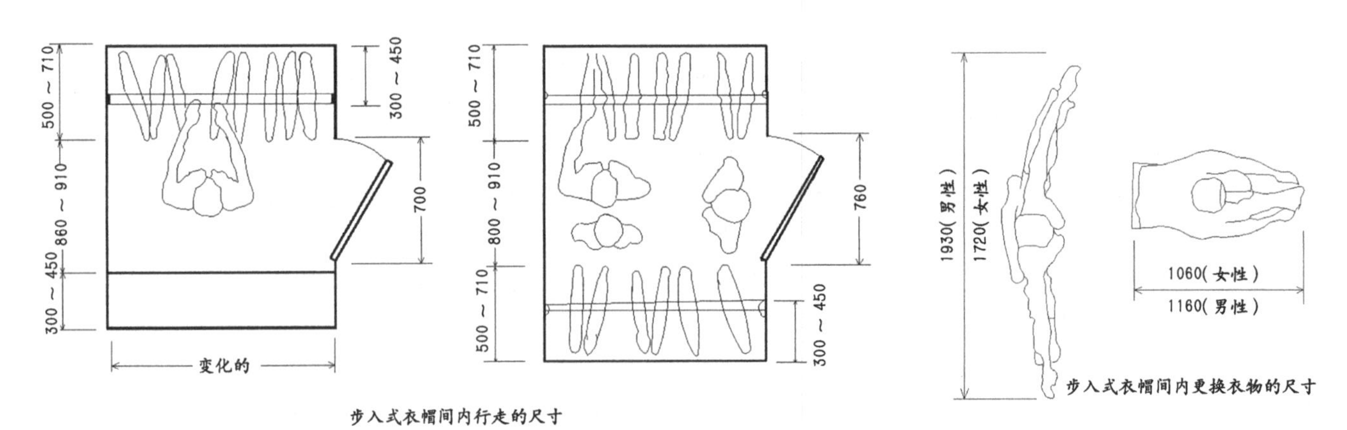

步入式衣帽间内行走的尺寸　　　步入式衣帽间内更换衣物的尺寸

图 10–15. 更换衣物的动态尺寸

站立取物比较舒适的范围：600 ~ 1200mm 高度，但已经受到视线影响并需要局部弯腰存取物品。

下蹲伸手存取物品的高度：650mm 可作经常存取物品的下限高度。

b. 更换衣物的动态尺寸

步入式衣帽间不仅为人们提供了一个能分门别类存放衣物的场所，人们更可以在这个隐蔽的私人空间内更换衣物。因此衣帽间中要留出一定的活动空间，可供走动选择和更换衣物，还要留出放置矮凳的位置。为节省空间，也可以把它放在柜子的下方，用时拉出。如图 10-15 所示，人们坐在矮凳上穿鞋的最小空间是 1060 ~ 1160mm。一般一个人横向行走需要 450mm 的宽度，正面行走需要 600mm 的宽度，两个人同时横向行走至少需要 900mm 的宽度。因为衣帽间内的两侧为墙壁和柜体，设计的通道最小宽度应该是 600mm。

③人体的心理尺寸

这里还要强调的是整体衣柜设计的心理尺寸。比如柜体若选择高度为 2100mm，深度为 580mm，宽度为 1800mm，则柜体的外观比例协调，符合心理尺度；但如果柜体高度为 2400mm，深度取 280mm，宽度取 900mm，则外观比例失调，不符合人们心理认知的柜体尺寸。在设置搁板时，搁板的深度和间距除考虑物品存放方式及物体的尺寸外，还需考虑人的视线，搁板间距越大，人的视域越好，但空间浪费较多，所以在设计时要统筹安排。

整体衣柜的尺寸直接影响到人们存储衣物的效率，只有在设计中合理地应用人体测量数据，才能使设计的产品更好地符合人们存取和更换衣物的要求，提高人们的生活质量。老年人因为身体各部分器官老化的关系，肢体的活动性、灵活度、平衡感不是很好，因此设计时应该依据老人的特性将取放衣物的位置重新调整，应该利用 700mm 到 1500mm 之间的空间来储存物品为最佳，最下层的架子最好能够离地 250mm 以上，避免老人因为弯腰而不易取物或因伸手取物而失去平衡。抽屉的把手应该清楚明显且方便使用。

(2) 与整体衣柜设计相关的物体尺寸

在进行整体衣柜设计时，除了要符合人的生活习惯外，同时也需要考虑所存放衣物的尺度，如果把两者相结合，所设计的整体衣柜将既有美观和谐的外形，又有优良的实用性。

①存放衣物类型

中国几千年的贮藏家具史其实就是人们生活用品的发展史，整体衣柜的主要功能就是存放衣物，而生活物品的变化与生活方式的变化同时影响了整体衣柜内部空间的分割设计。所谓与整体衣柜相关的物，就是我们身边品种繁多的衣服、裤子、鞋帽、箱包、配饰、被褥及杂物诸如清扫用具、行李箱、烫衣板、吸尘器、电热器、工具箱等等。它们具有各自不同的存放要求：适应衣物的尺度大小、衣物的存放方式的不同、收纳衣物的数量多少、存取衣物的频繁程度等。

在掌握各种物品尺度范围的基础上，再来决定柜体的高度、进深、抽屉的尺寸与数量、内部配件的种类和安装位置，才能使设计更合理实用，实现科学收纳。

②存放衣物的方式

不同种类的物品收纳时所采用的方式是不同的。根据衣物的尺寸范围和衣物的材料质地的不同等因素，存放方式主要分为四种：挂放、叠放、摆放、卷放。不同的存放方式所需要的空间也不尽相同，如挂放及摆放所占用的空间就相对较大，而叠放及卷放所需的空间就相对小一些。

适合挂放的衣服有:西装、套装、裙子、裤子、外套、易皱的衬衫，亚麻、全棉等质地的衣服。

适合叠放的衣服有:所有针织衣物，包括上衣、衬衫、毛衣、短裙、牛仔裤、厚 T 恤等。

适合卷放的衣服有：普通的 T 恤、运动服、休闲裤或牛仔裤，可以用卷寿司的方法卷起来收纳，既省空间又容易拿取。领带、皮带、袜子、内衣等小件物品也可卷成圆形收纳，卷放比较节约柜内的空间。

适合摆放的衣物有：包、帽子、鞋等，都需要设计单独的摆放空间。

③存放衣物的尺寸

由于存放衣物方式的不同，衣物的尺寸也都不尽相同。相同的衣物由于存放方式的不同，尺寸大小也是不同的。

a. 适合挂放衣物的尺寸

由于人们生活方式的变化，衣物数量的增多，人们不希望出门时所穿的衣服出现褶皱，因此所需要的挂放空间也就变得越来越多了。尤其是男人们的衣服，除了内衣之外几乎都要挂起来。具体尺寸如表 10-1、2 所示。

b. 适合叠放衣物的尺寸

为了节约空间，在存放衣物时就可以把不常用和不怕起皱的衣物进行叠放贮存。但需注意叠放

表 10–1. 适合挂放的衣物的长度范围

男 装	长度范围（mm）	女 装	长度范围（mm）
夹克套装、其他套装、衬衫、裤子	775 ~ 1000	衬衫、夹克	625 ~ 875
		裙子、半大衣或短大衣	775 ~ 1075
叠挂在衣架上	725 ~ 925	礼服、长大衣和短裙	1200 ~ 1375
全长悬挂	1175 ~ 1325	长连衣裙、长晚礼服	1525 ~ 1700
大衣、罩衣	1200 ~ 1350		

表 10–2. 适合挂放的衣物所需挂杆空间

男　装	每件衣服所需挂杆空间（mm）	女　装	每件衣服所需挂杆空间（mm）
厚夹克和外衣（大衣）	75	外衣和夹克	
中夹克、外衣和雨衣	50	厚	75
毛衣、薄夹克和雨衣	25	中	50
裤子		薄	25
叠挂在衣架上	56	毛衣	32
全长悬挂	44	其他外衣	
其他外衣		晚礼服、冬装	88
短大衣	63	长连衣裙	50
罩衣	50	套装（短上衣和裙子）	63
套装	75	裙子	25
长裤	37	夹克	50
夹克	50	衬衫	25
羊毛衫	25	其他服装	
衬衣（各种类型）	35	套裙	62

表 10–3. GB/T 3327–1997 规定的衣柜尺寸

限制内容	尺寸范围
挂衣空间宽 B_1	≥ 530mm
挂衣棒上沿至顶板表面的距离 H_1	≥ 40mm
挂衣棒上沿至底板表面的距离 H_2	≥ 900mm（挂短衣） ≥ 1400mm（挂长衣）
柜体空间深 T_1	挂衣空间深≥ 530mm 折叠衣物放置空间深≥ 450mm
顶层抽屉上沿离地	≤ 1250mm
底层抽屉下沿离地高	≥ 50mm
抽屉深	≥ 400mm

垒起的衣服最好不要太多，一叠以不超过 6 件为宜，否则不仅会压坏下层的衣服，还会造成取用时的麻烦。一般叠放的衣物放在隔板或抽屉里最好。

c. 适合摆放衣物的尺寸

皮包、鞋、帽等物品由于特殊的形式多采用摆放方式贮存，依据各自的尺寸进行合理安排。

(3) 国家标准对衣柜功能尺寸的要求

国家标准 GB/T 3327-1997（柜类主要尺寸）对衣柜类家具的某些尺寸作了限制，如表 10-3 所列。图 10-16 为衣柜空间尺寸示意。

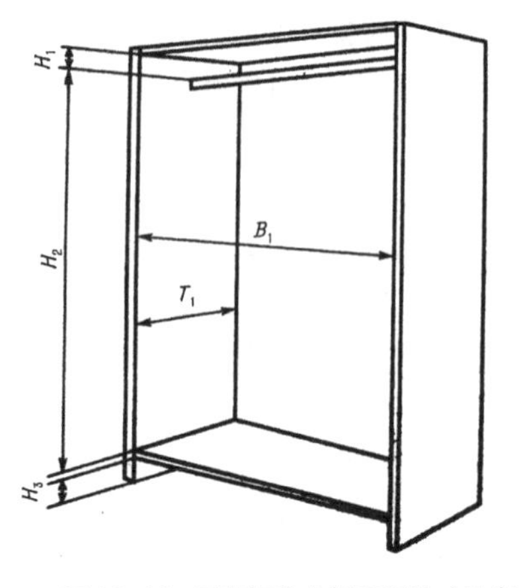

图 10–16. 国家标准衣柜空间尺寸示意

11 整体衣柜的结构设计

整体衣柜系定制产品，它包括现场测量、方案设计、结构及相关尺度设计等。整体衣柜设计的依据来自于现场测量获取的尺寸数据以及空间条件、客户要求，因此现场测量是设计整体衣柜关键的第一步。整体衣柜的结构则有板式结构、框架式结构、挂板式结构等，而每种结构都有相对应的标准尺度，设计时应根据具体情况进行选择。

11.1 整体衣柜的设计测量

由于整体衣柜属于定制产品，其设计流程一般为：专卖店选定款式和颜色——上门测量——出设计方案——签合同——工厂下单制作——存库检验——上门安装——售后服务。

尺寸的测量是设计和安装的依据，所以，尺寸测量是设计整体衣柜最关键的第一步。数据的准确性直接影响设计安装效果，更间接影响衣柜的使用。除了最基本的长宽高，还有很多相关的数据要测量的，比如一些梁柱、插座开关位、旁边窗的位置、空调位、开门的位置，这些尺寸对于更好的设计衣柜的布局、结构和功能起着重要的作用。

（1）整体衣柜的测量时间

通常情况下，上门测量一般分为两次：初测和复测。

初测一般在装修公司进场施工时，目的是提出衣柜或衣帽间的安装位置以及如何与施工方就洞口的预留位置与大小、相关的布局改造、石膏线或踢脚线等等问题进行良好的沟通，避免在后期发现问题以至于无法弥补而留下遗憾；另外，在初测前，客户要在店面选定门的款式和衣柜的颜色等具体事宜，因为有些测量方式或尺寸会根据不同的款式而有所不同。设计师也可以先设计出初步方案，让客户有个简单的认识，这样可节省后期确认合同的时间，也有时间和家人充分考虑。

然后，可以根据衣柜所处位置或功能的不同确定上门复尺和精确测量的时间，如果衣柜左右靠墙或位置固定的话，比如衣帽间，在地面水泥找平后即可上门测量了；如果衣柜是一侧靠墙或以后要挪动位置的话，最好在天花、墙壁、地板等都全部粉刷铺装完成后再进行测量。

设计整体衣柜千万不能预估尺寸，以免出现较大误差。整体衣柜在制作与安装过程中，对尺寸精确度要求很高，误差应小于 5 mm。

（2）整体衣柜的测量方法

为防止墙体的高低不平带来的尺寸误差，应采取洞口上下左右多点的测量，一般应采用“三三

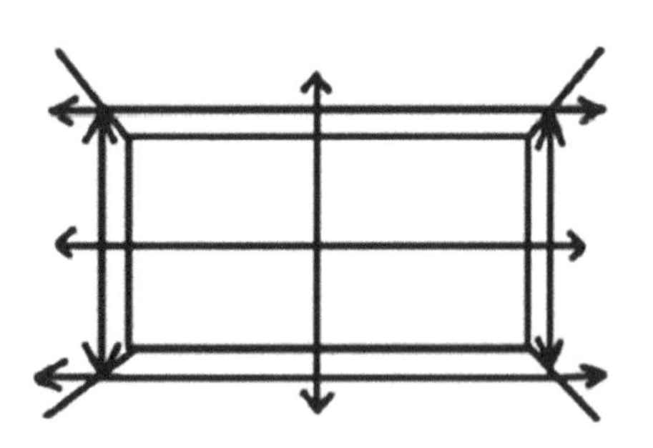

图 11–1. 整体衣柜洞口“三三式”测量法

式”测量法，即测量洞口的上宽、中宽、下宽，左高、中高、右高，以及洞口的深度尺寸等，然后取最小值进行设计。如图 11-1 所示。

对于一些特殊位置，如柱子、转角位、管道，横梁、踢脚线等的尺寸，要认真仔细的测量并记录，以便准确无误的设计柜体尺寸防止无法安装。

11.2 整体衣柜的结构形式

整体衣柜主要分柜体和门板两大部分，柜体有主体柜、顶柜、独立抽屉柜、吊抽柜等。门板主要有趟门、平开门、折叠门等。

整体衣柜柜体的结构形式有：

（1）板式结构

这种结构形式是目前比较常见的一类整体衣柜，其结构与板式家具相同，柜体均采用板式结构，符合 32mm 系统设计，由不同规格尺寸的板件组成，用专用五金连接件连接而成，并结合旋转衣架、下拉式挂杆等功能配件，最大程度地提高空间利用率。这种类型的整体衣柜适合衣物数量较多的家庭，它能把所有家庭成员的衣物分门别类地收纳起来，也是目前最普遍和最受欢迎的一类整体衣柜。柜体的组合形式有“一”字形，“L”形，“U”形，如图 11-2 所示。

（2）框架式结构

这种结构形式的整体衣柜与框式家具是完全

图 11–2. 板式结构整体衣柜

图 11–3. 木框架式结构整体衣柜

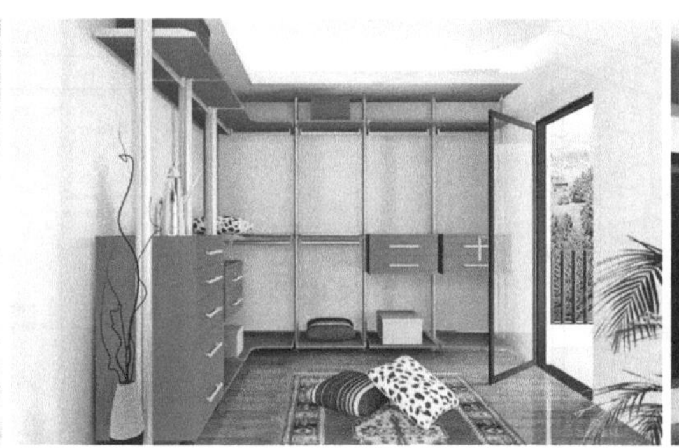

图 11–4. 金属框架式结构整体衣柜

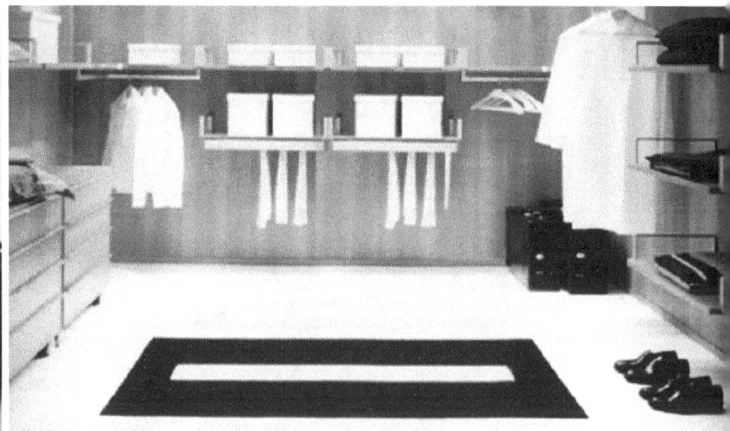

图 11–5. 挂板式结构整体衣柜

不同的两个概念，柜体不是用榫结合，而是由框架和板件构成。根据框架材料的不同还可分为：木框架式（图 11-3）与金属框架式（图 11-4）。它与传统的板式结构相比，取消了柜体的侧板，款式更简洁时尚，取放衣物也比较便捷，更符合年轻人的审美需求，目前也最受年轻一族的青睐。框架式整体衣柜储物量稍小一些，因此这种整体衣柜比较适合衣物数量适中、种类比较少的两人世界或三口之家。此类整体衣柜所使用的板材和五金件较少，但在售价上跟板式结构整体衣柜差不多。

（3）挂板式结构

与板式结构和框架式结构整体衣柜相比，挂板式结构整体衣柜的结构更加简单，放置衣物的搁板直接固定在整体衣柜的背板上，而背板则固定在墙壁和地面上。这种整体衣柜的最大特点是实现了真正的开放式设计，所有物品一目了然。这种结构是目前整体衣柜中较前卫的一种，不过它对五金件及相关功能件要求较高，成本也居高不下，售价相对偏高（图 11-5）。

11.2.1 板式整体衣柜的结构

（1）板式整体衣柜的结构构成

板式结构整体衣柜柜体主要由顶底板、侧板、层板 、背板、脚线等构成，柜体内还包含各种特色功能配件如：拉篮、L 架、裤架、格子架等。以 L 形带圆弧柜的整体衣柜为例，其结构构成如图 11-6 所示。

（2）直型柜结构及尺度

直型柜是相对于转角柜、圆弧柜等特殊柜体而言的。整体衣柜的柜体，大多是采用侧板包住顶板和底板的结构形式，背板在顶板、底板和左右侧板中间。柜身前后都有脚线，一般高度为 70mm 左右。无顶柜的趟门衣柜，顶部可加一块上垫板用来装趟门的上导轨（也可以设计顶板与侧板平齐），另外在下面还要加一块下垫板装趟门的下导轨。有顶柜的衣柜，趟门的上导轨可以安装在顶柜的底部。如图 11-7 所示。

组成柜体的侧板、底板、顶板、加强筋、固定层板等部件通常情况下用三合一偏心连接件加圆榫进行连接，如图 11-8 所示。背板与侧板的连

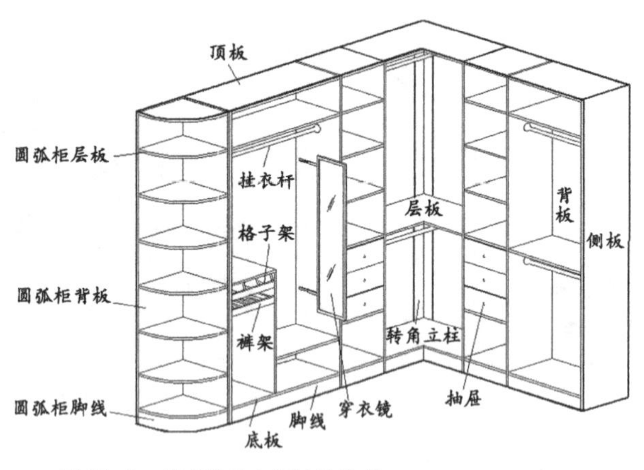

图 11-6．板式整体衣柜结构构成

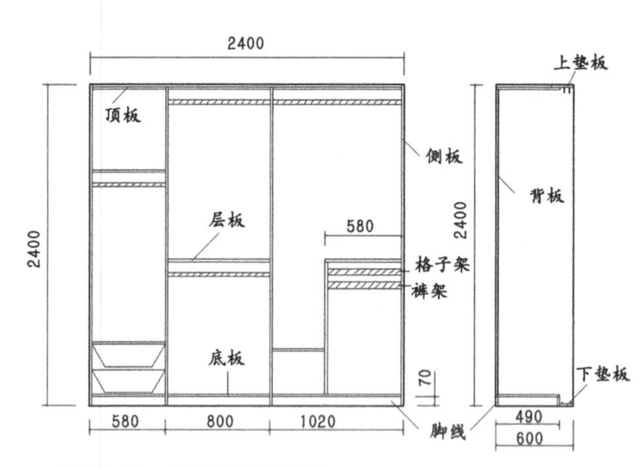

图 11-7．直型柜柜体的结构

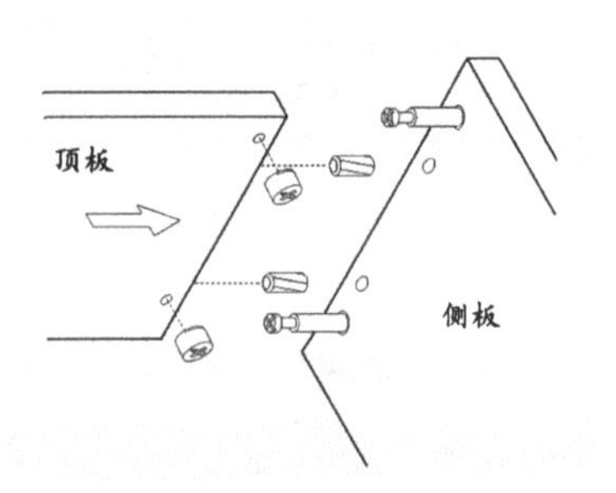

图 11-8．柜体的侧板与顶板偏心连接件加圆榫连接结构

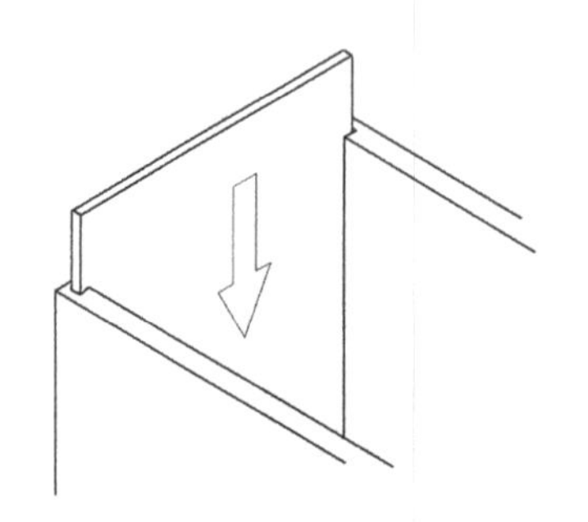

图 11-9．背板与侧板插槽连接结构

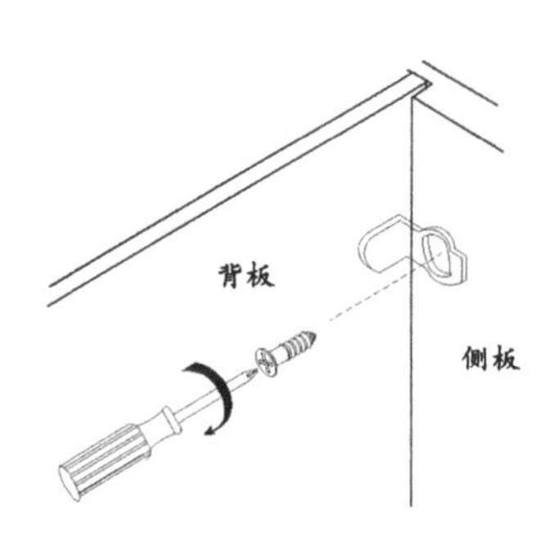

图 11-10．背板与侧板背板扣连接结构

接多采用插槽结构，如图 11-9 所示；宽度大于 600mm 柜子用背板扣将背板与侧板进行连接，如图 11-10 所示。活动层板则用层板销实现与柜体的连接，如图 11-11 所示。柜体的结构主要是 32mm 系统的运用。

所谓 32mm 系统，是一种以模数组合理论为依据，以 32mm 为模数，通过模数化、标准化的“接口”来构成的板式家具结构系统，是一种采用工业标准板材和标准钻孔方式来组成家具的手段，同时，也是一种加工精度要求非常高的家具制造系统。这个制造体系以标准化部件为基本单元，既可以组装为采用圆榫胶接的固定式家具，也可以使用各类现代五金件连接成拆装式家具。“32mm”就是指板件上前后、上下两孔之间的距离是 32mm 或 32mm 的整数倍。它的核心是标准化、系列化、通用化的板块设计，是实现家具模块化设计和生产的主要技术基础。

在设计过程中，在侧板上主要有两类不同概念的孔：结构孔和系统孔。结构孔是将板块组合成柜体必不可少的结合孔，系统孔是用于灵活装配层板、抽屉所必须的孔。需要强调的是，系统孔仅仅出现在侧板上，在顶板与底板上只有与侧板相结合的相应结构孔。系统孔一般是在侧板前沿和后沿设置的两排垂直方向的孔，系统孔距离板的前沿 37mm；垂直方向上两孔的中心距为 32mm 或是 32mm 整倍数，每个孔的直径 5mm，深 10mm。如图 11-12 所示。

通常以侧板的前沿和下端为基准边进行计算来确定第一个系统孔和结构孔的位置，其他的系统孔和结构孔，都处在 32mm 方格的网点上。所有孔的位置都需要精确加工、定位，加工精度控制在 0.1 ～ 0.2mm 之间以保证安装的精度。

考虑到尺寸的标准化，建议直型柜柜体设计标准尺寸系列参考值为：

①柜体单元柜设计标准宽度（W）：330mm、480mm、580mm、800mm、还有 801 ～ 1200mm 的可变柜体，宽度尺寸通常包括一块 18mm 的侧板。

②柜体设计标准深度（D）：带趟门的衣柜 600mm、650mm；不带趟门的衣柜 500mm 、550mm。

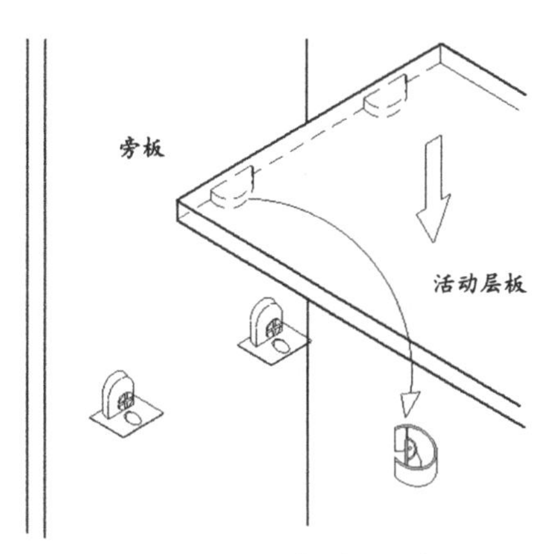

图 11–11. 活动层板与侧板连接结构

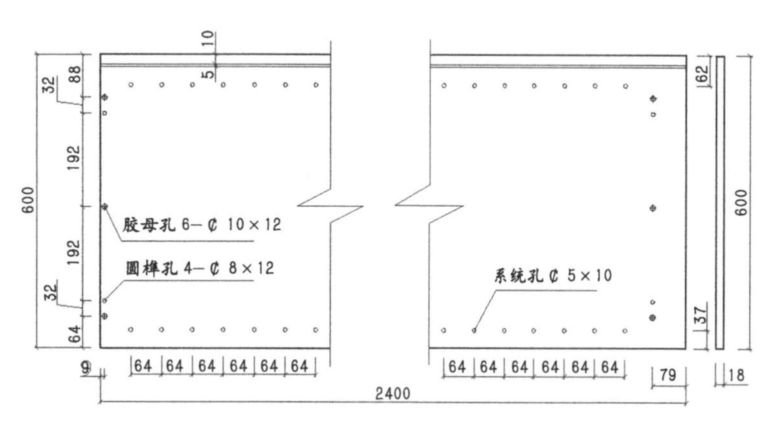

图 11–12. 侧板的孔位图

③ 柜体设计标准高度（*H*）：1800mm、1950mm、2100mm、2250mm、2400mm，以上设计标准高度均可加顶柜。

(3) 转角柜结构及尺度

转角柜由于结构比较特殊，要单独设计成一个独立的柜子，左右两边不能与邻柜共用侧板，在背后转角位置需做两块 120mm 宽的立板，用于加固和安装背板。转角柜的层板是一整块板，然后经过加工切 L 型而成的。转角柜一般情况下只适合做衣帽间，建议转角柜不做趟门或是平开门。转角柜的结构如图 11-13 所示。

建议转角柜设计标准尺寸系列参考值为：

① 转角柜设计标准宽度（*W*）：900mm×900mm（配 490mm 深柜体），900mm×1050mm（配 550mm 深柜体）两种。

② 转角柜设计标准深度（*D*）：490mm，550mm。

③ 转角柜设计标准高度（*H*）：1800mm、1950mm、2100mm、2250mm、2400mm。

(4) 圆弧柜结构及尺度

圆弧柜通常也设计成一个独立的柜子，不与邻柜共用侧板，并且没有背板。如果是 490mm×490mm 的柜子，使用 18mm 厚的板，一块侧板是 490mm，另一块侧板就是 472mm。圆弧柜的脚线是一个整体。结构如图 11-14 所示。

建议圆弧柜设计标准尺寸系列参考值为：

① 圆弧柜设计标准宽度（*W*）：200mm、300mm、400mm、500mm、600mm。

② 圆弧柜设计标准深度（*D*）：500mm、550mm、600mm、650mm。

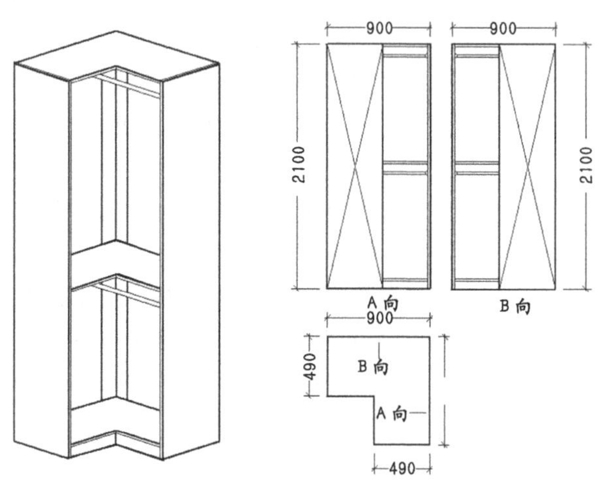

图 11–13. 转角柜的结构

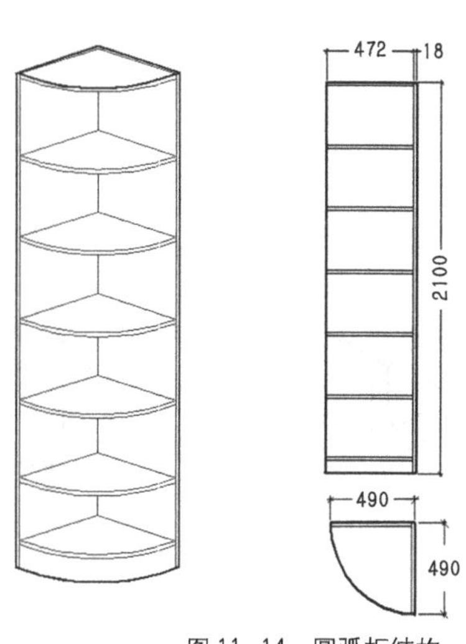

图 11–14. 圆弧柜结构

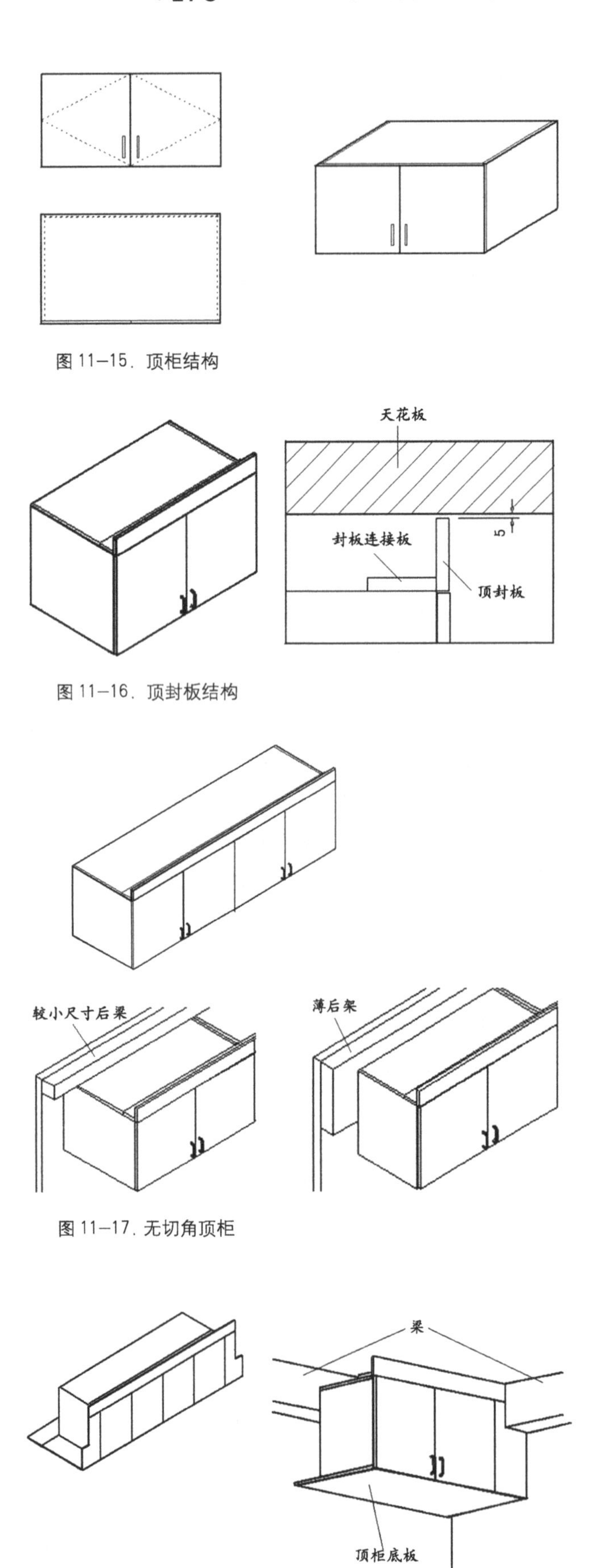

图 11-15．顶柜结构

图 11-16．顶封板结构

图 11-17．无切角顶柜

图 11-18．假切角顶柜

③ 圆弧柜设计标准高度（H）：1800mm、1950mm、2100mm、2250mm、2400mm。

（5）顶柜的结构

由于常用于制造柜体的人造板最大幅面 1220mm × 2440mm 的限制，柜子最大高度一般为 2400mm，如果空间高度超过 2400 mm 可在上面加顶柜，直接放在底柜的上面。

顶柜多采用平开门，并常用盖门结构。顶柜的设计，为便于安装，单个柜体宽度建议不超过 1200mm；为了体现视觉美感，门板多采用等分设计，每个门宽建议不超 550mm；顶柜高度一般不超过 600mm。其结构如图 11-15 所示。

建议顶柜设计标准尺寸系列参考值为：

① 顶柜设计标准宽度（W）：700mm、800mm、900mm、1000mm、1100mm、1200mm。

② 顶柜设计标准深度（D）：600mm、650mm。

③ 顶柜设计标准高度（H）：400mm、450mm、500mm、550mm、600mm。

为了使整体衣柜与室内顶棚很好的衔接，柜体上部一般需要设置顶封板。顶封板常用 16 ～ 18mm 厚三聚氰胺饰面板制造，考虑到自动封边机可加工板件最小幅面要求，顶封板高度一般不小于 80mm。顶封板与柜体顶部间需用连接板连接，连接板宽度一般不小于 100mm，安装时，先将连接板与顶封板连接成 L 型顶封部件，再用螺钉将其固定在柜体顶板上。考虑到室内顶棚平整度的影响，设计时，顶封板与顶棚之间应留有 5mm 左右的间隙，如图 11-16 所示。此间隙可在衣柜安装完成后用白色涂料或白色玻璃胶填充处理。

根据建筑空间有无梁柱等障碍物，顶柜结构又可分为无切角柜、假切角柜和全切角柜三种。

①无切角顶柜：无切角顶柜结构是左右侧板包住顶、底板，背板为 5mm 薄板；主要用于无梁、无柱，较小尺寸的梁，或梁比较薄的情况下。如图 11-17 所示。

②假切角顶柜：结构为顶、底板包住左右侧板，底板可向左、右、后延伸；当梁柱尺寸较小的场合，可用底板延伸和封板来做类似假切角的处理。如图 11-18 所示。

③全切角顶柜：结构为左右侧板包住顶、底板，背板 18mm 打三合一孔连接；主要用于较大尺寸的

后梁的情况。如图 11-19 所示。

④顶柜遇柱也可以不做切角，依具体情况设计封板或设计独立单门薄形柜体，如图 11-20 所示。

（6）板式衣柜功能件结构

①抽屉的结构如图 11-21 所示。侧板与面板用偏心件连接，底板插槽。通常情况下所用板件材料规格为：抽面板 18mm，侧板与后挡板 12mm，底板 5mm，其外形规格尺寸设计根据标准柜体确定。

②裤架的结构如图 11-22 所示。通常情况下所用板件材料规格为：面板，侧板与尾板都为 18mm。同样，其外形规格尺寸设计也要根据相关的标准柜体大小确定。

③格子架的结构如图 11-23 所示。通常情况下所用板件材料规格为：面板 18mm、侧板与尾板 12mm、隔板 9mm、底板 9mm。同样，其外形规格尺寸设计根据相应标准柜体大小确定。

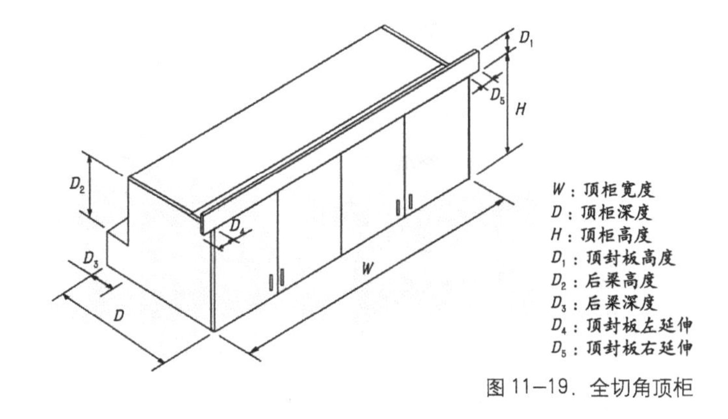

图 11-19. 全切角顶柜

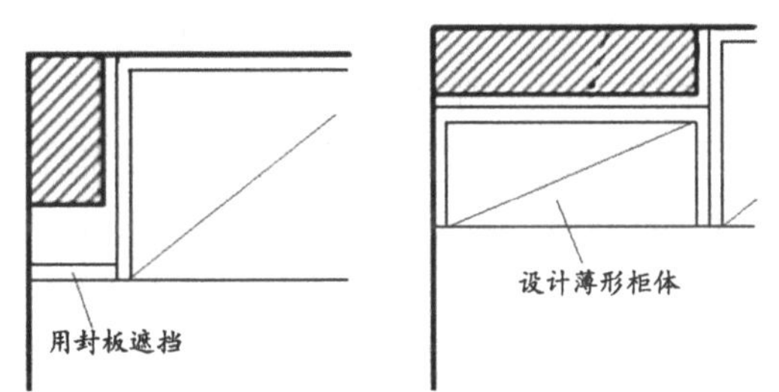

图 11-20. 顶柜遇柱加封板或设计薄形柜体

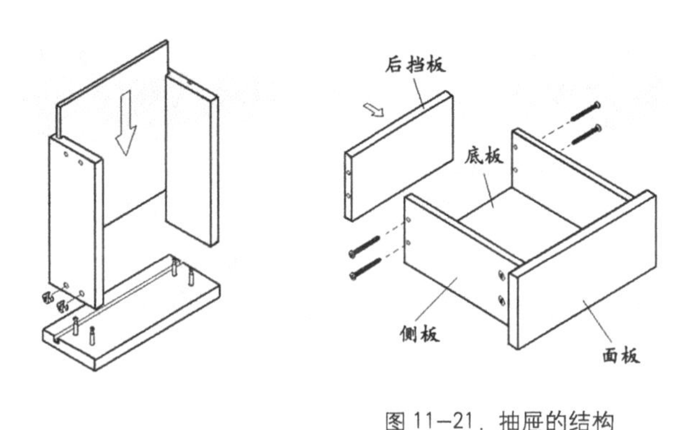

图 11-21. 抽屉的结构

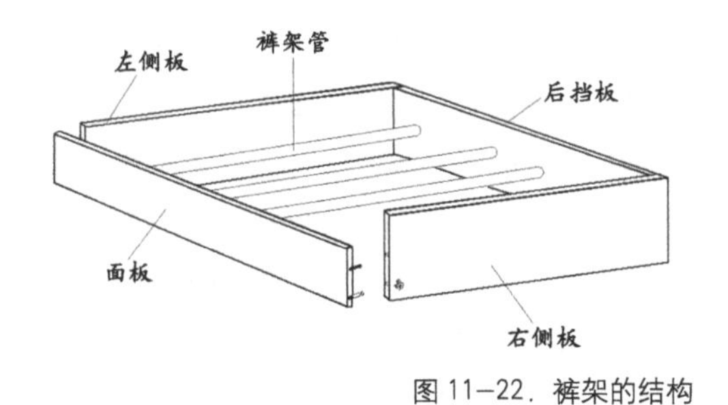

图 11-22. 裤架的结构

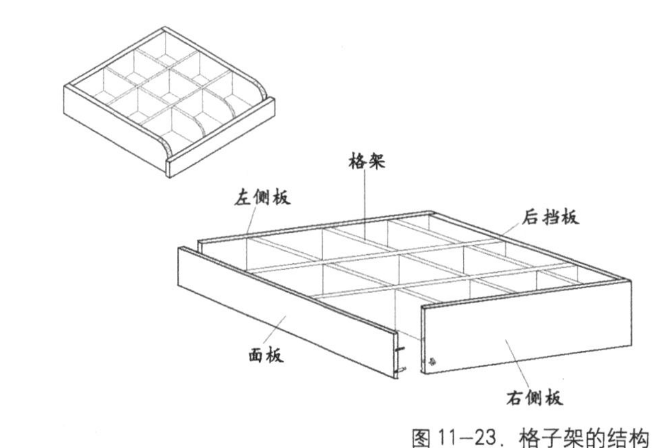

图 11-23. 格子架的结构

11.2.2 框架式整体衣柜的结构

框架式整体衣柜是由立柱与板材组合而成的。相比于板式结构，其优点比较突出。首先金属框架，更为牢固美观、不限高宽尺寸；其次，使用板材的量大大减少；再者，其结构更加灵活多变，不仅搁架可上下位移，甚至拆开重新组装也非常简单。这类衣柜可做成开放式，放在衣帽间使用，衣物拿取非常方便；还可做成封闭型，则可以省去底板和背板，墙上贴壁纸即可。

（1）木框架式整体衣柜的结构

顾名思义木框架式整体衣柜是指衣柜的柜体是使用木质材料作为框架的。它不需要使用背板，由顶板、底板、层板和立栅通过五金连接件连接构成，再配以抽屉、裤架、挂衣杆等功能配件使其功能完善。底部的抽屉柜可安装万向轮，以方便移动

图 11-24. 木框架式结构整体衣柜

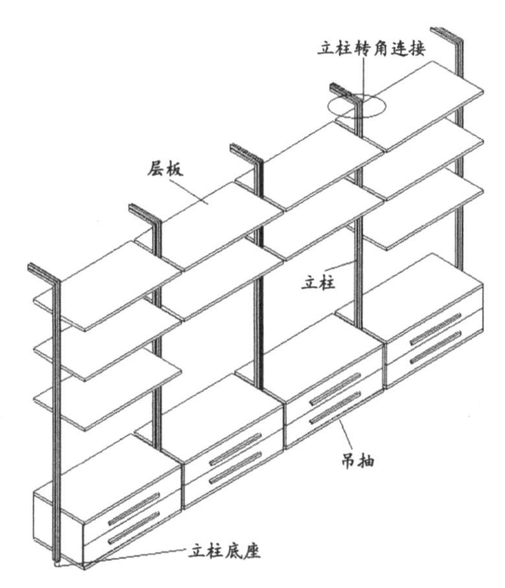

图 11-25. 金属框架整体衣柜的构成

图 11-26. 金属立柱与地面和顶棚直接固定

位置，根据需要重新组合柜内功能空间。这种框架结构要求板材的厚度要高于一般的板式结构，以保证强度，并且从心理尺度上来说，具有一定厚度的板材才能使得这种木框架式结构看起来更牢固更美观。

图 11-24 所示的木框架结构整体衣柜采用的板材厚度为 36mm，是以刨花板为基材、上下贴面处理，按照 32mm 系统的要求设计顶板、底板、层板与立栅板的连接孔位，使衣柜即美观又牢固。木框架结构的更衣间，由于结构牢固，存放衣物的数量和柜体式相同，但由于对板材的要求高，因此造价偏高。

(2) 金属框架式整体衣柜的结构

①金属框架式整体衣柜的构成

金属框架结构衣柜主要有立柱、立柱底座、立柱转角连接件（弯管）、立柱固墙连接件、立柱固定片、立柱挂片（子母件）、木层板、玻璃层板、木层板托、玻璃层板夹、吊抽柜、推柜、挂衣杆等组成。图 11-25 所示。

金属框架结构衣柜的立柱材料主要是铝合金、铸造件、型材、方管等，表面采用阳极氧化技术，光滑无砂粒，框架多为竖向很少横向。板件则需要借助于专用连接件与框架结合，使用可以快速拆装的卡子，在立柱上设置相应的滑槽，并有止动装置，这样层板就可根据需要快速的任意调节高度，适合不同季节因服装变化带来的所需要收纳空间的变化，同时给人钢木结合的新潮感，而且整体稳定性强。金属框架结构还能够很好的解决人造板家具受潮、变形、甲醛释放等缺点；同时不受安装环境不规整的影响，不受房间高度与宽度的限制，避免了传统板式柜体由于墙壁不平整而导致柜体与墙壁之间出现缝隙的问题。

②金属框架式整体衣柜与建筑的结合

金属框架式整体衣柜与建筑空间的结合主要是通过金属立柱的固定。主要有两种方式：

a. 金属立柱与地面和顶棚相连接

金属立柱通过五金件和膨胀螺栓把其直接固定在地面和顶棚之间。这种固定方式要求立柱高度尺寸要准确。如图 11-26 所示。

b. 金属立柱与地面和墙面相连接

金属立柱通过五金件和膨胀螺栓把其固定在地面和墙面上预先固定好的专用金属连接件，如图 11-27 所示。

立柱与墙面连接的方法有两种：一是在立柱上端直接连接立柱弯管并与立柱固墙连接件锁紧即可（图 11-28）；二是先用立柱转角连接件把竖向和横向切好 45° 斜口的立柱进行拼接，再与墙体已经固定好的立柱固墙连接件进行连接固定。如图 11-29 所示。

立柱与地面的连接是通过固定立柱底座实现的。如果地面为地砖，则需要先用冲击钻在地面相应位置打孔并预埋膨胀胶粒，再用自攻丝固定立柱底座并盖好装饰盖；如果地面为木地板，则直接将调整好的立柱底座用自攻丝在木地板上进行固定并盖好装饰盖；如果地面不水平，可以调节底座中间的调节螺丝，调平为止。如图 11-30 所示。

③内部功能部件与金属支架的结合

金属框架式整体衣柜的内部功能部件包括：木层板、玻璃层板、带金属托边的层板、抽屉柜、裤架、挂衣杆、鞋架等。这些功能部件通过各种连接件与金属立柱用螺丝卡紧，位置可以根据需要进行固定。

a. 木层板与立柱的连接：木层板是通过立柱上的木层板托用自攻钉连接固定的，图 11-31 所示。带边条层板的连接方法如图 11-32 所示。

b. 玻璃层板与立柱的连接：是把玻璃层板与装在立柱上的玻璃层板夹进行连接固定的。如图 11-33 所示。

c. 吊抽柜与立柱的连接：将立柱挂片（子片）装在立柱的槽中、在已经组装好的柜体的左右两侧装上立柱挂片（母片），然后将子母挂片进行吊立固定。如图 11-34 所示。带边条吊抽柜的连接方法如图 11-35 所示。

d. 衣通托与立柱的连接：立柱的槽中分别装入固定片，再把衣通托与固定片连接。如图 11-36 所示。

图 11-27. 金属立柱与地面和墙面固定

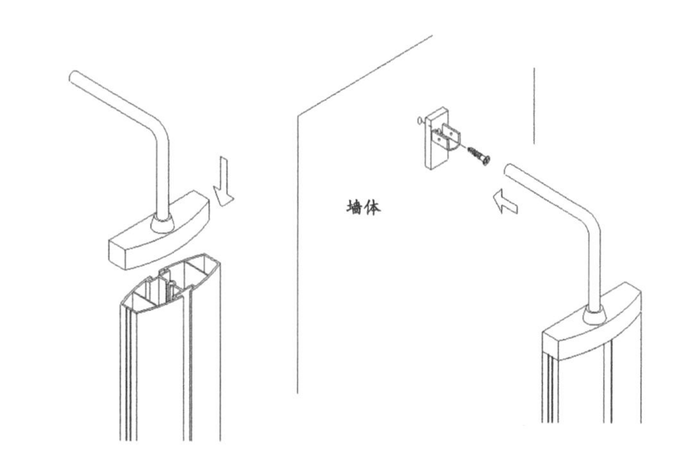

图 11-28. 金属立柱与墙面固定方法 1

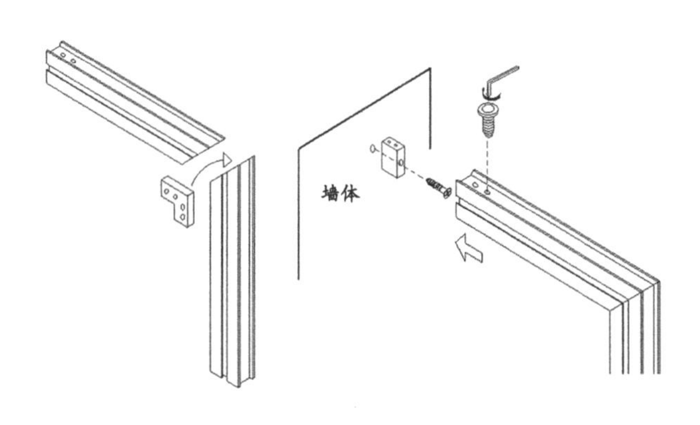

图 11-29. 金属立柱与墙面固定方法 2

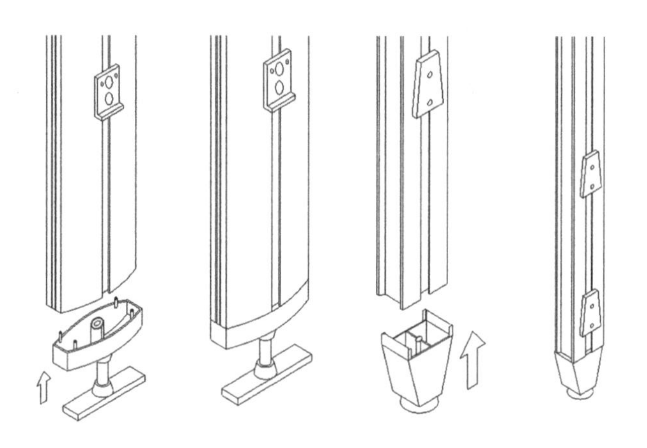

图 11-30. 金属立柱与地面固定

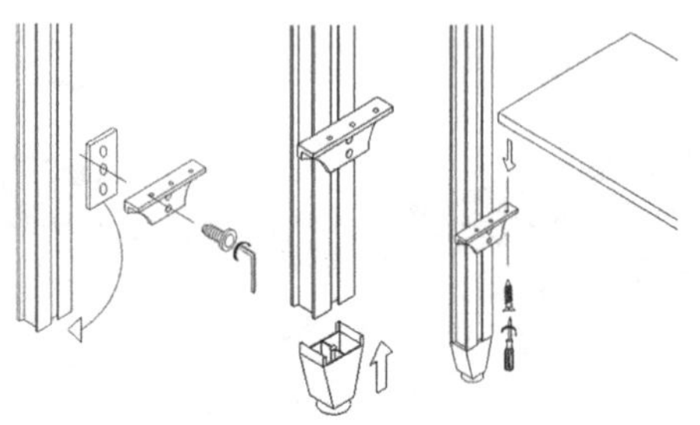

图 11－31．木层板与金属立柱的连接

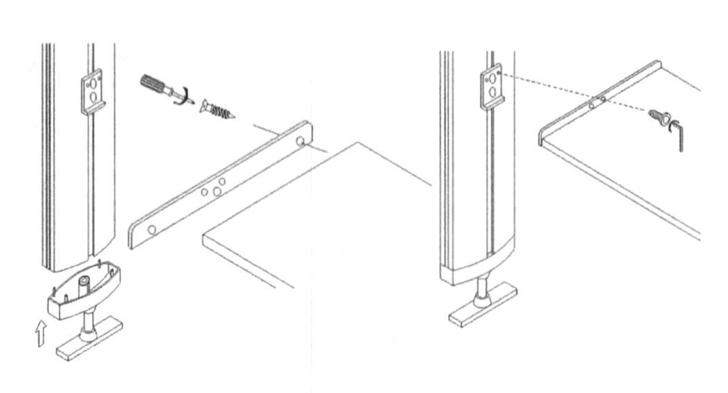

图 11－32．带边条木层板与金属立柱的连接

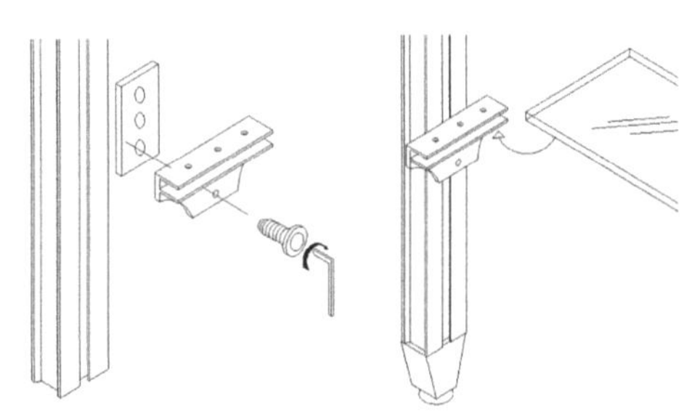

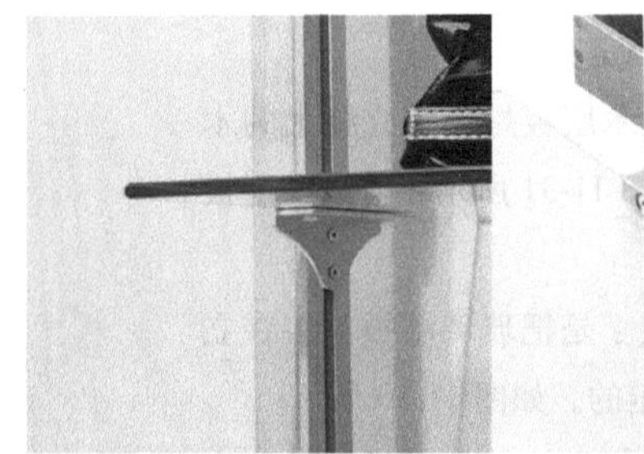

图 11－33．玻璃层板与金属立柱的连接

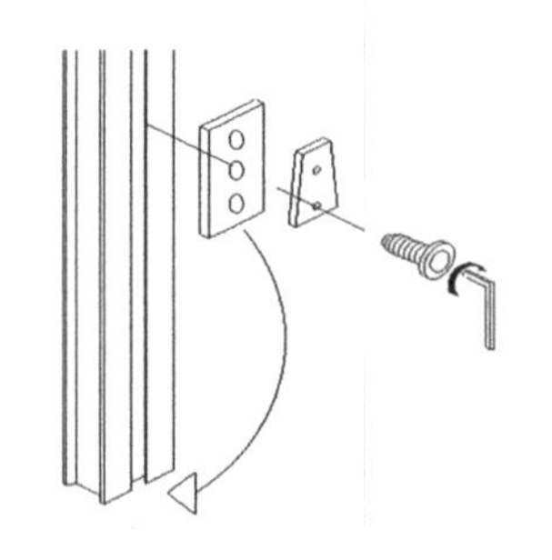

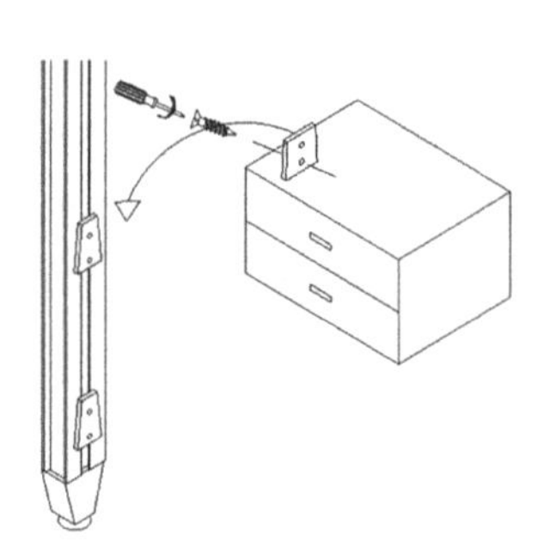

图 11－34．吊抽柜与金属立柱的连接

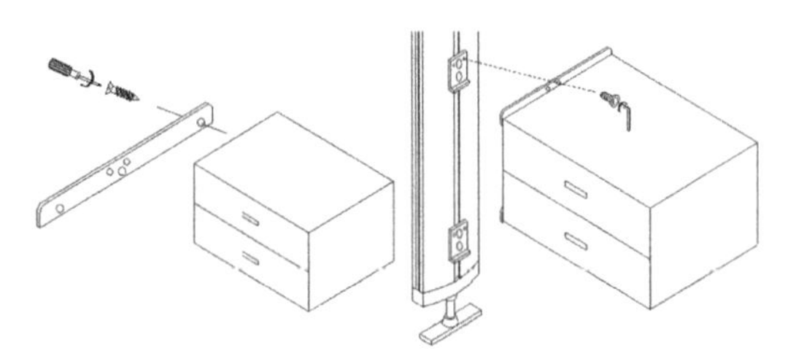

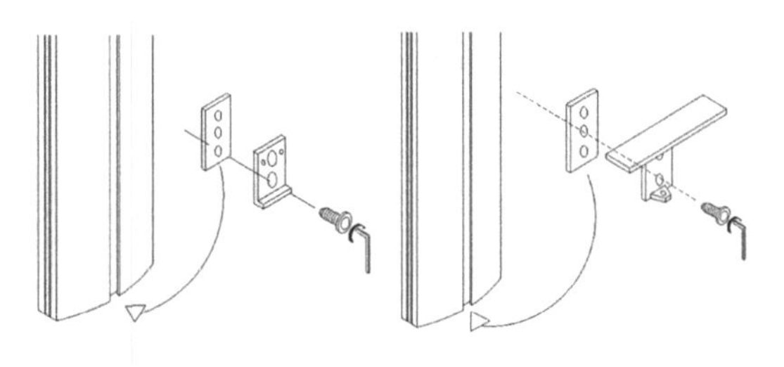

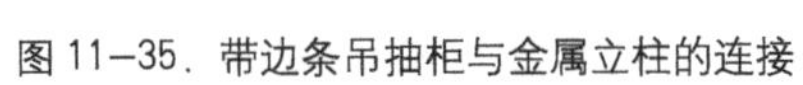

图 11－35．带边条吊抽柜与金属立柱的连接

图 11－36．衣通托与金属立柱的连接

11.2.3 挂板式整体衣柜的结构

挂板式结构整体衣柜主要是指利用建筑墙体作为连接主体，托板为承托物而构成的整体衣柜。即放置衣物的托板直接固定在背板上，而背板则固定在墙壁和地面上。

(1) 挂板式整体衣柜的组成

挂板式整体衣柜由背板、托架、托板三部分组成，有的还添加了底板和顶板，并配以相适应的功能模块如抽屉、裤架和一些整理箱等，满足人们多样化的功能需求。如图 11-37 ~ 39 所示为不同形制的挂板式衣帽间，如一字型、L 型和 U 型等。

(2) 挂板式整体衣柜背板的结构形式

背板可以由不同宽度的背板和不同高度的背板两种形式构成。

①宽度不同：以不同宽度背板为单元，通过增减托架个数和托板位置，进行随意的功能搭配。背板、柜体、托板均为标准部件，安装位置随意，托架、抽屉、箱体可依孔位安装。如图 11-40 所示。

②高度上分隔：把背板设计成高度相同的几个单元，把托板透过插孔固定在背板上面。如图 11-41 所示。把相应的功能模块如抽屉、裤架和一些整理箱等，根据需要挂放在背板上，满足人们个性化的功能需求。

图 11-37. 一字型挂板式整体衣柜

图 11-38. L 型挂板式整体衣柜

图 11-39. U 型挂板式整体衣柜

图 11-40. 不同宽度背板的挂板式结构

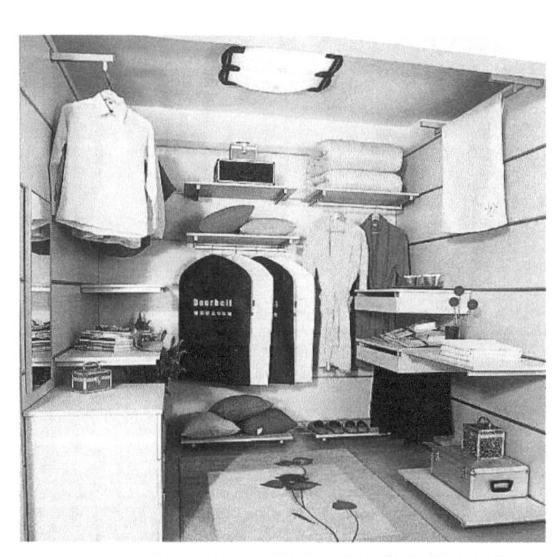

图 11-41. 不同高度背板的挂板式结构

11.3 整体衣柜门板的结构设计

11.3.1 平开门结构设计

平开门在普通柜类家具上的应用很广泛，门板可以固定在侧板的边缘（图 11-42）。但由于整体衣柜高度往往“顶天立地”，这样给平开门的应用带来了麻烦，一则制作门板的人造板材料的幅面有限，再者过高尺寸的门板在使用过程中容易变形，所以在整体衣柜中平开门的应用没有趟门多。顶柜及一些高度在一定尺寸范围内的整体衣柜使用平开门。

平开门通常用杯状暗铰链与柜体侧板实现连接，它具有安装快速方便、便于拆装和调整、封闭性好等优点。

11.3.2 趟门结构设计

趟门平行于衣柜正面安装，侧向运动以达到开、关门的作用。这种门只需要一个很小的活动空间。当平开门受到缺少空间而又需要大幅面的门扇时，这是一个很好的替代解决方法。并且趟门打开或关闭时，柜体的重心不至偏移，能保持稳定；同时，金属边框、工业加工的面材和合理的承重方式使趟门不会产生变形问题，所以大量用于各类整体衣柜。但趟门的缺点是，它的开启程度只能达到柜体空间的一半，在同一时间内无法全部敞开柜内空间。因为趟门要经常滑动，所以一定要坚实，不变形，不能发生歪斜，这就要求在制造时必须仔细地选择材料，具体见第九章关于材料的介绍。

趟门按开启方式分为推拉式和折叠式。推拉式主要有包含上下轨道，上下滑轮，金属边框，面材。折叠式要比推拉式多了合页和天地轴。如果按边框的形式可分为隐框和显框两种。

（1）趟门的结构构成

趟门的结构及专用配件有：金属框架（包括竖框、上横框、中横框、下横框）、薄板门页（有木质薄板、玻璃、镜子等）、滚动配件（上、下滑轨和滑轮）、及防撞条和防尘毛条等。趟门结构如图 11-43 所示。

（2）趟门尺寸设计

①趟门高度设计

柜门的高度与建筑层高、制作门的材料有关。一般民用建筑室内的净空高为 2700mm，柜门的尺寸可以根据客户居室的实际情况进行定制。由于人造板板材的标准规格是 1220mm × 2440mm，这也决定了柜门门板不可能采用单块板材，在长度上达不到要求，势必要做一些补充和分隔，再加上对比例、尺度、美感的要求，一般会采用三段式的对称造型。同样，玻璃门板也不宜尺度过大，要考虑材料的性能以及维护，玻璃易碎，如果门板分成数段，一旦出现破损的情况，更换的面积较小，减少维修费用；另外，如果门板采用整面玻璃，其所受到的来自边框的应力、玻璃表面的张力、玻璃的自重以及推拉门时的力量与撞击都加大了破裂的几率，所以玻璃门板一般在高度上也要分成几段。

图 11-42．整体衣柜中平开门的应用

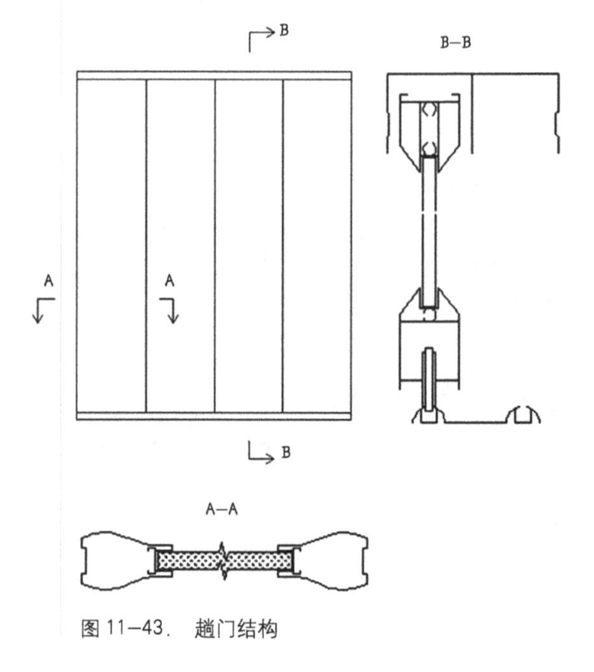

图 11-43． 趟门结构

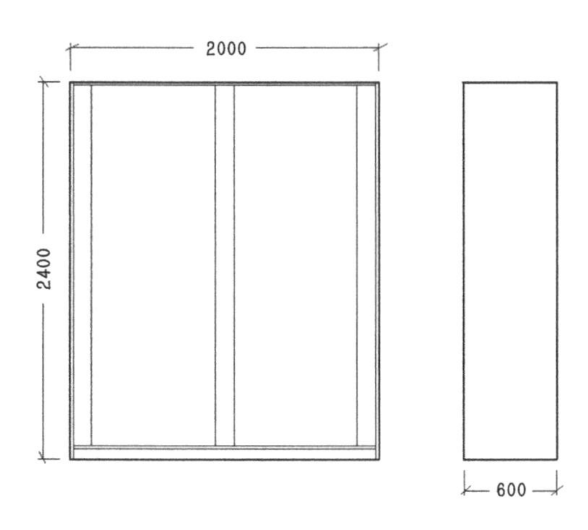

图 11-44. 趟门门板高度计算

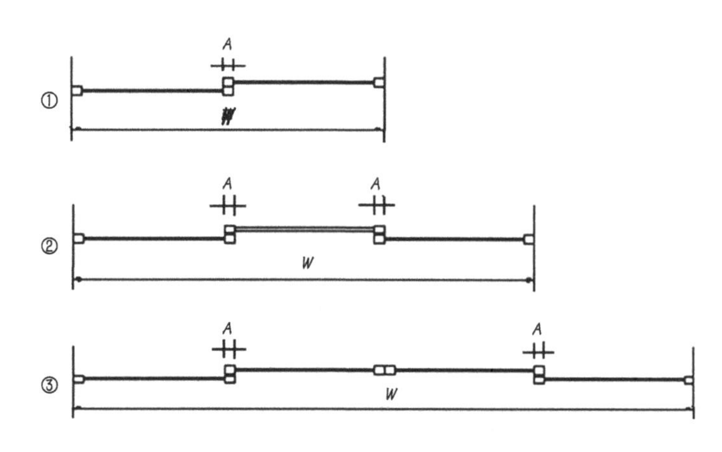

图 11-45. 趟门门板宽度计算

通常趟门在 2400 mm 以下视觉较为舒服，因此可以合理利用原建筑的结构梁，或者是做假梁、隔板来降低柜门安装处的高度，使柜门的尺度更加宜人。当柜体高度大于 2400 mm 时，可分上下两部分做。如特殊超高趟门要选择比较厚实的竖框，并在高度上做分格。

以图 11-44 衣柜为例，设计测量时其门板高度计算法为：

净门板尺寸 =2400(总高)－70(脚线)－36(上下垫板厚) －40（上下滑轨尺寸）=2254（mm）

②趟门的宽度设计

在设计门板宽度时，要注意与门板高度的协调性，过大或过小都会影响到门板的美观和使用的不便。如整扇门不做分格时，宽度应在 900mm 以内，过宽会产生变形；如做分格时可做到 1200mm，一般单扇门板宽度为 600 ～ 1200mm 比较合适，玻璃、镜面门建议不要超过 1000mm。

当设计三门衣柜时，功能配件（如抽屉、裤架、格子架等）的布置要合理，不能设置在两门结合处，否则会出现功能配件被门挡住拉不出来的现象。至于门的扇数，要视衣柜的大小、门的高度与宽度比例分割情况、衣柜内功能布局情况（如电视机安装在衣柜中间时，只能为 3 扇或 4 扇门）而定，一般为 2 扇门，大于 2400 小于 3600 时为 3 扇门；大于 3600 小于 4800 时为 4 扇门。

趟门门扇的宽度计算方法如图 11-45 所示。

两扇门时：单扇门宽 L=（测量宽 W+ 门竖框宽 A）/2

三扇门时：单扇门宽 L=（测量宽 W+2× 门竖框宽 A）/3

四扇门时：单扇门宽 L=（测量宽 W+2× 门竖框宽 A）/4

实际设计制作时，单扇门实际宽度为理论计算宽度加上 4mm 为宜，门高为实际测量高度减去 35 ～ 40mm 为宜。

（3）趟门的制作安装方法

由趟门结构图（图 11-43）可知，趟门是由金属框架、薄板门页、及滚动配件（上、下滑轨和滑轮）等材料加工而成。其制造与安装工艺为：下料—组装—安装。

下料：根据趟门尺寸将金属框架型材及薄板门页按相应尺寸裁剪。一般金属框架型材用专门切割机（图 11-46）进行裁切，而木质薄板则用精密裁板锯裁切，裁切尺寸应准确，误差一般不大于 1 mm。

组装：将裁切好的金属型材和薄板门页进行装配，门框装配方式如图 11-47 所示，组装好后再在门框上装上下滑轮和防尘毛条。装好的门扇应尺寸准确、横平竖直、对角线误差不大于 1.5 mm，如有误差应进行调整。

趟门安装：通常是在整体柜体安装、连接、调整完成后，再安装趟门，趟门安装包括轨道安装和门扇安装。

首先将上下轨道用螺钉固定在柜体的顶板和底板的相应位置，并保证上下轨道在同一立面上。门扇的安装应从里向外，首先将门的上头插入上导轨槽中，右手握住门扇竖框、左手将推拉门的下滑轮向上挑起，移动趟门使其下滑轮对准下轨道滑轮槽轻轻放下即可。

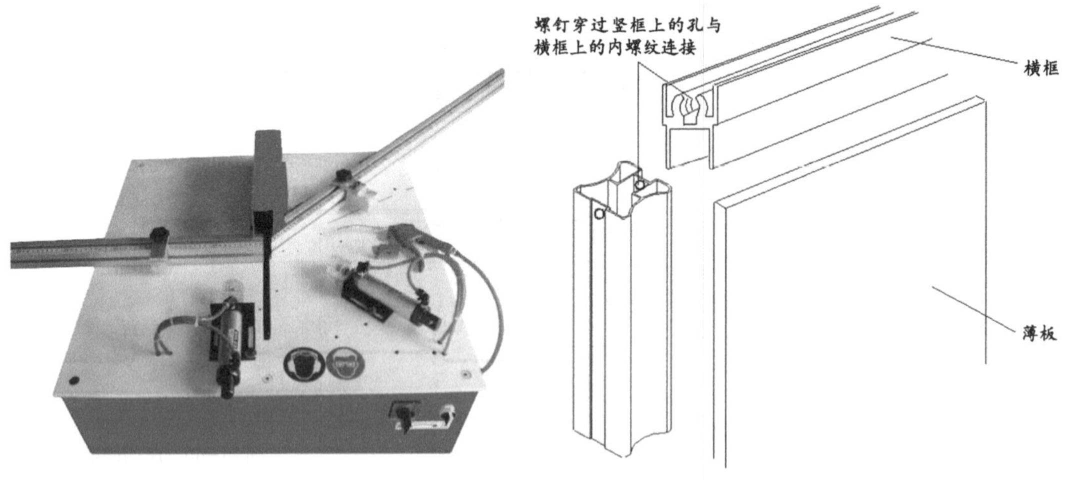

图 11-46. 金属型材切割机

图 11-47. 门框装配方式

11.4 整体衣柜结构的精细化设计

11.4.1 整体衣柜的收口方式

为了便于安装，整体衣柜尺寸设计时都会留有间隙。安装完成后需要用一定的收口方式实现柜体与墙体之间的无缝连接。整体衣柜与墙体之间的收口方式有 ：

（1）涂料收口

系采用墙面涂料填充缝隙。操作时先在缝隙中填塞木条等硬质材料，再在表面批刮涂料。为防止损伤衣柜，操作前可先用胶纸带封贴柜体，上完涂料后撕掉胶纸。

（2）木线条收口

系采用各种门框类木线条封闭和遮盖缝隙。木线条需现场钉装并油漆。

（3）封板收口

封板系用于调整柜体与墙面（或顶棚）位置与尺度关系的小规格装饰板件。设计时衣柜尺度可相应减小，留出专门封板间隙，然后加工专门封板来填充间隙。安装时，封板的边部线条可根据墙面（或顶棚）平整情况，现场修整。封板宽度一般为 30 ～ 50mm。

11.4.2 整体衣柜细节设计

整体衣柜为定制产品，在设计过程中有许多细节需要注意，否则可能会影响到衣柜的正常使用质量。

（1）尺寸预留

设计衣柜时最好预留高宽间隙 5 ～ 20mm，安装时利用收口封板遮挡间隙。

（2）高度处理

为了最大限度的利用空间，整体衣柜一般都做成顶天立地，但限于材料的规格，柜体高度最好小于等于 2500mm，通过底部做支脚，上部用封板来处理。如果柜高大于 2500mm 也可以作成两段，分上下柜。

（3）缺角处理

如果缺角尺寸太小，可用收口板直接封口 ；也可装修做墙面时直接封住 ；如果缺角太大，客户不愿意浪费空间，可考虑在缺角做一个单独的薄柜。

（4）功能件位置

平开门柜与趟门柜在设计抽屉、裤架、领带格等抽拉附件时是有区别的（开放柜无需考虑）。趟门柜在设计抽拉附件时需考虑与趟门停止位置不发生冲突，通常设计在靠近两侧的位置最为保险。平开门设计时要特别注意抽拉附件的面板是内嵌还是外盖，如果设计成外盖，则应该将抽屉面板视作门板的一部分与门板一起设计（此方式不能设计裤架和领带格）。如果面板设计为内嵌，必须注意柜门与抽拉附件是否冲突而致使抽拉件无法抽出。其解决办法一是增加门板的宽度 ；其二是采用抽拉件两边加垫板的方式，即抽拉件侧板两边各加 25mm 厚的垫板，使其避免因门铰冲突而影响正常的抽出。

Ⅲ 整体卫浴柜

12 整体卫浴柜设计

随着居住条件的改善，人们越来越多地追求时尚和舒适的家居生活，卫生间也已日益成为人们关注的焦点。由于卫生间是最能体现家居基本功能的空间之一，是技术进步和时尚生活的结合点，因而成为了家庭居住条件的品质标志。当厨房被整体厨柜占领，整体卫浴柜众望所归，以其优良的品质和性能，人性化的设计，个性化的美学风格在卫生间唱起了主角，成为卫生间装饰的主流，从此，“整体”概念彻底走遍家的每个角落。

12.1 整体卫浴柜的概念与特点

12.1.1 整体卫浴柜的概念

所谓整体卫浴柜，是指把卫浴家具结合台盆、龙头、镜子等卫浴洁具整体设计制作而成的卫生间集成家具设施。整体卫浴柜从某种意义上来说超越了传统卫浴家具，它的集成特质将卫浴空间的各个部分融为一体，赏心悦目、方便实用。

目前整体卫浴柜基本能实现大规模定制生产，其设计既要符合标准化批量生产的要求又要能在一定程度上满足用户的个性化非标要求。

12.1.2 整体卫浴柜的特点

(1) 功能齐全

整体卫浴柜将卫生间的空间概念及实用功能拓展开来，它能满足三大功能：盥洗功能，储存收纳功能，装饰功能。

盥洗功能是卫生间第一位的功能要求。同时卫生间是个特别容易凌乱的地方，沐浴用品比较多，因此卫浴柜的收纳整理功能必不可少。整体卫浴柜的设计还应考虑到人的走位、台面高度、取物习惯等因素，使产品在满足人们使用需求的同时，更加舒适自由。

(2) 美化空间

整体卫浴柜不仅可以收纳沐浴露、洗发水、牙膏、牙刷、毛巾浴衣等细小的生活用品，还可以将卫生间中的水管和电线隐藏起来，令其看起来整洁干净。整体卫浴柜的装饰性，体现在柜子及其配套的镜子、台盆、水龙头等造型、色彩的整体性、协调性。可根据卫浴空间灵活选择整体卫浴柜，发挥其随心组合、自由搭配的特质，在变化中营造氛围。整体卫浴柜在设计上不断结合新的家居生活理念和客厅、卧室等主流家具的流行特色，使以卫生间家具为主的小环境能够融入到居室的大环境之中，成为彰显主人品位与情趣的家居亮点。

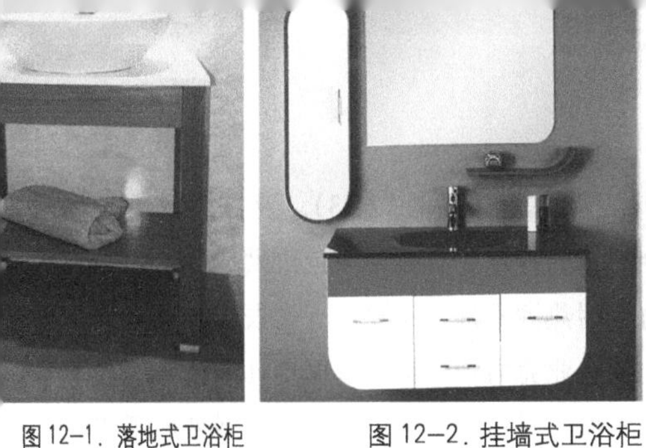

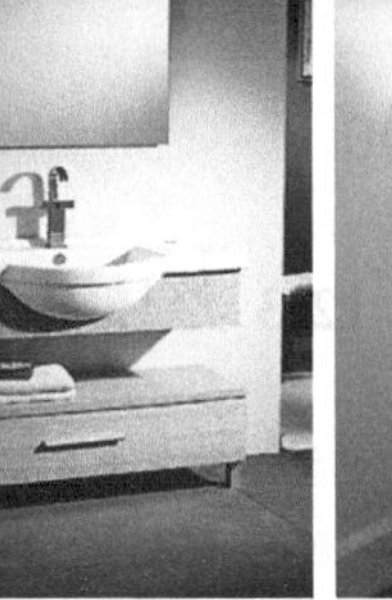

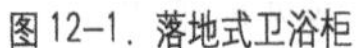

图 12-1. 落地式卫浴柜　图 12-2. 挂墙式卫浴柜　图 12-3. 台上盆卫浴柜　图 12-4. 盆柜一体式浴柜　图 12-5. 台下盆卫浴柜

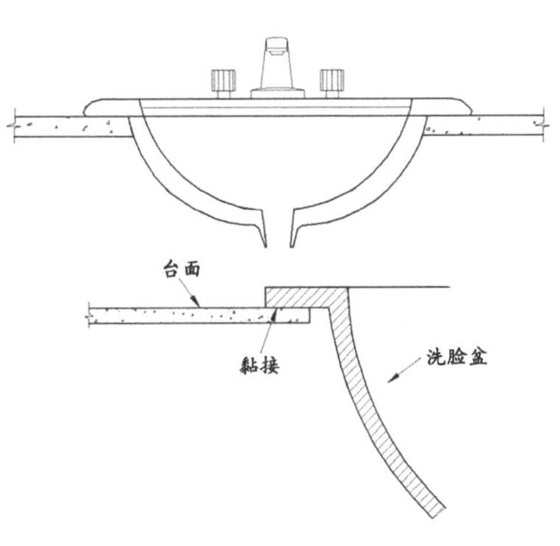

图 12-6 . 上置式台盆

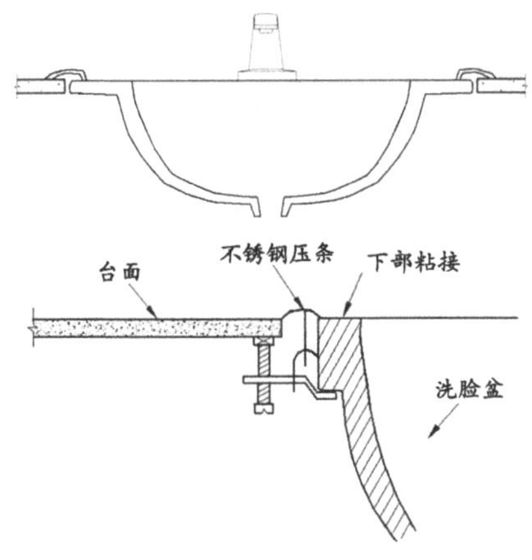

图 12-7 . 平接式台盆

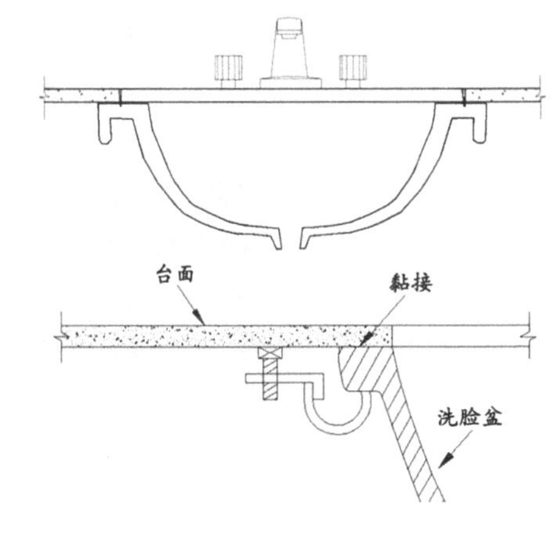

图 12-8 . 下接式台盆

12.2 整体卫浴柜的分类

整体卫浴柜可以根据卫生间面积大小、空间形状的不同而设计成不同的规格，也可以在卫生间的任何地方打造各种式样的卫浴柜，它可以是角形柜、弧形柜或箱形柜，也可以是放在门后的条形柜或可拆拼的组合式卫浴柜。

(1) 整体卫浴柜按安装方式可分为落地式、挂墙式。

落地式设计不但可以提供更多内部空间，而且可以配置搁架或者多个抽屉，获得更多储物空间。落地式适用于干湿分离的、空间也较大的卫生间。但柜子底下容易形成卫生死角，再者柜体容易受潮，通常安装金属脚以有效隔离地面潮气对柜体的侵袭（图 12-1）。

挂墙式设计最大的优势是节省空间，减少了卫生死角，给清理带来了便利，还可以有效的阻止潮气延伸到柜子里面。但要求墙体是承重墙或者实心砖墙，保温墙和轻质隔墙则无法安装这类卫浴柜（图 12-2）。

(2) 按台盆的放置位置分为台上盆，台下盆、盆柜一体式（图 12-3 ~ 5）。

台上盆通常直接安装在台面上指定位置即可，盆柜一体式是在制造时就一体成型，而台下盆与台面的连接方式有三种：上置式台盆，平接式台盆，下接式台盆。其结构形式如图 12-6 ~ 8 所示。

(3) 按排水方式分为墙排水和地排水。如图 12-9、10 所示。

图 12-9. 墙排水卫浴柜

图 12-10. 地排水卫浴柜

12.3 整体卫浴柜的常用材料

整体卫浴柜所用的材料分为柜体材料、门板材料、台面材料与台盆材料。

12.3.1 柜体材料

（1）三聚氰胺饰面板柜体（图 12-11）。因其售价较低目前在市场上销量最大。这种三聚氰胺板的基材一般以防潮刨花板及中密度纤维板为主。

（2）实木类柜体（图 12-12）。实木一直是高档家具的首选材料，但由于成本较高加上卫生间潮湿的环境一直不利于其广泛应用于整体卫浴柜上。为了制造高档实木卫浴柜，可以采取合适的表面处理方法，既可以保持其自然淳厚、高档典雅的外观效果，也能达到适应环境湿度的要求。

（3）亚克力柜体（图 12-13）。亚克力具有抗变形、全防水的特点，有多种颜色可供选择。但一般亚克力板耐热性不好，易褪色、失去光泽甚至发生破裂。制造亚克力柜体必须依据模具来加工，先高温软化压克力材料，再根据模具的造型来加工成各种款式柜体。

（4）以玻璃材质为主的浴室柜体（图 12-14）。需要注意其安全性能，多采用全钢化玻璃。

12.3.2 门板材料

整体卫浴柜门板材料有三聚氰胺饰面板门板、实木门板、烤漆门板、吸塑门板、玻璃门板、亚克力门板等。除了玻璃门板和亚克力门板外，其他门板材料广泛应用于厨柜，其加工方法也一样。

图 12–11．三聚氢氨饰面板柜体

图 12–12．实木柜体

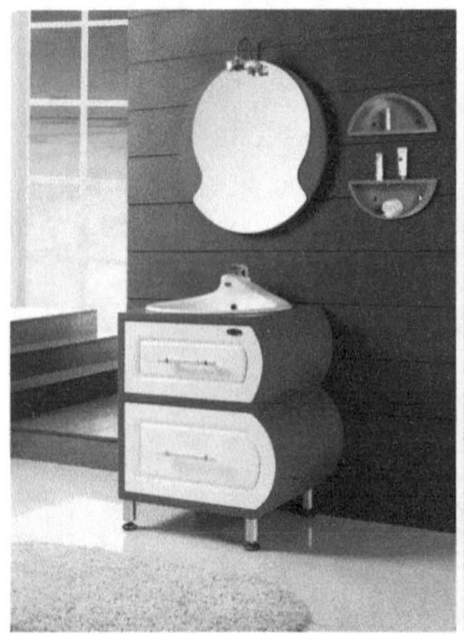

图 12–13．亚克力柜体

图 12–14．玻璃浴室柜

图 12–15. 陶瓷盆

图 12–16. 玻璃盆

图 12–17. 不锈钢盆

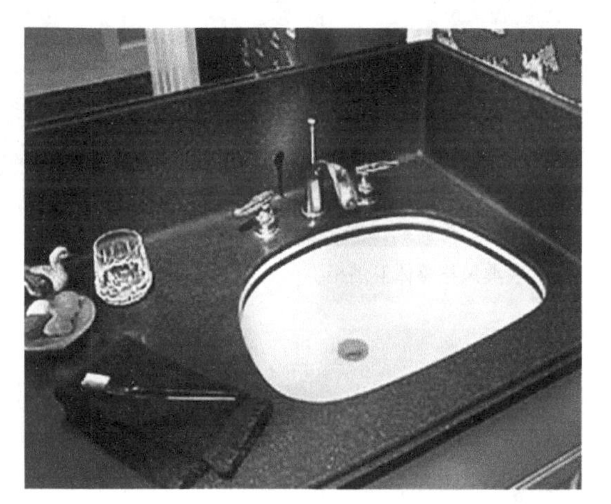
图 12–18. 人造石盆

12.3.3 台面材料

整体卫浴柜台面材料有天然石材、人造石材、玻璃、金属、防火板等。目前市场上用量比较大的还是人造石台面。由于防水性能差，防火板基本没有应用了。

12.3.4 台盆材料

整体卫浴柜使用的台盆及其各自特点如下：

陶瓷盆类（图 12-15），盆体比较容易清洁。

玻璃盆类（图 12-16），容易被香皂水附着难以清洗。

不锈钢盆类（图 12-17），流水声较大。

人造石盆类（图 12-18），容易被硬物划伤，但可以打磨修复。

12.4 整体卫浴柜的风格设计

整体卫浴柜的风格要与卫生间的整体风格搭配，还要与客厅卧室等居室的格调一致，卫浴柜是整套室内设计的延续。因此，整体卫浴柜也有相应的风格与室内设计风格相吻合：怀旧古典风格、现代简约风格、时尚前卫风格、自然田园风格等比较常见（图 12-19 ~ 23）。

（1）怀旧古典风格：怀旧古典风格整体卫浴

图 12-19．欧式古典风格整体卫浴柜

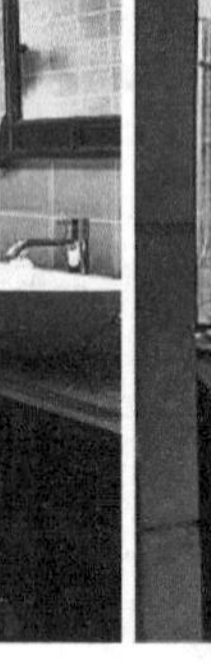

图 12-20．中式古典风格整体卫浴柜

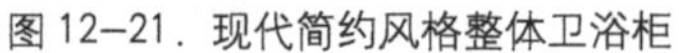

图 12-21．现代简约风格整体卫浴柜

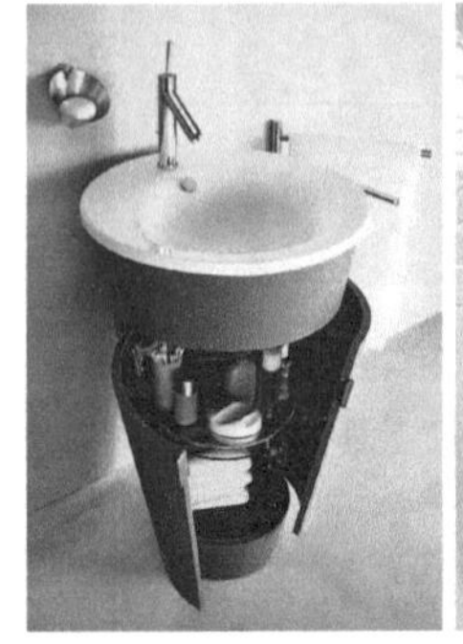

图 12-22．时尚前卫风格整体卫浴柜

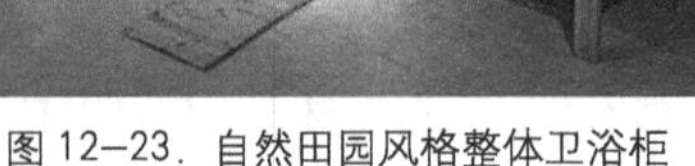
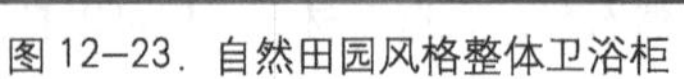

图 12-23．自然田园风格整体卫浴柜

柜又分欧式古典和中式古典，古典风格卫浴柜带有一种古典艺术美感，最好与防腐蚀的地板并用来装饰卫生间，更为协调。欧式古典多采用深色的木质材料，带有欧式古典韵味的线条装饰是其经典符号。中式古典则配有镂空花纹等中式装饰元素，跟中式家居的氛围很是吻合。

(2) 现代简约风格：现代风格整体卫浴柜，简约的款式，流畅的线条，一点也不拖泥带水，储物、梳妆、洗浴功能一个都不缺，让卫浴间变得干净利落。

(3) 时尚前卫风格：时尚前卫风格整体卫浴柜造型新颖，使用的颜色比较大胆，得到许多年轻人的青睐。

(4) 自然田园风格：自然田园风格整体卫浴柜多用原木或瓷砖，清爽洁净，自然清新，一派田园风光。

12.5 整体卫浴柜的功能尺度设计

为了更好的满足功能需要，整体卫浴柜的设计应重视人体工程学的应用。

洗脸盆面距地高度，是以个人使用洗脸盆时的活动姿势为依据。洗脸盆面距地太高，洗脸时水会顺着手臂流下来，弄湿衣袖，太低则会使人弯腰过度而增加疲劳度。根据人体工程学分析，舒适使用洗脸盆的盆面距地高度为 810 ~ 1100mm 之间，其中一般男性为 940 ~ 1100mm，女性为 810 ~ 910mm，为了方便家庭人员均能舒适使用洗脸盆，一般以女性为标准，其安装的距地高度为 810 ~ 910mm 为宜，使儿童（8 ~ 9 岁）舒适使用的洗脸盆，安装的距地高度为 660 ~ 810mm 为宜。如图 12-24、25 所示。

洗脸时的动作空间为 820mm × 550mm；洗脸时的弯腰动作较大，前方应留出足够的空间，与镜面或墙面的距离至少在 450mm 以上，所以一般水池部分的深度可大一些，而化妆部分的深度则可以小一些。洗脸盆侧边与侧墙之间至少留 100mm 的间距，以免肘部碰墙，一般洗脸盆的中心距侧墙的距离不小于 375mm。

另外，卫生间的主要功能是身体清洁和精神放松，因此卫浴柜整体选材用色应给人清爽、明亮之感，应避免选用容易使人误认为污迹的色彩和图案，材料设备应具有抗污性和易清扫性，以减少藏污纳垢，便于打理。

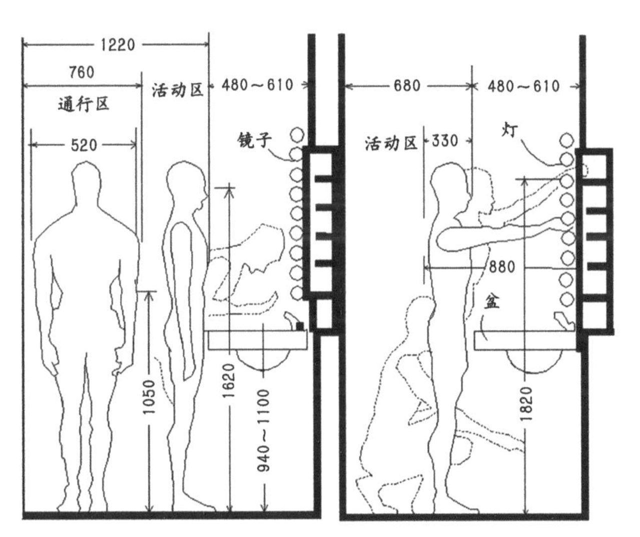

图 12–24. 男性洗脸盆尺寸

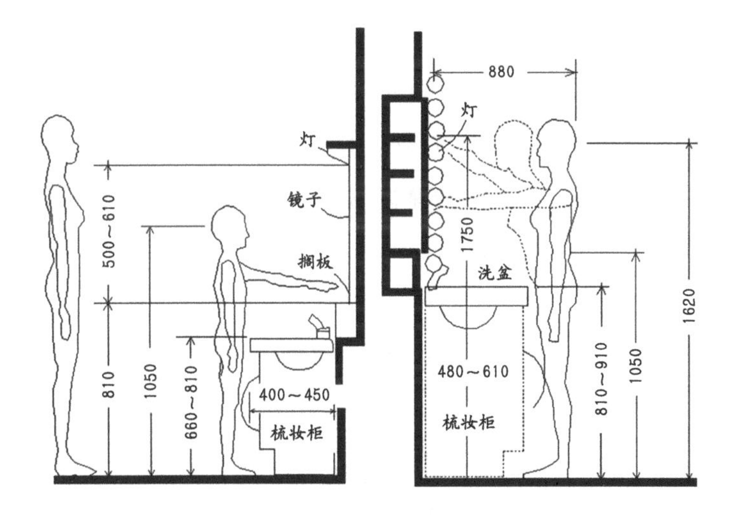

图 12–25. 女性洗脸盆尺寸

参考文献

[1] CATHARINE E. BEECHER, HARRIET B S. et al. American Woman’s Home [M]. Rutgers University Press, 2002.

[2] CHRISTINE F. Household Engineering: Scientific Management in the Home[M]. Hard Press Publishing , 2012.

[3] SNODGRASS M, SNODGRASS, MARY E. Encyclopedia of Kitchen History[M]. Routledge Press, 2004.

[4] 张绍明 . 木材加工工艺 [M]. 北京：高等教育出版社，2001.

[5] 胡景初 . 家具设计概论 [M]. 北京：中国林业出版社，2011.

[6] 张仲凤，张继娟 . 家具结构设计 [M]. 北京：机械工业出版社，2012.

[7] 李克忠，张继娟 . 家具与室内设计制图 [M]. 北京：中国轻工业出版社，2013.

[8] 刘志峰，刘光复 . 绿色设计 [M]. 北京：机械工业出版社，1999.

[9] 程瑞香 . 室内与家具设计人体工程学 [M]. 北京：化学工业出版社，2008.

[10] 苏丹 . 住宅室内设计 [M]. 北京：中国建筑工业出版社，2011.

后　记

《整体橱柜设计与制造》这本书终于同读者见面了。这是一本全面系统介绍整体厨柜、整体衣柜、整体卫浴柜等整体集成定制家具产品的设计方法与要求、结构特点与设计技巧、材料应用与选择、制造技术与工艺参数、安装与调试等内容的专业书籍，以期为建立我国整体橱柜设计与制造较完整的理论研究体系做些尝试，同时也是我这个家具行业新人的第一本专业著作。

在它的出版过程中，有很多的人、很多的事让我感动。

参加工作以来，有幸在张绍明老师的指引下，开始关注整体橱柜这一市场上新兴的定制家具产品，并一直专注于该领域的研究与实践。

我的博士研究生导师刘文金教授以其敏锐的目光洞察到这一领域理论研究的空缺，并把此选为我博士论文的研究方向，不断引导我进行更深入系统的研究。

在书稿写作的过程中还得到德高望重的老前辈胡景初教授的亲切指导，并在百忙之中亲自为本书作序。

衷心感谢上述诸位的大力支持。对书中参考的理论观点和引用图片之作者也一并表示感谢。

张继娟

2016年3月